你吃对了吗

老年人 | 吃什么？禁什么？

不可不知的健康饮食细节，科学、权威、实用

《健康大讲堂》编委会 主编

黑龙江出版集团
黑龙江科学技术出版社

《健康大讲堂》编委会成员

陈志田　保健营养大师、中华名厨、国际烹饪大师

胡维勤　著名医学科学家、中央首长保健医师

臧俊岐　中国著名针灸学家、主任医师

柴瑞震　著名中医药学者、主任医师

序 言 Preface

人到老年，整个生理状况、各器官的功能、心理等方面都发生很大的变化。基于此，老年人的饮食选择及安排，不能等同于普通的成年人，而应有其独特的选择和禁忌。因此，我们要根据老年人的生理特点和营养需求，把食物的特性同老年人的身体状况、消化能力等因素结合起来，进行合理安排，做到膳食结构合理，营养需求平衡，最终达到使老年人强身健体、延年益寿的目的。

那么，对于老年人来说，哪些食物宜吃，哪些食物不宜吃；哪些食物应该多吃，哪些食物不宜多吃或尽量不吃，这是非常重要的。如果老年人的饮食违背其生理特点，那就可能事与愿违，不仅达不到加强营养、增强体质的目的，甚至有可能造成不良的后果。本书重点针对这个问题，根据老年人的生理变化和营养需求，分别列举了宜吃的食物和忌吃的食物。

在宜吃食物部分，我们详细介绍了每种食材的别名、热量、适用量、性味归经、食用关键词、食疗功效、搭配宜忌以及食用建议等，并且以表格形式展示了食物的主要营养成分，让大家对每一种食材都了如指掌。每一种食材还分别推荐了一两道实用的营养菜谱，详解其原料及制作过程，并详细分析每一道菜的营养与功效，再配上精美、清晰的图片，可以让大家轻松上手制作。

在禁吃食物部分，大家可以清楚了解老年人不宜吃某种食物的理由，真正做到在日常饮食中规避这些食物，从而帮助老年人远离这些食物，确保老年人身体健康。

另外，本书根据气候节令的变化，对老年人的四季饮食进行指导，如果老年人能够做到按季节特点调理饮食，为身体补充所需的营养成分，不仅对身体健康大有裨益，还可防治疾病。同时，本书还根据老年人常见的病症，介绍合理运用饮食手段进行调养的方法，既安全、健康，又有效。

我们殷切希望本书能对每位老年朋友都有所帮助，愿本书能让老年朋友安享健康的晚年生活。

《健康大讲堂》编委会

目录 Contents

第一章 老年人日常饮食常识

1. 老年人一日三餐巧安排 016
2. 老年人健康长寿八大饮食原则 017
3. 老年人应少吃多餐 018
4. 老年人补充蛋白质有窍门 018
5. 老年人每天要吃适量水果 019
6. 老年人白天应补充足够的水分 019
7. 老年人宜吃些补脾益肾的食物 019
8. 老年人膳食可以加点"藻" 020
9. 老年人要控制油脂摄取量 020
10. 老年人不能长期吃素 020
11. 老年人不宜用铝或铝合金餐具进食 021
12. 老年人不宜暴饮暴食 021
13. 老年人不要懒于咀嚼 022
14. 老年人不宜偏食 022
15. 老年人不宜常吃精米、精面 022
16. 饮食调养有利老年人健康 023
17. 老年人不宜厚味 023
18. 老年人饭后不宜吃水果 024
19. 老年人饭后不宜喝茶 024
20. 老年人饭后不宜松皮带 025
21. 老年人饭后不宜立即睡觉 025

第二章 老年人需要补充的营养素

1. 蛋白质 028
2. 脂肪 028
3. 碳水化合物 029
4. 膳食纤维 029
5. 维生素A 030
6. 维生素B_1 030
7. 维生素B_2 031
8. 维生素B_6 031
9. 维生素B_{12} 032
10. 维生素C 032
11. 维生素D 033
12. 维生素E 033
13. 维生素K 034
14. 维生素P 034
15. 钙 035
16. 铁 035
17. 锌 036
18. 硒 036
19. 钾 037
20. 铜 037

第三章　老年人宜吃的175种食物

大白菜
黑木耳炒大白菜梗 ……… 041
大白菜金针菇 …………… 041
小白菜
芝麻炒小白菜 …………… 043
滑子菇扒小白菜 ………… 043
包菜
芝麻包菜 ………………… 045
包菜炒肉片 ……………… 045
油菜
双冬扒油菜 ……………… 047
口蘑扒油菜 ……………… 047
菠菜
菠菜拌蛋皮 ……………… 049
菠菜柴鱼卷 ……………… 049
生菜
蒜蓉生菜 ………………… 051
生菜滑牛肉 ……………… 051
芹菜
芹菜百合 ………………… 053
板栗炒芹菜 ……………… 053
荠菜
荠菜粥 …………………… 055
荠菜四鲜宝 ……………… 055
茼蒿
蒜蓉茼蒿 ………………… 057
香拌茼蒿 ………………… 057
空心菜
椒丝空心菜 ……………… 059
豆豉炒空心菜梗 ………… 059
芥菜
蒜蓉芥菜 ………………… 060
芥蓝
枸杞芥蓝梗 ……………… 061
苋菜
银鱼苋菜羹 ……………… 062
花菜
花菜炒西红柿 …………… 063
西蓝花
素炒西蓝花 ……………… 065
西蓝花拌红豆 …………… 065
洋葱
洋葱圈 …………………… 067
洋葱炒芦笋 ……………… 067
白萝卜
花生仁拌白萝卜 ………… 069
家乡白萝卜拌海蜇 ……… 069
胡萝卜
胡萝卜炒肉丝 …………… 071
胡萝卜土豆丝 …………… 071
西红柿
西红柿烧豆腐 …………… 073
洋葱炒西红柿 …………… 073
苦瓜
杏仁拌苦瓜 ……………… 075
苦瓜海带瘦肉汤 ………… 075
冬瓜
冬瓜排骨汤 ……………… 077
冬瓜竹笋汤 ……………… 077
黄瓜
香油蒜片黄瓜 …………… 079
干贝黄瓜盅 ……………… 079
丝瓜
炒丝瓜 …………………… 081
蒜蓉丝瓜 ………………… 081
南瓜
葱白炒南瓜 ……………… 083
豆浆南瓜球 ……………… 083
西葫芦
醋熘西葫芦 ……………… 084
茄子
风味炒茄丁 ……………… 085
竹笋
酱爆脆笋 ………………… 087

目录 Contents

鲜竹笋炒木耳 087

芦笋
清炒芦笋 089
三鲜芦笋 089

莴笋
莴笋烩蚕豆 091
黑芝麻拌莴笋丝 091

马蹄
橙汁马蹄 093
芦荟炒马蹄 093

马齿苋
凉拌马齿苋 095
马齿苋杏仁瘦肉汤 095

莲藕
莲藕菱角排骨汤 097
糖醋藕片 097

韭菜
核桃仁拌韭菜 099
韭菜炒豆腐干 099

蒜薹
蒜薹炒山药 101
蒜薹炒玉米笋 101

黄花菜
凉拌黄花菜 103
黄花菜炒海蜇 103

茭白
金针菇木耳拌茭白 104

土豆
海蜇拌土豆丝 105

山药
山药炖鸡汤 106

牛蒡
牛蒡芹菜汁 107

红薯
芝麻红薯 109
清炒红薯丝 109

黄豆芽
黄豆芽拌海蜇皮 111
豆油黄豆芽 111

绿豆芽
金针菇炒豆芽 113
豆芽韭菜汤 113

香菇
芹菜炒香菇 115
香菇豆腐丝 115

草菇
草菇西蓝花 116

金针菇
金针菇鳝鱼丝 117

平菇
大白菜炒双菇 118

鸡腿菇
鲍汁鸡腿菇 119

口蘑
口蘑山鸡汤 120

猴头菇
三鲜猴头蘑 121

茶树菇
茶树菇蒸草鱼 122

银耳
雪梨银耳枸杞汤 123

黑木耳
黄瓜炒木耳 124

竹荪
浓汤竹荪扒金菇 125

蕨菜
炝炒蕨菜 126

仙人掌
仙人掌绿茶饮 127

芦荟
芦荟炒苦瓜 128

猪脊骨
苦瓜脊骨汤 129

牛肉
牛肉菠萝盅 130

兔肉
青豆烧兔肉 131

驴肉

驴肉拌万年青 132
鸡肉
松仁鸡肉炒玉米 133
乌鸡
莲子乌鸡山药煲 134
鸭肉
冬瓜薏米煲老鸭 135
鸽肉
鸽肉莲子汤 136
鹌鹑肉
苦瓜煲鹌鹑 137
鸡蛋
西红柿炒鸡蛋 138
脱脂牛奶
牛奶黑米汁 139
酸奶
山药苹果酸奶 140
草鱼
草鱼煨冬瓜 141
鲢鱼
古法蒸鲢鱼 142
鲫鱼
蒜蒸鲫鱼 143
鲤鱼
核桃烧鲤鱼 144
青鱼
鱼片豆腐汤 145
武昌鱼
清蒸武昌鱼 146
鳝鱼
苦瓜鳝片 147
泥鳅
老黄瓜炖泥鳅 148
螃蟹
蟹块煮南瓜 149
金枪鱼
金枪鱼卷 150
三文鱼
三文鱼寿司 151

带鱼
家常烧带鱼 152
鳕鱼
枸杞蒸鳕鱼 153
平鱼
烤平鱼 154
海虾
西红柿青豆虾仁 155
银鱼
银鱼干炒南瓜 156
章鱼
章鱼海带汤 157
甲鱼
甲鱼海带汤 158
牡蛎
牡蛎豆腐羹 159
海参
葱熘海参 160
海蜇
薏米黄瓜拌海蜇 161
扇贝
蒜蓉蒸扇贝 162
河蚌
芦笋木耳炒河蚌 163
蛤蜊
蛤蜊拌菠菜 164
干贝
干贝蒸萝卜 165
虾皮
虾皮西葫芦 166
海带
猪骨海带汤 167
海藻
凉拌海藻丝 168
螺旋藻
养颜螺旋藻 169
淡菜
党参苁蓉黑豆淡菜汤 170
紫菜

目录 Contents

紫菜蛋花汤 …… 171
苹果
芹菜苹果汁 …… 172
梨
贡梨酸奶 …… 173
葡萄
葡萄苹果汁 …… 174
西瓜
解暑西瓜汤 …… 175
橘子
西芹橘子哈密瓜汁 …… 176
橙子
韭菜香瓜柳橙汁 …… 177
柠檬
菠菜柠檬橘汁 …… 178
草莓
草莓豆浆蜂蜜汁 …… 179
香蕉
香蕉燕麦牛奶 …… 180
蓝莓
清新蓝莓汁 …… 181
红枣
红枣鸡汤 …… 182
桑葚
桑葚青梅杨桃汁 …… 183
猕猴桃
包菜猕猴桃柠檬汁 …… 184
菠萝
莴笋菠萝汁 …… 185
山楂
山楂苹果羹 …… 186
桂圆
桂圆山药红枣汤 …… 187
石榴
石榴苹果汁 …… 188
火龙果
香蕉火龙果汁 …… 189
芒果
草莓芒果芹菜汁 …… 190
桃子
胡萝卜蜜桃饮 …… 191
杨桃
杨桃柳橙汁 …… 192
柿子
芹菜柿子饮 …… 193
无花果
无花果生鱼汤 …… 194
李子
李子柠檬汁 …… 195
木瓜
黄瓜木瓜柠檬汁 …… 196
番石榴
金橘番石榴鲜果汁 …… 197
莲子
参片莲子汤 …… 198
花生
莲子红枣花生汤 …… 199
核桃
蜜枣核桃仁枸杞汤 …… 200
杏仁
杏仁哈密瓜汁 …… 201
板栗
板栗饭 …… 202
腰果
腰果蹄筋 …… 203
南瓜子
凉拌玉米瓜仁 …… 204
葵花子
葵花子鱼 …… 205
西瓜子
花生瓜子芦荟粥 …… 206
松子
香蕉松仁双米粥 …… 207
榛子
桂圆榛子粥 …… 208
玉米
西芹拌玉米 …… 209
小米

小米南瓜羹 210
糙米
山药糙米鸡 211
黑米
红豆黑米粥 212
燕麦
燕麦猪血粥 213
荞麦
荞麦凉面 214
莜麦
凉拌莜麦面 215
大麦
大麦茶 216
薏米
薏米白果粥 217
黄豆
泡嫩黄豆 218
黑豆
黑豆牛蒡炖鸡汤 219
绿豆
山药绿豆汤 220
花豆
花豆炒虾仁 221
红豆
南瓜红豆炒百合 222
芸豆
蜜汁芸豆 223
豌豆
豌豆炒香菇 224
蚕豆
湘味蚕豆炒瘦肉 225
豆角
姜汁豆角 226
扁豆
蒜香扁豆 227
毛豆
毛豆核桃仁 228
黑芝麻
黑芝麻果仁粥 229
豆腐
豆腐鱼头汤 230
香干
香干芹菜 231
腐竹
腐竹木耳瘦肉汤 232
大蒜
大蒜炒马蹄 233
生姜
姜泥猪肉 234
葱
葱白红枣鸡肉粥 235
醋
糖醋黄瓜 236
蜂蜜
人参蜂蜜粥 237
橄榄油
牛肉煎饼 238
玉米油
枸杞拌青豆 239
茶油
蒜片黄瓜 240
芝麻油
芝麻油拌西芹 241
葵花子油
清炒南瓜丝 242
菜籽油
熘笋尖 243
豆浆
百合红豆大米豆浆 244
绿茶
红花绿茶饮 245
红茶
玫瑰红茶 246
白葡萄酒
冰镇白葡萄酒 247

目录 Contents

第四章　老年人禁吃的84种食物

雪里蕻	250	腊肠	262
咸菜	250	火腿	262
青椒	250	烤鸭	263
荔枝	251	扒鸡	263
柚子	251	炸鸡	263
葡萄柚	251	鱼子	264
榴莲	252	蟹黄	264
椰子	252	墨鱼	264
杨梅	252	鲱鱼	265
樱桃	253	鲍鱼	265
肥猪肉	253	鱿鱼	265
猪蹄	253	糯米	266
猪肝	254	白果	266
猪腰	254	苏打饼干	266
猪心	254	油条	267
猪大肠	255	薯片	267
猪脑	255	猪油	267
猪肚	255	牛油	268
猪血	256	黄油	268
牛髓	256	奶油	268
牛肝	256	巧克力	269
羊髓	257	辣椒	269
羊肉	257	花椒	269
羊肝	257	八角	270
狗肉	258	桂皮	270
鹿肉	258	茴香	270
鹅肉	258	胡椒	271
麻雀肉	259	咖喱粉	271
鸡肝	259	芥末	271
鸡胗	259	酱油	272
鸭肠	260	鱼露	272
鸭蛋	260	豆瓣酱	272
咸鸭蛋	260	咖啡	273
松花蛋	261	浓茶	273
午餐肉	261	可乐	273
熏肉	261	白酒	274
腊肉	262	比萨	274

方便面	274	八宝菜	276
冰激凌	275	麦芽糖	276
酸菜	275	水果罐头	277
冬菜	275	果酱	277
萝卜干	276	蜜饯	277

第五章　老年人四季饮食宜与忌

老年人春季饮食宜与忌
1.春季宜坚持平补或清补原则 280
2.春季饮食宜讲究"三优"原则 280
3.春季提高免疫力宜补充维生素 280
4.春季宜养肝为先 281
5.春季宜增甘少酸 281
6.春季宜多吃蔬菜 281
7.春季宜药补增益 282
8.春季忌多食温热、辛辣食物 282
9.春季进补忌直接食用采集的花粉 282
10.春季食用菠菜忌去根 282
11.春季忌无节制食用香椿 283
12.春季脑卒中忌吃鲚鱼 283

老年人夏季饮食宜与忌
1.夏季饮食宜以素淡为主 284
2.夏季饮食宜合理 284
3.夏季宜注意饮食卫生 284
4.夏季宜适量吃些醋 285
5.夏季食用水果宜分寒热体质 285
6.夏季宜适当吃点"酸" 285
7.夏季宜多吃点"苦" 285
8.夏季宜多吃富水瓜类蔬果 286
9.夏季生吃果蔬宜消毒 286
10.夏季宜常吃西红柿 286
11.夏季宜多吃抗炎杀菌的蔬菜 286
12.夏季补虚祛湿宜多食鳝鱼 287
13.老年人夏季宜喝姜糖水 287
14.夏季忌多食热性调料 287
15.夏季熬绿豆汤时忌加明矾 288
16.夏季食用苦瓜忌选红黄色 288
17.夏季忌贪食冷饮 288
18.夏季忌多吃寒凉食物 288
19.夏季忌多食坚果 289
20.夏季忌大量饮酒 289

老年人秋季饮食宜与忌
1.秋季饮食宜讲究凉润 290
2.秋季饮食宜"多酸少辛" 290
3.秋季养肺宜注意饮食 290
4.老年人秋季宜多喝粥 291
5.秋季补脾健肾宜多食板栗 291
6.老年人秋季宜补充健身汤 291

目录

7.秋季抗癌润肠宜多食苹果......292
8.秋季保护眼睛宜多吃柑橘类水果......292
9.秋季忌食或少食性燥、辛辣的食物......292
10.秋季饮食养生忌乱进补......292
11.秋季进补忌与鞣酸类水果同食......293
12.秋季预防中毒忌食生蜂蜜......293
13.秋季防感染忌生食花生......293
14.秋季防寄生虫忌生吃鲜藕......293

老年人冬季饮食宜与忌
1.冬季饮食宜坚持"三要"......294
2.老年人冬季饮食宜温热松软......294
3.老年人冬季饮食宜增苦少咸......294
4.老年人冬季进补宜辨证而为......295
5.冬季补充营养宜吃荞麦......295
6.冬季皮肤养护宜补充维生素......295
7.冬季阴虚者忌食用偏温性食物......296
8.冬季进补忌过激......296
9.冬季进补忌凡补必肉......296
10.冬季蔬菜忌"一洗而过"......297
11.冬季感冒忌随便进补......297

第六章 老年人常见病症饮食宜忌与调理

流行性感冒
冬瓜排骨粥......300
板蓝根西瓜汁......301
豆浆蜜......301

慢性支气管炎
果仁鸡蛋羹......302
柚子炖鸡......303
附子生姜炖狗肉......303

支气管扩张
桑白润肺汤......304
荷兰豆马蹄芹菜汤......305
川贝杏仁粥......305

慢性胃炎
西蓝花四宝蒸南瓜......306
红豆炒芦荟......307
蘑菇蛋卷......307

胆囊炎
红枣芹菜汤......308
香菇白菜魔芋汤......309
清脂豆腐浆......309

便秘
核桃仁粥......310
无花果煎鸡肝......311
沙姜菠菜......311

失眠
凉拌山药火龙果......312
葡萄干红枣汤......313
银耳山药甜汤......313

糖尿病
罗汉果鸡煲......314
茯苓山药炒鸡片......315
茯苓白豆腐......315

高脂血症
素烧冬瓜 316
首乌黑豆乌鸡汤 317
苦瓜黄豆牛蛙汤 317
高血压
香芹炒饭 318
山楂降压汤 319
浓汤杂菌煲 319
冠心病
西芹炒豆干 320
蔬菜拉面 321
山药豆腐汤 321
阿尔茨海默病
北京炒疙瘩 322
胡萝卜红枣汤 323
雷沙汤圆 323
脑卒中后遗症
灵芝红枣瘦肉汤 324
生地玄参汤 325
灵芝黄芪猪蹄汤 325
动脉硬化
菊参肉片 326
冬瓜薏米兔肉汤 327
木耳煲双脆 327
肥胖
素凉面 328
花菜拌西红柿 329
什锦水果杏仁豆腐 329
老年性皮肤瘙痒症
黑木耳拌豆芽 330
蘑菇菜心炒圣女果 331
蜜汁红薯 331
丹毒
冬瓜春菜汤 332
赤小豆薏米汤 333
丝瓜银花饮 333
痛风
黄芪蔬菜汤 334
银芽冬菇炒蛋面 335

煮土豆球 335
肩周炎
牛奶煲木瓜 336
川乌生姜粥 337
桑枝鸡汤 337
风湿性关节炎
五加皮炖鸡 338
牛筋汤 339
鸡肉丝瓜汤 339
骨折
木瓜煲羊肉 340
赤小豆竹笋汤 341
土豆海带煲排骨 341
骨质疏松症
猪骨芝麻粥 342
山药枸杞羊排汤 343
西洋参排骨滋补汤 343
白内障
木耳炒鸡肝 344
党参枸杞猪肝粥 345
桑麻水 345
老花眼
枸杞叶炒猪心 346
枸杞粥 347
党参枸杞猪肝汤 347
耳聋耳鸣
归芪猪肝汤 348
茱萸枸杞瘦肉汤 349
猪腰补肾汤 349
前列腺增生
核桃冰糖炖梨 350
韭菜绿豆芽 351
木耳上海青 351
癌症
芙蓉南瓜 352

第一章
老年人日常饮食常识

　　随着年龄的增长,老年人的免疫力逐渐减退,新陈代谢能力也逐渐降低。因此,老年人要特别注意日常保健。民以食为天,在日常保健的众多需要注意的事项中,饮食尤为重要。因为饮食直接影响着人的身体健康,如果饮食调理得法,身体就会健壮,精神也会好,也就不容易生病了。那么,老年朋友们应如何通过健康、合理的饮食保养身体、延年益寿呢?本章将为您一一解说。

1 老年人一日三餐巧安排

人到老年时身体各器官的功能均有不同程度的衰退。与此同时，老年人的消化吸收功能也会明显降低，对食物的需求量便不能减少。因此，对于老年人来说，热量的摄入量可以相应地减少，这样也有利于防止肥胖导致的各种慢性疾病。那么，如何合理安排老年人的一日三餐呢？

早餐

老年人早餐的最佳时间在早上7点至9点。因为人体经过一夜睡眠，绝大部分器官得到了充分地休息，但是消化系统在夜间仍旧工作繁忙，紧张地消化，到早晨才处于休息状态，至少需要2个小时，才能恢复正常功能。而且老年人各个组织器官的功能都已经逐渐衰退，如果过早进食早餐，机体的能量被转移用来消化食物，自然循环受到干扰，代谢物不能及时排除，积存在体内则会成为各种老年疾病的诱发因子。

早餐应以软的食物为主。因为早上老年人的胃肠功能呆滞，食欲会不佳，所以特别忌讳吃油腻、煎炸、干硬及刺激性食物，否则容易导致消化不良。主食一般吃含淀粉的食物，如馒头、豆包、玉米面窝头等，还要适当地增加一些蛋白质含量丰富的食物，如牛奶、豆浆、鸡蛋等，以及富含维生素C的食物，如蔬菜、果汁等，从而使老年人精力充沛。

午餐

午餐有"承上启下"的作用，既要补充早餐后3~5个小时的能量消耗，又要为下午3~4个小时的生活做好必要的营养储备。如果午餐吃不好，下午3~5点钟就容易出现明显的低血糖反应，表现为头晕、嗜睡，甚至心慌、出虚汗等，严重的还会导致昏迷。因此，午餐应该吃好，还要吃饱。

午餐食物的选择大有学问，它所提供的能量应占全天总能量的35%，这些能量应来自足够的主食、适量的肉类、油脂和蔬菜。与早餐一样，午餐也不能吃得过于油腻。

晚餐

晚餐至少要在睡前两小时进餐。如果晚餐吃得过多、过饱，人体不容易消化也会影响睡眠，而且多余的热量会合成脂肪在人体内贮存，易使人发胖。此外，摄入的热量过多会引起血胆固醇增高，容易诱发多种老年性疾病，同时也会增加胃肠等消化系统的负担，这对于老年人的健康很不利。因此，建议老年人晚餐少吃一些，摄取的热量不能超过全天摄取总热量的30%。

晚餐以清淡、容易消化为原则，主食可以选择粥、面条等，另外，搭配适量的蔬菜、肉类也是很有必要的。

馒头含有较为丰富的淀粉，可作为老年人早餐的主食，另外可以搭配豆浆一同食用。

2 老年人健康长寿八大饮食原则

很多老年人因为身体的原因，消化功能发生了变化，心血管系统和其他器官的功能也开始退化了，致使老年人出现难消化、难吸收等比较明显的特点，因此我们更应该注意老年人的饮食。那么，对于老年人来说要如何进食才是健康的饮食之道呢？下面我们就来了解一下老年人健康长寿八大饮食原则。

饮食宜热

老年人的抵抗力差，如果吃冷食会引起胃壁血管收缩，供血减少，并反射性引起其他内脏血循环量减少，不利健康。因此，老年人的饮食应稍热一些，以适口进食为宜。

蔬菜宜多

新鲜蔬菜是老年人健康的朋友，它不仅含有丰富的维生素C和矿物质，还有较多的纤维素，可以保护心血管、防癌、防便秘。老年人每天的蔬菜摄入量应不少于250克。

饭菜宜香

老年人味觉、食欲较差，吃东西时常觉得缺滋少味。因此，为老年人做饭菜时，要注意色、香、味的搭配，以提高老年人的食欲。

饭菜宜软

老年人牙齿常有松动和脱落的现象，咀嚼肌变弱，消化液和消化酶分泌量减少，胃肠消化功能降低，因此，饭菜质地以软烂为好，可采用蒸、煮、炖、烩等烹调方法。选择的食物尽量避免纤维较粗、不宜咀嚼的食品，如肉类可多选择纤维较短、肉质细嫩的鱼肉，另外牛奶、鸡蛋、豆制品都是最佳的选择。

多种食物的合理搭配有利于老年人对各种营养物质的补充和吸收。

食物宜杂

"杂"指粗细粮要合理搭配，主食品种要多样化。由于谷类、豆类、鱼肉类等食品的营养成分不同，多种食物的合理搭配有利于各种营养物质的补充和吸收。

质量宜好

老年人体内代谢以分解代谢为主，需用较多的蛋白质来补偿组织蛋白的消耗，可多吃些鸡肉、鱼肉、兔肉、羊肉、牛肉、猪瘦肉以及豆类制品，这些食品所含蛋白质均属优质蛋白，营养丰富，容易消化。

吃饭宜早

"早"就是到了饭点得吃饭。另外，从中医的角度讲，上午7点到9点是胃经当令的时候，所以早饭最好安排在这个时间。中医还说"胃不和则卧不安"，因此晚饭也应尽量早吃，晚餐吃得太晚，不仅会囤积热量、影响睡眠，而且容易引起尿路结石。

食量宜少

古人常说"饭吃八分饱，少病无烦

恼"，就是说每餐饭留那么一两口，给肚子余两分的空间。如果长期贪多求饱，既增加胃肠的消化吸收负担，又会诱发或加重心脑血管疾病。

3 老年人应少吃多餐

一日三餐是我们的正常饮食习惯，它不仅可以保证人体每天生命活动所需的能量和营养，还符合人体消化系统的规律。同时，定时定量的三餐饮食，可以避免过多食物增加胰岛的负担而出现血糖上升过高的现象，还可以避免因进食间隔过长而出现低血糖的现象，对于糖尿病患者很有益处。

随着年龄的增长，老年人的咀嚼能力和吞咽能力减弱，食欲也会降低，每餐都吃不了多少东西，加上进食时间拖得较长，很多老年人的日常三餐都不能定量，也就无法达到身体必需的食物需求。因此，为了每天摄取足够的热量和营养，可以在三次主餐之间加餐，把每天的饮食分成五餐或者六餐进行，少食多餐。

老年人在遵循少食多餐的饮食原则之外，还要特别注意主餐与加餐的区别。每大的日常三餐，即早餐、午餐、晚餐，都是主餐，老年人所需的大部分能量和营养主要是从主餐中得到的，而在主餐中无法获取的营养物质，或者还缺乏的能量，才能依靠加餐来摄取，千万不能将加餐当成主餐。

加餐的时间可以选在上午的10点左右以及下午的3点左右，加餐的食物以水果、点心为主，注意不要食用过量。

4 老年人补充蛋白质有窍门

蛋白质是生命的物质基础，没有蛋白质就没有生命。蛋白质可分为动物性蛋白质和植物性蛋白质，其中动物性蛋白质的主要来源是畜禽类的肉以及蛋、奶、鱼肉等，而植物性蛋白质的来源主要是米面类、豆类等。

由于动物性蛋白质的食物含有的胆固醇和饱和脂肪酸较高，老年人在摄取营养价值较高的动物性蛋白质的同时，不可避免地会吸收很多胆固醇和饱和脂肪酸，这对于老年人的身体健康是不利的。而植物性蛋白质的胆固醇和脂肪酸的含量相对很少，如果将其与动物性蛋白质混合吸收，就能提高其吸收利用率和营养价值。因此，老年人每天应限制动物性蛋白质食物的摄取量，并且要在饮食中添加富含植物性蛋白质的食物进行营养补充。

富含植物性蛋白质的食物首选豆制品。豆制品主要是以黄豆、绿豆、豌豆等豆类为原料加工制作而成的，日常食用的主要有豆浆、豆腐，及其再制品如腐竹等。经研究发现，豆制品所含的人体必需氨基酸与动物性蛋白质相似，同时还含有丰富的钙、磷、铁、锌等矿物质，以及维

老年人可以选用一些新鲜水果作为加餐的食物，注意不要过量食用。

生素B_1、维生素B_2等营养成分。与富含动物性蛋白质的食物相比，豆制品的优势还在于其不含胆固醇，非常适合老年人食用。另外，对于患有肥胖、动脉硬化、高血压、冠心病等疾病的老年人来说，豆制品可以说是获取蛋白质营养的最佳来源。

5 老年人每天要吃适量水果

水果是指部分可食用的植物果实和种子，通常多汁液且有甜味，含有丰富的营养，能促进消化。水果是人们日常生活中不可缺少的食物，它除了能补充人体所需要的多种维生素外，还含有丰富的膳食纤维，既可以促进胃肠蠕动和消化腺分泌，又能有效地预防肠癌。所以，为了身体健康，老年人每日适量地吃些水果是非常有益的。

但是，水果却常被老年人忽略。根据相关调查显示，我国老年人不管是男性还是女性，每天吃的水果基本不足两种，有些地区的老年人吃得更少甚至不吃。从营养学角度出发，这对老年人的健康是极为不利的。为了保证身体健康，建议老年人每天至少吃350克的水果。

老年人每天吃些水果对身体有益，食用水果时，可将水果打成果汁饮用。

由于老年人咀嚼能力的衰退，一些质地较软的水果，如香蕉、西瓜、水蜜桃、木瓜、芒果、猕猴桃等都很适合老年人食用。老年人食用水果时，可以把水果切成薄片或是以汤匙刮成水果泥食用。如果要打成果汁，就应该注意控制分量，适当加些凉开水稀释。

6 老年人白天应补充足够的水分

因为担心尿失禁或是夜间频繁跑厕所，不少老年人白天不大喝水。其实，老年人白天应补充足够的水分，因为充足的水分不仅可以保证血流通畅，改善内脏各器官的血液循环，有助于胃肠及肝、肾的代谢，促进体内废物排出，还能提高机体防病抗病能力，减少某些老年疾病的发生，从而有效延缓衰老进程。

一般来说，老年人每天需要补充2500～3000毫升的水分（包括进食菜汤及果汁等饮料），如果是在夏季出汗较多的情况下，可以适当增加饮水量。不过，老年人饮水要少量多次。当然也可以泡一些花草茶变化一下口味，但尽量不要放糖。晚餐之后，则可以适当减少水分的补充，这样就可以避免因夜间排尿而影响睡眠质量。

7 老年人宜吃些补脾益肾的食物

《养老奉亲书》中说："高年之人，真气耗竭，五脏衰弱，全赖饮食以资气血。"老年人五脏虚弱、气血不足，而老年人补养，又以调补脾肾最为重要。

脾主运化，为后天之本，气血生化

之源。脾胃虚弱，则气血不能生化，先天失之充养而致衰老，抗病能力也随之减弱，百病继而丛生。补脾健胃对延缓衰老、增强脏腑功能、防病抗病都有积极作用，特别对平素脾胃虚弱的老年人更为有益。日常生活中的食物，诸如山药、茯苓、红枣、芡实、扁豆、薏米、栗子、糯米、黑米、高粱、燕麦等都具有健脾补气的作用，宜常吃。另一方面，情志对人体维持正常生理活动起着协调作用，也关系着脾胃的健康，老年人要保持乐观豁达的心情，避免情志抑郁，否则损伤脾胃之气。

此外，中医认为人过中年，肾气已衰减一半，故补肾在抗衰防老、延年益寿中占有重要的地位。对于老年人饮食养生来说，补脾健胃之外，还应注意补肾。根据阴虚、阳虚的不同，补肾又分为补肾益精和补益肾气两种，日常生活中常用的补肾益精的食物包括海参、牡蛎肉、淡菜、甲鱼肉、鱼鳔、黑芝麻、桑葚等；补益肾气的食物有核桃、冬虫夏草、莲子、猪肾、虾等。补肾可与补脾同时进行，即所谓的"补先天以养后天"。

莲子是补益肾气的食物，老年人食用可调补脾肾。

8 老年人膳食可以加点"藻"

人到老年，身体内的微量元素流失速度加快，易导致微量元素缺乏症。而日常的饮食又不能完全满足人体对微量元素的需求，此时不妨多食用些藻类食品，如紫菜、龙须菜、裙带菜、马尼藻、海带等，以使体液保持弱碱性。

另据了解，海藻类食品含有的优质蛋白质、不饱和脂肪酸，正是糖尿病、高血压、心脏病患者所需要的。如海带中的甘露醇有脱水、利尿的作用，可治疗老年性水肿、肾功能衰竭、药物中毒；紫菜中的牛磺酸可预防老年人的大脑衰老。此外，海藻类食品还能滤除锶、镭、镉、铅等致癌物质，有预防癌症的功效，老年人不妨多多食用。

9 老年人要控制油脂摄取量

老年人由于身体的特殊性，摄取的油脂要以植物油为主，动物性油脂（猪油、牛油等）应尽量少吃，最好是多不饱和脂肪（花生油、橄榄油等）和单不饱和脂肪（玉米油、葵花籽油等）轮换着食用，以保证各种脂肪酸的均衡摄入。甜点糕饼类的零食属于高脂肪食物，油脂含量很高，老年人应该少吃。另外，烹调食物时，要尽量避免采用油炸的方式。因为多不饱和脂肪酸是人体细胞膜的重要原料之一，但是最不稳定，在高温下，最容易被氧化变成有毒物质。

10 老年人不能长期吃素

有相当一部分老年人认为吃素对健康有益，可以长寿。因此，他们只吃素不进荤，结果造成了营养不良。

人体所需的营养物质都是通过饮食摄入的，应该坚持荤素搭配，使人体摄入的营养全面均衡，从而达到养生延寿的目的。为了维持新陈代谢和日常生活的需要，人体必须每天从饮食中摄入足够的糖类、蛋白质、脂肪、维生素和矿物质。除了素食品外，动物蛋白质也含有丰富的人体必需的氨基酸，营养价值极高，属于优质蛋白质，极易被人体吸收和利用。

纯素食品所含的蛋白质、脂肪等营养成分，不能满足机体新陈代谢的需要。而长期素食者，其机体得不到充分的动物蛋白质，会使体内营养素比例发生紊乱，蛋白质入不敷出，会造成人体消瘦、贫血、消化不良、精神不振、记忆力下降、性功能和免疫功能降低、内分泌代谢功能发生障碍，并且容易感染疾病，易发生肿瘤，加剧老年人早衰。临床医学表明，蛋白质不足是引起消化道肿瘤的一个危险因素，特别是肾功能不良的老年人，摄入过多的植物蛋白还会加重肾功能的损害，引起血氮升高。

另外，头发变白、牙齿松动脱落、骨质疏松及心血管疾病的发生，都与锰元素的摄入不足有关。植物性食物中虽然也含有锰元素，但是人体很难吸收。有些老年人出现周身骨痛、乏力、驼背、骨折等病症，甚至出现思维迟钝、感觉不灵等现象，都与锰元素缺乏有一定的联系。肉类食物中虽然含锰元素较少，但很容易被人体吸收。所以，适当吃些肉是摄取锰元素的重要途径。

11 老年人不宜用铝或铝合金餐具进食

铝及其合金曾经被广泛地应用，起初还用于餐具的制造上。但科学家研究发现，老年痴呆症发病的主要原因是铝元素在人体，特别是在大脑皮层内沉积所致。其主要表现为智能障碍、精神错乱、步态失调、意识混沌、言语颠倒，等等。

因此，老年人应尽量不使用铝或铝合金餐具，特别是不要用铝质餐具长时间存放腌制食品或咸、酸、碱性食物及菜肴，以减少铝元素的摄入量。

12 老年人不宜暴饮暴食

《黄帝内经》中说"饮食有节，起居有常"，这是养生、长寿、抗衰老的重要原则。《黄帝内经》中还说"饮食自倍，肠胃乃伤"。饮食过多，会损伤肠胃，这是大家都知道的道理。老年人由于消化功能减退，解毒能力低下，血管弹性变弱，尤其不少人动脉硬化，更经不起暴饮暴食所带来的危害。暴饮暴食会严重地破坏老年人的饮食平衡，加重肠胃负担，会引起消化不良，以致引起胃痛、呕吐、腹胀、嗳气等症状，严重者可导致胃炎、

老年人饮食应荤素搭配，如果长期吃素会造成营养不良。

肠炎、胰腺炎、胃穿孔等。此外，还导致营养过剩，比如，老年人摄入脂肪过多，脂肪和胆固醇在血管壁上就会不断沉积，导致血管硬化，失去弹性及收缩力，甚至引起官腔狭小，心绞痛或心肌梗死等严重疾病。所以在饮食时，宜定时定量，注意饥饱得当，适可而止，让自己处于不饥不饿的状态，可维持胃肠的正常功能，有利于消化吸收。

13 老年人不要懒于咀嚼

咀嚼可刺激自主神经，使营养代谢活跃，帮助消化，造成饱腹感。人上了年纪，由于牙齿不太好，常会吃柔软或容易消化的食物，懒于咀嚼，这样反而不利于老年人的身体健康。主要原因有二：一是缺少咀嚼不利食物营养的消化和吸收。咀嚼的目的是把食物磨碎，并使食物与唾液充分搅匀，使之在口腔中得到初步消化，便于身体吸收营养成分，而"狼吞虎咽"却使这个过程大大缩短。二是懒于咀嚼会丧失人体应有的生理性刺激，影响牙系统的健康。

所以，老年人应适当进行咀嚼，这样不仅可以预防牙齿老化，而且咀嚼后的唾液有抗菌、杀菌、净化、溶解的作用，还有保护口腔黏膜等作用。

14 老年人不宜偏食

老年人由于味觉的衰退以及食欲不好，饮食常有偏食的习惯，喜欢吃某一种食物，这种习惯是应该纠正的。因为食物有五味，偏食则对身体不利。因此，食物不仅要清淡、忌腻、忌咸，还要做到食物的合理搭配，才能使老年人在各种食物中得到不同的营养素，以满足其生理功能的基本

在老年人的膳食中，一定要保证足够的蛋白质，还要有丰富的维生素和足量的膳食纤维。

需求。

在老年人的膳食中，首先要保证足够的蛋白质，宜低脂肪、低盐、碳水化合物以谷物为主，还要有丰富的维生素和足量的膳食纤维，并要有充足的水分，做到食物多样化与营养的合理配伍，才能真正有利于老年人防病养生。

15 老年人不宜常吃精米、精面

生活水平提高了，现代人的食物也变得越来越精细。很多老年人都以精细加工的米面为主食。但是，如果长期只吃这些精细的食物非常容易造成老年人营养缺乏。精米、精面在加工过程中，糠麸明显减少，其中的纤维素也会减少，营养价值也大大降低。而在膳食中缺乏食物纤维，是导致结肠癌、高胆固醇血症、糖尿病以及便秘、痔疮等病的直接或间接病因。因此，老年人更需要食用"完整食品"。

"完整食品"是指未经过细加工的食品或经过部分加工的食品，其所含营养物质尤其是微量元素更丰富，多吃这些食品可保证老年人的营养供应。相反，一些经

过细加工的精米精面，所含的微量元素和维生素常常已流失掉。而且只吃精米精面的人，往往缺乏人体所需的微量元素和维生素。

由此可见，老年人不宜只吃精米精面，宜粗细搭配，尤其不要因为刻意追求精致而使得某些营养元素吸收不够，要知道，粗粮

老年人不宜只吃精米精面，宜粗细搭配，而且粗粮里反而含有更多的营养素。

16 饮食调养有利老年人健康

患有营养不良、贫血、肝病或肾病的老年人，常常会面色苍白或萎黄、晦暗，而这些通过饮食调养是可以改善的。饮食调养既可补充人体必需的营养素，又可防治各种不利于人体健康的疾病。只有全面合理地从食物中摄取平衡的膳食营养，才能够达到健体强身的功效。对不同体质、体形和患有不同疾病的老年人来说，应该根据自己的情况合理地利用饮食来进行调养和治疗。

17 老年人不宜厚味

老年人的脾胃一般都较虚弱，脾开窍于口，反映到口味上就是味觉不灵敏了。这正如现代医学所说，随着年龄的增长，味蕾越来越少，味觉功能逐渐退化，导致味觉日益迟钝，所以，有些老年人喜食厚味、浓味。长期这样，对身体健康极为不利。

老年人肾气已虚，脾胃也弱，如果日常饮食不当，更容易伤身。若多吃浓厚味道的食品，容易使脾胃功能受损，营养成分不能被消化吸收。而且太甜、太酸、太咸、太辣等厚味都有损于健康。比如，现代医学已经研究发现，高血压、动脉硬化、心肌梗死、肝硬化、脑卒中以及肾脏病的增加，与过量食盐有密切关系。因为食盐起着高血压触发剂的作用，如过食咸味，使细胞内盐积聚，就会破坏神经细胞和血管的平滑肌，使血管狭窄，血压升高。此外，人们在日常生活中，若过多食盐，轻则口渴，胃部灼热疼痛，重则呕吐、腹泻，牙龈肿而出血，所以中医认为"咸少促人寿"。吃糖多则可使血脂增高，从而引起糖尿病。多糖饮食还可致肥胖，易引发心血管疾病、胆结石。而太辣、太酸，也都会刺激和损伤胃肠黏膜，引起慢性炎症。以上所述，可见厚味对老年人的害处。

老年人因身体老化而导致的食欲不振，不应用"厚味"来解决。最好的办法，是要多渠道地增强食欲。首先，可以在烹调时将不同颜色、味道的食品加以搭配，做到"色美味鲜"。其次，应该改善进食环境，且不酗酒，不吸烟，减少对消化道的刺激。再次，吃饭要定时定量，且不要让主餐之外的零食打乱定时进食习惯，导致食欲的减退。最后，每吃一口饭

老年人若多吃浓厚味道的食品，容易使脾胃功能受损，营养成分不能消化吸收。

要细嚼慢咽。不少食物需要细嚼，才能体验到其鲜美味道。同时还可刺激产生大量唾液，提高口感，有利营养物质的吸收。

18 老年人饭后不宜吃水果

日常食物中的主要成分是脂肪、碳水化合物和蛋白质等，这些食物在胃里的滞留时间大致为：碳水化合物为1小时左右，蛋白质（蛋白质食品）为2~3小时，脂肪为5~6小时。

消化系统不好的老年人在饭后不宜吃水果。

如果老年人在饭后马上吃水果，消化慢的淀粉、蛋白质和脂肪会影响水果的消化，这些水果要在胃部停留一两个小时或更长的时间，与消化液产生化学作用，分解后才进入小肠吸收，所以，饭后进食的水果大部分会被阻碍前进停滞在胃内。

而水果的主要成分是果糖，在胃内的高温下产生发酵反应甚至腐败变化，会生成酒精及毒素，出现胀气、便秘等症状，给消化道带来不良影响。久而久之，会引起种种疾病，包括肠胃不适、消化不良、腹痛等。

另外，水果中还含有类黄酮化合物，如果没能及时地进入小肠消化吸收，被食物阻隔在胃内后，经胃内的细菌作用转化为二羟苯甲酸，而摄入的蔬菜中含有硫氰酸盐，在这两种化学物质作用下，会干扰甲状腺功能，可导致非碘性甲状腺肿。

因此，消化系统不好的老年人在饭后不宜吃水果。

19 老年人饭后不宜喝茶

很多老年人都有饭后喝茶的习惯，认为这样可以促进消化。实际上，这并不是个好习惯，而且医生也告诫我们：饭后不宜喝茶，尤其是浓茶。

茶叶中含有大量单宁酸，饭后喝茶，会使刚刚吃进的还没有消化的蛋白质和鞣酸结合在一起形成沉淀物，影响蛋白质的吸收。此外，茶叶中还含有大量的鞣酸，这些物质进入胃肠道后，会抑制胃液分泌进而影响肠液的分泌，从而导致消化不良。鞣酸还会与肉类、蛋类、豆制品、乳制品等食物中的蛋白质产生凝固作用，形成不易被消化的鞣酸蛋白凝固物，会引起胃功能失常，导致消化不良。此外，茶叶中的茶碱具有抑制小肠吸收铁的作用，会引发缺铁性贫血。

需要提醒老年朋友的是，如果吃的食物中含有金属元素，如铁、镁等，鞣酸还有可能与之发生反应，长年累月就有可能形成结石。

所以，老年人饭后不宜喝茶，特别是浓茶。每日饮茶最好也不超过5克，肾功能不良的老年人更要提高警惕，不要大量饮茶。

老年人饭后不宜喝茶，特别是浓茶。

20 老年人饭后不宜松皮带

不少老年人有饭后松皮带的习惯，觉得那样会使腹部舒服，更利于消化。其实，进食后的腹腔内压力本来就比较大，此时松开皮带，会使内压力突然下降，致使消化器官和韧带的负荷增大，而此时消化道的支持作用又会相应减弱，胃肠在刺激作用下不得不加剧蠕动，有可能造成肠扭转、肠梗阻，严重的会导致胃下垂等疾病。

如果实在是吃多了不舒服，可以慢慢地走一走。但是，不建议老年人过量进食，因为吃下的食物超过胃本身的容积，使食物在短时间内无法消化，会破坏胃部的正常运动规律，可能引发胃炎、功能性消化不良等疾病。

21 老年人饭后不宜立即睡觉

我国有句养生格言，"饮食而卧，乃生百病"。人在吃饱饭后很容易犯困，这是因为身体里的血量是相对固定的，饭后人体的大量血液涌向肠胃，大脑的血容量就会减少，血压也随之下降，这时就会有昏昏欲睡的感觉，如果在这个时候睡觉，很容易因脑供血不足而形成血栓、脑卒中等。

一般来说，食物进入胃肠道后，1~2小时内达到吸收高峰，4~5小时才能完全排空。吃饱饭后，肠胃功能正在发挥其旺盛的作用，而人在睡着的时候，大部分机体组织器官开始进入代谢缓慢的"休整"状态，两者持久矛盾的状态，很容易引起消化功能的紊乱和营养吸收不良，许多人会因此产生营养堆积、发胖等症。

此外，人躺下后，食物易发生反流，增加进入肺部的可能性，如果带有胃酸的食物反流到肺部，不仅会对肺产生化学性损伤，还容易使肺受到细菌感染，甚至造成窒息。

老年人饭后不宜马上睡觉，应在2小时后再睡觉。

第二章

老年人需要补充的营养素

　　老年人必须补充的营养物质有：蛋白质、脂肪、碳水化合物、维生素、矿物质等。如果老年人体内缺乏某种必需的营养元素，对身体健康会有一定的影响。当然，过量摄取这些营养素，对身体健康也是不利的。因此，老年人既要保证这些营养素的足量摄取，又不能过多地摄入。本章重点介绍20种老年人必须补充的营养素，以便老年朋友们参考。

1 蛋白质

走近蛋白质

蛋白质是组成人体的重要成分之一，约占人体重量的18%。食物中蛋白质的各种人体必需氨基酸的比例越接近人体蛋白质的组成，越易被人体消化吸收，其营养价值就越高。一般来说，动物性蛋白质在各种人体必需氨基酸组成的比例上更接近人体蛋白质，属于优质蛋白质。

蛋白质的作用

蛋白质是生命的物质基础，是机体细胞的重要组成部分，是人体组织更新和修补的主要原料。人体的每个组织，如毛发、皮肤、肌肉、骨骼、内脏、大脑、血液、神经、内分泌系统等都是由蛋白质组成的。随着年龄的增长，老年人体内蛋白质的分解代谢会逐步增加，合成代谢会逐步减少。因而，老年人适当补充蛋白质对于维持机体正常代谢，补偿组织蛋白消耗，增强机体抵抗力，具有重要作用。

食物来源

蛋白质的主要来源是肉、蛋、奶和豆类食品。含蛋白质多的食物包括：畜肉类，如牛、羊、猪、狗等；禽肉类，如鸡、鸭、鹌鹑等；海鲜类，如鱼、虾、蟹等；蛋类，如鸡蛋、鸭蛋、鹌鹑蛋等；奶类，如牛奶、羊奶、马奶等；豆类，如黄豆、黑豆等。此外，芝麻、瓜子、核桃、杏仁、松子等干果类食品的蛋白质含量也很高。

建议摄取量

在70岁之前，老年人每天的蛋白质摄取量应不低于50克，大致与成年期持平。但70岁之后，老年人就应该适当减少蛋白质的摄取量。

蛋白质的主要来源是肉、蛋、奶和豆类食品。

2 脂肪

走近脂肪

老年人身体内部的消化、新陈代谢要有能量的支持才能得以完成。这个能量的供应者就是脂肪。脂肪是由甘油和脂肪酸组成的三酰甘油酯。脂肪酸分为饱和脂肪酸和不饱和脂肪酸两大类。亚麻油酸、次亚麻油酸、花生四烯酸等均属在人体内不能合成的不饱和脂肪酸，只能由食物供给，又称作必需脂肪酸。必需脂肪酸主要含在植物油中，在动物油脂中含量较少。

脂肪的作用

脂肪是构成人体组织的重要营养物质，在大脑活动中起着重要的、不可替代的作用。脂肪具有为人体储存并供给能量，保持体温恒定及缓冲外界压力、保护内脏等作用，并可促进脂溶性维生素的吸收，是身体活动所需能量的最主要来源。

食物来源

富含脂肪的食物有花生、芝麻、蛋黄、动物类皮肉、花生油、豆油等。要多选择含不饱和脂肪酸较多的植物性油脂，

芝麻含有丰富的脂肪，可为老年人提供身体所需的热量。

因为它可以降低血中胆固醇含量，并且维持血液、动脉和神经系统的健康。

建议摄取量

因为脂肪可以被人体储存，所以老年人不需要刻意增加摄入量，只需要按平常的量摄取即可，每日大约为20克。

3 碳水化合物

走近碳水化合物

碳水化合物是人类从食物中取得能量最经济和最主要的来源。食物中的碳水化合物分成两类：人可以吸收利用的有效碳水化合物如单糖、双糖、多糖和人不能消化的无效碳水化合物。碳水化合物是一切生物体维持生命活动所需能量的主要来源。它不仅是营养物质，而且有些还具有特殊的生理活性。例如，肝脏中的肝素有抗凝血作用。

碳水化合物的作用

碳水化合物是人体能量的主要来源。它具有维持心脏正常活动、节省蛋白质、维持脑细胞正常功能、为机体提供热能及保肝解毒等作用。

食物来源

碳水化合物的食物来源有粗粮、杂粮、蔬菜及水果，具体有大米、小米、小麦、燕麦、高粱、西瓜、香蕉、葡萄、核桃、杏仁、榛子、胡萝卜、红薯等。

建议摄取量

由于老年人体内胰岛素对血糖的调节功能降低，食糖过多容易发生血糖升高、血脂增加。所以，建议老年人对碳水化合物的摄取量为每日150～250克，但需要根据具体情况作适当调整。

4 膳食纤维

走近膳食纤维

膳食纤维是一般不易被消化的食物营养素，主要来自于植物的细胞壁，包含纤维素、半纤维素、树脂、果胶及木质素等。

膳食纤维的作用

膳食纤维是人们健康饮食不可缺少的，在保持消化系统的健康上扮演着重要的角色。摄取足够的膳食纤维也可以预防心血管疾病、癌症、糖尿病以及其他疾病。膳食纤维有增加肠道蠕动、增强食欲、减少有害物质对肠道壁的侵害、促使排便通畅、减少便秘及其他肠道疾病的发生的作用，同时膳食纤维还能降低胆固醇，以减少心血管疾病的发生，阻碍碳水化合物被快速吸收以减缓血糖蹿升。

食物来源

膳食纤维的食物来源有糙米和精米，以及玉米、小米、大麦等杂粮。此外，根菜类和海藻类中膳食纤维含量较多，如牛蒡、胡萝卜、薯类和裙带菜等。

建议摄取量

危害老年人健康最严重的疾病是脑

红薯含有丰富的膳食纤维，可以增加肠道蠕动，防治便秘。

胡萝卜中富含的维生素A可保持皮肤、骨骼、牙齿、毛发健康生长。

血管疾病、恶性肿瘤和心血管疾病，此外，糖尿病在老年人中患病率较高，老年性便秘亦是老年人比较苦恼的常见病。因此，老年人不可忽视对膳食纤维的摄入。每日摄入量为15～20克。

5 维生素A

走近维生素A

维生素A的化学名为视黄醇，是最早被发现的维生素，是脂溶性维生素，主要存在于海产鱼类肝脏中。维生素A有两种：一种是维生素A醇，是最初的维生素A形态（只存在于动物性食物中）；另一种是β-胡萝卜素，在体内转变为维生素A的预成物质（可从植物性及动物性食物中摄取）。

维生素A的作用

维生素A具有维持人的正常视力，维持上皮组织健全的功能，可保持皮肤、骨骼、牙齿、毛发健康生长。

食物来源

富含维生素A的食物有鱼肝油、牛奶、胡萝卜、杏、西蓝花、木瓜、蜂蜜、香蕉、禽蛋、大白菜、荠菜、西红柿、茄子、南瓜、韭菜、绿豆、芹菜、芒果、菠菜、洋葱等。

建议摄取量

男性老年人维生素A每日摄入量建议为800微克，女性老年人建议每日摄入量为700微克。长期大剂量摄入维生素A会使肝脏受到损害，还会导致其他一些疾病，因此要适量摄入。

6 维生素B_1

走近维生素B_1

维生素B_1又称硫胺素或抗神经炎素，对神经组织和精神状态有良好的影响，因此也被称为精神性的维生素。

维生素B_1的作用

维生素B_1是人体内物质与能量代谢的关键物质，具有调节神经系统生理活动的作用，可以维持食欲和胃肠道的正常蠕动以及促进消化。

食物来源

富含维生素B_1的食物有谷类、豆类、干果类、硬壳果类，其中尤以谷类的表皮部分含量最高，所以谷类加工时碾磨精度不宜过细。蛋类及绿叶蔬菜中维生素B_1的含量也较高。

建议摄取量

老年人适当地补充一些维生素B_1可预防脚气、增加食欲。推荐摄入量为每日1.3毫克。

7 维生素B_2

走近维生素B_2

维生素B_2又叫核黄素，由异咯嗪与核糖组成，纯维生素B_2为黄棕色针状晶体，味苦，是一种促生长因子。维生素B_2是水溶性维生素，容易消化和吸收，被排出的量随体内的需要以及蛋白质的流失程度而有所增减。它不会蓄积在体内，所以时常要以食物或营养补品来补充。如果维生素B_2摄入不足，蛋白质、脂肪、碳水化合物等所有能量代谢都无法顺利进行。

维生素B_2的作用

维生素B_2参与体内生物氧化与能量代谢，在碳水化合物、蛋白质和脂肪等的代谢中起重要的作用，可提高机体对蛋白质的利用率，促进生长发育，维护皮肤和细胞膜的完整性，具有保护皮肤毛囊黏膜及皮脂腺，消除口舌炎症，增进视力等功能。

食物来源

维生素B_2的食物来源有奶类、蛋类、鱼肉、肉类、谷类、新鲜蔬菜与水果等动植物食物。只要不偏食、不挑食，老年人一般不会缺乏维生素B_2。

建议摄取量

建议男性老年人每天摄取1.4毫克，女性老年人每天摄取1.2毫克。

8 维生素B_6

走近维生素B_6

维生素B_6又称吡哆素，是一种水溶性维生素，遇光或碱易被破坏，不耐高温。维生素B_6是几种物质的集合，是制造抗体和红细胞的必要物质，摄取高蛋白食物时要增加它的摄取量。多吃蔬菜可以提高肠内的细菌合成维生素B_6的能力。另外，在消化维生素B_{12}时维生素B_6是必不可少的。

维生素B_6的作用

维生素B_6不仅有助于体内蛋白质、脂肪和碳水化合物的代谢，还能帮助转换氨基酸，形成新的红细胞、抗体和神经递质，有调节体液、稳定神经系统、利尿以及维持骨骼肌肉正常功能的作用。此外，

新鲜蔬菜与水果中都含有维生素B_2，只要不偏食、不挑食，老年人一般不会缺乏。

老年人食用富含维生素B_6的食物，有助降低血中胆固醇含量。

维生素B_6还能降低血中胆固醇含量，有预防动脉粥样硬化的作用。

食物来源

维生素B_6的食物来源很广泛，动植物中均含有，如绿叶蔬菜、黄豆、包菜、糙米、蛋、燕麦、花生、核桃、鸡肉、猪肉、鱼肉等。

建议摄取量

如果老年人服用过量维生素B_6或服用时间过长，会对它产生依赖性，因此建议每日摄取2毫克为宜。

9 维生素B_{12}

走近维生素B_{12}

维生素B_{12}又叫钴胺素，是人体造血原料之一，它是唯一含有金属元素钴的维生素。维生素B_{12}与四氢叶酸（另外一种造血原料）的作用是相互联系的。维生素B_{12}呈红色，容易溶于水和乙醇中，耐热，在强酸、强碱及光照下不稳定。

维生素B_{12}是由微生物合成的，当其进入消化道后，在胃内通过蛋白水解酶作用而游离出来，游离的维生素B_{12}与胃底壁细胞所分泌的内因子结合后进入肠道，在钙离子的保护下，在回肠中被吸收进入血液循环，运送到肝脏，被储存或利用。

维生素B_{12}的作用

维生素B_{12}作为人体重要的造血原料之一，有预防贫血和维护神经系统健康的作用，还有消除烦躁不安的情绪、集中注意力、提高记忆力的作用。另外，通过对其生理功能的研究发现，维生素B_{12}是一种人体重要的营养素，参与体内多种代谢，还可有效预防老年痴呆、抑郁症等疾病，对保持老年人身体健康起着重要作用。

食物来源

维生素B_{12}含量很丰富的食物包括动物的内脏，如牛羊的肝、肾、心，以及牡蛎类等；维生素B_{12}含量较丰富的食物有奶及奶制品，部分海产品，如蟹类、沙丁鱼、鳟鱼等；维生素B_{12}含量较少的食物有鸡肉、海产品中的龙虾、剑鱼、比目鱼、扇贝，以及发酵食物。

建议摄取量

老年人每日摄入维生素B_{12}的推荐量为2.4微克。

10 维生素C

走近维生素C

维生素C又叫L-抗坏血酸，是一种水溶性维生素，普遍存在于蔬菜水果中，老年人可以从膳食中获得维生素C，但容易因外在环境改变而遭到破坏，很容易流失。维生素C由于其美肤作用而被大家熟知，它关系到毛细血管、肌肉和骨骼的形成。此外，它还能够防治坏血病，可作为细胞之间的黏连物，在人体代谢中具有多种功能，参与许多生化反应，促进机体蛋白质的合成，特别是结缔组织中胶原蛋白质和其他黏合物质的合成。

维生素C的作用

维生素C可以促进伤口愈合、增强机体抗病能力，对维护牙齿、骨骼、血管、肌肉的正常功能有重要作用。同时，维生素C还可以促进铁的吸收，可以改善贫血、提高免疫力。

食物来源

维生素C主要来源于新鲜蔬菜和水果，水果中以柑橘、草莓、猕猴桃、枣等含量较高；蔬菜中以西红柿、豆芽、白

维生素C主要来源于新鲜蔬菜和水果，有增强机体抗病能力的作用。

菜、青椒等含量较高。其他蔬菜也含有较丰富的维生素C，蔬菜中的叶部比茎部含量高，新叶比老叶含量高，有光合作用的叶部含量最高。

建议摄取量

老年人每日应摄入100毫克维生素C。

11 维生素D

走近维生素D

维生素D又称胆钙化醇、固化醇，是脂溶性维生素，是老年人不可缺少的一种重要维生素。维生素D被称作阳光维生素，人体皮肤只要适度接受太阳光照射便不会匮乏维生素D。维生素D也被称为抗佝偻病维生素，是人体骨骼正常生长的必需营养素，其中最重要的有维生素D_2和维生素D_3。维生素D_2的前体是麦角醇，维生素D_3的前体是脱氢胆固醇，这两种前体在人体组织内是无效的，当受到阳光的紫外线照射以后才转变为维生素D。

维生素D的作用

维生素D是钙、磷代谢的重要调节因子之一，可以提高机体对钙、磷的吸收，促进生长和骨骼钙化，健全牙齿，并可防止氨基酸通过肾脏损失。

食物来源

维生素D的来源并不是很多，鱼肝油、沙丁鱼、小鱼干、动物肝脏、蛋类，以及添加了维生素D的奶制品等都含有较为丰富的维生素D。其中，鱼肝油是最丰富的来源。另外，通过晒太阳也能获得人体所需的维生素D。

鸡蛋中含有较为丰富的维生素D，老年人食用有助于骨骼和牙齿健康。

建议摄取量

建议摄入量为每日10微克，可耐受最高摄入量为每日20微克。

12 维生素E

走近维生素E

维生素E又名生育酚，属于酚类化合物，其在人体内可保护其他可被氧化的物质，接触空气或紫外线照射则缓缓氧化变质。维生素E是一种很重要的血管扩张剂和抗凝血剂，在食用油、水果、蔬菜及粮食

南瓜是维生素E的主要来源，老年人平时可以经常食用南瓜。

中均存在。

近年来，维生素E被广泛应用于抗衰老方面，被认为可消除脂褐素在细胞中的沉积，改善细胞的功能，减缓组织细胞的衰老过程。

维生素E的作用

维生素E是一种很强的抗氧化剂，可以改善血液循环、修复组织，对延缓衰老、预防癌症及心脑血管疾病非常有益，另外它还有保护视力、提高人体免疫力、抗不孕等功效。

食物来源

含有丰富的维生素E的食物有核桃、糙米、芝麻、蛋、牛奶、花生、黄豆、玉米、鸡肉、南瓜、西蓝花、杏、蜂蜜，以及坚果类食物、植物油等。

建议摄取量

建议老年人每日摄入维生素E 30毫克。

13 维生素K

走近维生素K

维生素K是脂溶性维生素，是促进血液正常凝固及骨骼生长的重要维生素，是形成凝血酶原不可缺少的物质，有"止血功臣"的美誉。维生素K是经肠道吸收，在肝脏产生凝血酶原及一些凝血因子，而起到凝血作用的。

维生素K的作用

人体对维生素K的需要量非常少，但它对促进骨骼生长和血液正常凝固具有重要作用。维生素K在细胞中有助于葡萄糖磷酸化，增进糖类吸收利用，并有助于骨骼中钙质的新陈代谢，对肝脏中凝血物质的形成起着重要的作用。它可以减少生理期大量出血，防止内出血及痔疮，还可以预防骨质疏松。

食物来源

鱼肝油、蛋黄、奶酪、海藻、藕、菠菜、包菜、莴苣、西蓝花、豌豆、大豆油等均是维生素K很好的膳食来源。

建议摄取量

建议老年人每日摄入维生素K 70～140微克。

14 维生素P

走近维生素P

维生素P是由柑橘属生物类黄酮、芸香素和橙皮素构成的，在复合维生素C中都含有维生素P。维生素P是水溶性的，它能

茄子中富含的维生素P是人体消化吸收维生素C时不可缺少的物质。

防止维生素C被氧化而受到破坏，增强维生素的效果。人体自身无法合成维生素P，因此必须从食物中摄取。

维生素P的作用

维生素P是人体消化吸收维生素C时不可缺少的物质。它能减少血管脆性，降低血管通透性，增强维生素C的活性，预防脑出血、视网膜出血、紫癜等疾病。此外，它还能增强毛细血管壁，防止瘀伤，有助于牙龈出血的预防和治疗，有助于因内耳疾病引起的水肿或头晕的治疗等。

食物来源

维生素P主要来源于柑橘类水果、杏、枣、樱桃、茄子、荞麦等，其中苦荞中维生素P的含量最为丰富。

建议摄取量

建议老年人每日摄入维生素P 12毫克。

15 钙

走近钙

钙是人体中最丰富的矿物质，是骨骼和牙齿的主要组成物质。胎儿骨骼组织的生长和发育及母体的生理代谢，均需大量的钙。血压、组织液等其他组织中也有一定量的钙，虽然占人体钙量不到1%，但对骨骼的代谢和生命体征的维持有着重要的作用。

钙的作用

钙是构成人体骨骼和牙齿硬组织的主要元素，除了可以强化牙齿及骨骼外，还可维持肌肉神经的正常兴奋，调节细胞和毛细血管的通透性，强化神经系统的传导功能等。

食物来源

钙的来源很丰富：乳类与乳制品，

为了保证骨骼和牙齿健康，老年人可以食用富含钙的食物，如虾。

如牛奶、羊奶及其奶粉、乳酪、酸奶；豆类与豆制品，如黄豆、毛豆、扁豆、蚕豆、豆腐、豆腐干、豆腐皮等；海产品，如鲫鱼、鲤鱼、鲢鱼、泥鳅、虾、虾米、虾皮、螃蟹、海带、紫菜、蛤蜊、海参、田螺等；肉类与禽蛋，如羊肉、猪肉、鸡肉、鸡蛋、鸭蛋、鹌鹑蛋、猪肉松等；蔬菜类，如芹菜、上海青、胡萝卜、萝卜缨、芝麻、香菜、雪里蕻、黑木耳、蘑菇等；水果与干果类，如柠檬、枇杷、苹果、黑枣、杏仁、山楂、葡萄干、胡桃、西瓜子、南瓜子、花生、莲子等。

建议摄取量

建议每日补充1000毫克钙。

16 铁

走近铁

铁元素是构成人体的必不可少的元素之一。其在人体内含量很少，主要和血液循环有关系，负责氧的运输和储存。2/3的铁元素在血红蛋白中，是构成血红蛋白和肌红蛋白的元素。铁元素是人体生成红细胞的主要材料之一，老年人缺铁可以影响细胞免疫和机体系统功能，降低机体的抵抗力，使感染疾病率增高。

铁的作用

铁元素在人体中具有造血功能，参与血蛋白、细胞色素及各种酶的合成，促进人体生长；铁还在血液中起运输氧和营养物质的作用。人的颜面泛出红润之美，离不开铁元素。人体缺铁会发生小细胞性贫血、免疫功能下降和新陈代谢紊乱；如果铁质不足可导致缺铁性贫血，使人的脸色萎黄，皮肤也会失去美丽的光泽。

食物来源

食物中含铁丰富的有动物肝脏和肾脏、瘦肉、蛋黄、鸡、鱼、虾和豆类。绿叶蔬菜中含铁较多的有菠菜、芹菜、上海青、苋菜、荠菜、黄花菜、西红柿等。水果中以杏、桃、李、葡萄干、红枣、樱桃等含铁较多。核桃、海带、红糖等也含有铁。

建议摄取量

老年人每日应至少摄入15毫克铁。

17 锌

走近锌

锌是人体必需的重要微量元素，被科学家称为"生命之素"，对人体的许多正常生理功能的完成起着极为重要的作用。锌是一些酶的组成要素，参与人体多种酶活动，参与核酸和蛋白质的合成，能提高人体的免疫功能。同时，它对生殖腺功能也有着重要的影响。

锌的作用

锌在核酸、蛋白质的生物合成中起着重要作用。锌还参与碳水化合物和维生素A的代谢过程，维持胰腺、性腺、脑下垂体、消化系统和皮肤正常功能。此外，锌还能够提高老年人清除自由基的能力，推迟细胞衰老，延长细胞寿命。

食物来源

一般的蔬菜、水果、粮食中均含有锌，其中含锌较多的有牡蛎、瘦肉、西蓝花、蛋、粗粮、核桃、花生、西瓜子、板栗、干贝、榛子、松子、腰果、杏仁、黄豆、银耳、小米、萝卜、海带、白菜等。

建议摄取量

建议老年人每日摄入锌15毫克。

18 硒

走近硒

硒是一种比较稀有的准金属元素。人体自身不能合成硒，要从食物中摄取。目前，天然食品中硒的含量很低，硒元素大多从含有有机硒的各种制品摄入。

硒是人体必需的生理活性的微量元素，它是谷胱甘肽过氧化物酶的重要组成成分，有免疫调节、抗氧化、排除体内重金属、预防基因突变的作用，被科学界和医学界称为"细胞保护神"、"天然解毒剂"、"抗癌之王"。

硒的作用

硒能清除体内自由基，排除体内毒素，抗氧化，有效抑制过氧化脂质的产生，防止血凝块，清除胆固醇，增强人体

人体自身不能合成硒，要从食物中摄取，其中菌类食物是硒的主要来源。

免疫功能。同时，硒还有促进糖分代谢，降血糖，提高视力，防止白内障，预防心脑血管疾病，护肝，防癌等作用。

食物来源

硒主要来源于猪肉、鲜贝、海参、鱿鱼、龙虾、动物内脏、大蒜、蘑菇、金针菜、洋葱、西蓝花、包菜、芝麻、白菜、南瓜、萝卜、酵母等。

建议摄取量

人体对硒的需求量很少，老年人每日只需摄入50微克硒。

19 钾

走近钾

钾是人体内不可缺少的元素，是机体重要的电解质，其主要功能是调节与维持细胞内液的容量及渗透压，维持心肌正常运动。人体钾缺乏可引起心跳不规律和加速、心电图异常、肌肉衰弱和烦躁，最后导致心跳停止，所以老年人应摄入适量的钾。

钾的作用

钾可以调节细胞内适宜的渗透压和体液的酸碱平衡，参与细胞内糖和蛋白质的代谢，有助于维持神经健康、心跳规律正常，可以预防脑卒中，并协助肌肉正常收缩。在摄入高钠而导致高血压时，钾具有降血压作用。

食物来源

含钾丰富的水果有猕猴桃、香蕉、草莓、柑橘、葡萄、柚子、西瓜等；菠菜、山药、毛豆、苋菜、黄豆、绿豆、蚕豆、海带、紫菜、黄鱼、鸡肉、牛奶、玉米面等也含有一定量的钾。各种果汁，特别是橙汁，也含有丰富的钾，而且能补充水分和能量。

建议摄取量

建议老年人每日摄入2000毫克钾。

20 铜

走近铜

铜是人体健康不可缺少的微量元素，广泛分布于生物组织中，大部分以有机复合物存在，很多是金属蛋白，以酶的形式起着功能作用。老年人由于胃肠道消化吸收功能下降，摄入的食物中铜的利用率降低。另外，老年人牙齿脱落，食物咀嚼不全，也影响了铜的吸收，因而容易发生铜缺乏。

铜的功效

铜能够促进铁的吸收和利用，预防贫血；能够维持中枢神经系统的功能，促进大脑发育，而且对于血液、头发、皮肤和骨骼组织以及肝、心等内脏的发育和功能有重要作用。

食物来源

食物中铜的丰富来源有口蘑、海米、红茶、花茶、绿茶、榛子、葵花子、西瓜子、核桃、芝麻酱等。

建议摄取量

老年人要保证均衡营养，每日应摄入2.5毫克的铜。

草莓中含有丰富的钾，老年人食用可以预防高血压。

第三章

老年人宜吃的175种食物

　　维持生命必须依靠饮食来补充人体需要消耗的能量。人们每天要吃很多食物，但是怎么吃、吃哪些身体才健康，才长寿，许多老年人对于这个问题并不十分清楚。正如每个人天天都在吃饭，但是未必明白怎样吃、吃什么才是科学、合理的一样。那么，在老年人的日常饮食中到底哪些食物才有益其身体健康呢？

[老年人  吃什么？]

大白菜

DA BAI CAI

【蔬菜菌菇类】

[别 名] 黄芽菜、黄矮菜

【适用量】每次100克左右为宜。

【热量】约712焦/克

【性味归经】性平，味苦、辛、甘。归肠、胃经。

【主打营养素】

维生素C、膳食纤维

◎大白菜钠含量较低，且含有较多的维生素C和膳食纤维，常食可促进肠壁蠕动，稀释肠道毒素，软化血管，降低血压和血清胆固醇，对预防动脉粥样硬化、高脂血症及脑卒中大有好处。

◎食疗功效

大白菜具有通利肠胃、清热解毒、止咳化痰、利尿养胃的功效，是营养极为丰富的蔬菜。而且，大白菜所含的丰富的粗纤维能促进肠壁蠕动，稀释肠道毒素，老年人常食可增强人体抗病能力和降低胆固醇，而且对伤口难愈、牙齿出血有防治作用。

◎选购保存

以挑选包得紧实、新鲜、无虫害的大白菜为宜。冬天可用无毒塑料袋保存，如果温度在0摄氏度以上，可在大白菜叶上套上塑料袋，口不用扎，根朝下戳在地上即可。

◎烹饪提示

切大白菜时，宜顺着纹路切，这样大白菜易熟；烹调时不宜用煮焯、浸烫后挤汁等方法，否则易造成营养素的大量损失。

营养成分表

营养素	含量（每100克）
蛋白质	1.5克
脂肪	0.1克
碳水化合物	3.2克
膳食纤维	0.8克
维生素A	20微克
维生素C	31毫克
钙	50毫克
铁	0.7毫克
锌	0.38毫克
硒	0.49微克

◎搭配宜忌

大白菜+猪肉 可补充营养、通便
大白菜+辣椒　　可促进消化、降脂减肥

大白菜+羊肝 会破坏维生素C
大白菜+黄鳝　　会引起中毒

食用建议

脾胃气虚、大小便不利、维生素缺乏、原发性高血压、高血脂、心脑血管疾病的患者都可经常食用大白菜；另外，肺热咳嗽、便秘、肾病患者也可以多食用大白菜。但胃寒、腹泻、肺热咳嗽者不宜多食。

[老年人  吃 什么？]

推荐食谱 1 | 黑木耳炒大白菜梗

原料 大白菜梗300克，黑木耳40克，红椒50克

调料 盐4克，味精2克，水淀粉适量

做法 ❶大白菜梗用清水洗净，斜切片备用；黑木耳泡发，洗净，撕小块；红椒去籽，洗净切片。❷锅洗净，置于火上，倒入适量的油烧热，下黑木耳和红椒片翻炒，加入大白菜梗，炒熟。❸加入盐、味精，用水淀粉勾芡，炒匀即可。

健康指南 此菜清爽利口，营养丰富，含有人体所需的蛋白质、膳食纤维、碳水化合物、维生素A、维生素C、钙、铁等多种营养成分，可减少血液凝块，预防血栓等病的发生，对于动脉粥样硬化、冠心病、原发性高血压具有食疗功效，老年人经常食用还可防癌抗癌、预防便秘。

小贴士

如果选用的是干黑木耳，烹饪前宜用温水泡发，泡发后仍然紧缩在一起的部分不宜吃。

推荐食谱 2 | 大白菜金针菇

原料 大白菜350克，金针菇100克，水发香菇20克

调料 红辣椒10克，盐3克，鸡精2克

做法 ❶大白菜洗净，撕大片；香菇洗净切块；金针菇去尾，洗净；红辣椒洗净，切丝备用。❷炒锅洗净，置于火上，倒入适量的油加热，先后下入香菇块、金针菇、大白菜片翻炒。❸最后加入盐和鸡精，炒匀装盘，撒上红辣椒丝即可。

健康指南 大白菜富含维生素C，能抑制血脂升高，降低胆固醇，防治心脑血管疾病，同时还有助于预防肝脏疾病和胃肠道溃疡，增强机体正气，防病健身；金针菇是高钾低钠食品，可防治原发性高血压，同时还能防癌抗癌；香菇含香菇素，可预防血管硬化，快速降低血压。因此，此菜对患有原发性高血压的老年人有很好的食疗功效。

小贴士

大白菜的做法丰富多样，有熘、烩、烧、炒、拌、做馅、腌等。烹饪此菜宜用大火快炒，可减少维生素的流失。

[老年人  吃 什么？]

小白菜

XIAO BAI CAI

【蔬菜菌菇类】

[别 名] 不结球白菜、青菜

【适用量】每次100克为宜。
【热量】约628焦/克
【性味归经】性凉，味甘。归肺、胃大肠经。

【主打营养素】
维生素C含量丰富
◎ 小白菜的热量很低，老年人食用后不会引起血糖大的波动，而且其中还含有丰富的维生素C，有促进胆固醇排泄、清除粥样斑块、防治糖尿病并发动脉粥样硬化的作用。

◎食疗功效

小白菜能促进骨骼发育，加速人体新陈代谢和增加机体的造血功能。而且小白菜还具有清热除烦、行气退瘀、消肿散结、通利肠胃等功效，对口渴、身热、胸闷、心烦、食少便秘、腹胀等症的老年人有食疗功效。

◎选购保存

选购小白菜时以外表青翠、叶片完整的为佳，叶片萎烂、枯黄的则不宜选购。保存时可先将小白菜清洗干净，然后用保鲜膜封好置于冰箱中，可保存1周左右。

◎烹饪提示

用小白菜制作菜肴，炒、熬时间不宜过长，以免损失营养。

营养成分表

营养素	含量（每100克）
蛋白质	2.7克
脂肪	0.3克
碳水化合物	3.2克
膳食纤维	1.1克
维生素A	280微克
维生素C	28毫克
钙	90毫克
铁	1.9毫克
锌	0.51毫克
硒	1.17微克

◎搭配宜忌

小白菜+虾皮	可使营养更加全面
小白菜+猪肉	可促进儿童成长
小白菜+兔肉	会引起腹泻和呕吐
小白菜+醋	会引起营养流失

食用建议

一般人群均可食用，尤其适宜于肺热咳嗽、便秘、丹毒、疮疖等患者及缺钙者食用。但脾胃虚寒、大便溏薄者及拉肚子的人或易痛经的女性不宜多食小白菜。

[老年人  吃 什么？]

推荐食谱 1　芝麻炒小白菜

原料｜小白菜500克，白芝麻15克

调料｜姜丝10克，盐5克

做法｜❶放少许白芝麻到锅里，锅热了转小火，不断地炒芝麻，等到它的香味出来时盛盘。❷小白菜清洗干净，锅加油烧热，放姜丝炝锅，再放入小白菜，猛火快炒，然后放盐调味，等菜熟时把刚才准备好的白芝麻放进去，再翻炒两下即可出锅。

健康指南｜此菜中的小白菜含有大量的粗纤维和维生素C，有助于促进胆固醇的排泄，防治动脉粥样硬化，增强抵抗力；搭配富含蛋白质、铁、钙、磷、维生素A、维生素E、亚油酸、卵磷脂等营养素的芝麻食用，具有强壮身体、抗衰老、祛风润肠、降血糖的功效，非常适合老年人食用。

小贴士

小白菜下锅后要用旺火快炒，以免出水，且炒制的时间不宜过长，否则口感不佳。

推荐食谱 2　滑子菇扒小白菜

原料｜小白菜350克，滑子菇150克，枸杞20克

调料｜盐3克，鸡精1克，蚝油、水淀粉各20毫升，高汤适量

做法｜❶将小白菜清洗干净，切段，入沸水锅中汆水至熟，装盘中备用；滑子菇清洗干净；枸杞清洗干净。❷炒锅注油烧热，放入滑子菇滑炒至熟，加少许高汤煮沸，加入枸杞，加盐、鸡精、蚝油调味，用水淀粉勾芡。❸起锅倒在小白菜上即可。

健康指南｜这道菜味道鲜美，营养丰富，对保持老年人的精力和脑力大有益处。小白菜有"和中，利于大小肠"的作用，能健脾利尿、促进吸收。滑子菇含有粗蛋白、脂肪、碳水化合物、粗纤维、钙、磷、铁、B族维生素、维生素C等营养成分，对老年人非常有益。

小贴士

小白菜汆水的时间过长，容易变黄。最后加入香菇，此菜味道会更好。

[老年人 吃 什么?]

包菜

BAO CAI

【蔬菜菌菇类】

[别 名] 圆白菜、结球甘蓝

【适用量】每次80克为宜。

【热量】约921焦/克

【性味归经】性平,味甘。归脾、胃经。

【主打营养素】

维生素E、维生素C、B族维生素

◎包菜热量低,富含的维生素E可促进人体内胰岛素的生成和分泌,调节体内糖代谢;包菜所富含的维生素C、B族维生素,有调节新陈代谢的作用,对老年人的健康极为有益。

◎食疗功效

包菜有补骨髓、润脏腑、益心力、壮筋骨、清热止痛、增强食欲、促进消化、预防便秘的功效,对睡眠不佳、失眠多梦、耳目不聪、皮肤粗糙、皮肤敏感、关节屈伸不利、胃脘疼痛等病症的老年患者有食疗功效。

◎选购保存

结球紧实,修整良好;无老帮、焦边、侧芽萌发,无病虫害损伤的包菜为佳。包菜可置于阴凉通风处保存2周左右。

◎烹饪提示

做熟的包菜不要长时间存放,否则亚硝酸盐沉积,容易导致中毒。

营养成分表

营养素	含量(每100克)
蛋白质	1.5克
脂肪	0.2克
碳水化合物	4.6克
膳食纤维	1克
维生素A	12微克
维生素C	40毫克
钙	49毫克
铁	0.6毫克
锌	0.25毫克
硒	0.96微克

◎搭配宜忌

包菜+西红柿 包菜+猪肉	✓	可益气生津 补充营养,通便
包菜+黄瓜 包菜+兔肉	✗	会降低营养价值 会引起腹泻或呕吐

食用建议

包菜特别适合动脉硬化、胆结石症、肥胖患者及容易骨折的老年人食用。但皮肤瘙痒性疾病、眼部充血患者忌食。因包心菜含粗纤维量多,且质硬,故脾胃虚寒、泄泻以及小儿脾弱者也不宜多食。

[老年人 吃 什么？]

推荐食谱 1　芝麻包菜

原料 黑芝麻10克，包菜嫩心500克

调料 盐、味精各适量

做法 ①芝麻清洗干净，入锅内小火慢炒，当炒至芝麻发香时盛出凉凉，碾压成粉状。包菜心清洗干净，切小片。②炒锅上火，花生油烧热，投入包菜心炒1分钟，后加盐，用旺火炒至包菜熟透发软，加味精拌匀，起锅装盘，撒上芝麻屑拌匀即成。

健康指南 此菜清新爽口，具有降血糖、开胃消食、润肠通便的功效，非常适合老年人食用。包菜中含有大量人体必需营养素，如多种氨基酸、胡萝卜素等，其维生素C含量尤多，这些营养都具有提高人体免疫功能的作用。此外，包菜对睡眠不佳、失眠多梦、耳目不聪、皮肤粗糙、皮肤敏感、关节屈伸不利、胃脘疼痛等病症患者也有食疗功效。

小贴士

包菜心炒制的时间不宜过长，以免影响口感。

推荐食谱 2　包菜炒肉片

原料 五花肉150克，包菜200克

调料 盐、蒜末、白糖、酱油、淀粉各适量

做法 ①五花肉清洗干净，切片，用盐、白糖、酱油、淀粉腌5分钟；包菜择下叶片，清洗干净，撕成小块。②锅下油烧热，爆香蒜末，放入包菜炒至叶片稍软，加入盐炒匀，盛起。③另起油锅，放入猪肉片翻炒片刻，放入炒过的包菜炒匀，盛出即可。

健康指南 包菜的营养价值与大白菜相差无几，其中维生素C的含量丰富。同时，包菜的防衰老、抗氧化的效果与芦笋、花菜同样处在较高的水平。将包菜与富含蛋白质的五花肉一同烹饪，包菜不仅吸收了肉汁味道，变得更香更美味了，而且营养更加全面，可以激发老年人的食欲。

小贴士

五花肉可以稍炸出油，这样炒出来的包菜味道更佳。

[老年人 吃 什么？]

油菜
YOU CAI
【蔬菜菌菇类】

[别 名] 芸薹、上海青、油白菜

【适用量】每次80克为宜。
【热量】约963焦/克
【性味归经】性温，味辛。归肝、肺、脾经。

【主打营养素】
膳食纤维
◎油菜为低脂肪蔬菜，其还含有膳食纤维，能与胆酸盐和食物中的胆固醇及三酰甘油结合，使其从粪便中排出，从而减少人体对脂类的吸收。另外，油菜所含的膳食纤维还可以防治老年人便秘。

◎食疗功效

油菜具有活血化瘀、消肿解毒、促进血液循环、润肠通便、美容养颜、强身健体的功效，对丹毒、手足疖肿、乳痈、习惯性便秘、老年人缺钙等病症有食疗功效。

◎选购保存

挑选叶色较青、新鲜、无虫害的油菜为宜。冬天可用无毒塑料袋保存，如果温度在0摄氏度以上，可在菜叶上套上塑料袋，口不用扎，根朝下戳在地上即可。

◎烹饪提示

烹调油菜时最好现做现切，炒的时候用旺火，这样可保持油菜的鲜脆，而且可使其营养成分不被破坏。忌吃隔夜的熟油菜，因为其含有亚硝酸盐，易引发癌症。

营养成分表

营养素	含量（每100克）
蛋白质	1.8克
脂肪	0.5克
碳水化合物	3.8克
膳食纤维	1.1克
维生素A	103微克
维生素C	36毫克
钙	108毫克
铁	1.2毫克
锌	0.33毫克
硒	0.79微克

◎搭配宜忌

油菜+黑木耳 平衡营养
油菜+豆腐　　　　清肺止咳

油菜+螃蟹  引起中毒
油菜+黄瓜　　　　破坏维生素C

食用建议

口腔溃疡者，口角湿白者，齿龈出血、牙齿松动者，瘀血腹痛者，癌症患者及老年人宜常食油菜。孕早期妇女，小儿麻疹后期、患有疥疮和狐臭的人不宜食用油菜。

[老年人 吃 什么？]

推荐食谱 1　双冬扒油菜

原料 油菜500克，冬菇50克，冬笋肉50克

调料 盐5克，味精2克，蚝油10毫升，老抽5毫升，糖20克，淀粉少许，麻油少许

做法 ① 油菜洗净，入沸水中焯烫；锅中加少许油烧热，放入油菜翻炒，调入盐、味精，炒熟盛出，摆盘成圆形。② 冬菇、冬笋洗净，放入油锅中煸炒，加蚝油、水，调入老抽、盐、味精、糖，焖约5分钟。③ 用淀粉勾芡，调入麻油，盛出放在摆有油菜的碟中间即可。

健康指南 这道菜有防治便秘、强筋壮骨、防癌抗癌的功效，老年人食用对身体极为有利。成菜中的油菜低热量、低脂肪，且富含膳食纤维，能减少胃肠道对脂类的吸收。冬菇中所含天门冬素和天门冬氨酸，可防止脂质在动脉壁沉积，能够有效降低胆固醇和三酰甘油，保护血管。

小贴士

烹饪时可将油菜梗剖开，以便更入味。

推荐食谱 2　口蘑扒油菜

原料 油菜400克，口蘑150克，枸杞30克

调料 高汤适量，盐3克，鸡精1克，蚝油15毫升

做法 ① 将油菜洗净，对半剖开，入沸水中焯水，沥干，摆盘中；口蘑洗净，沥干备用；枸杞洗净。② 锅注油烧热，下入口蘑翻炒，注入适量高汤煮开，加入枸杞。③ 加入蚝油、盐和鸡精调味，起锅倒在油菜上。

健康指南 口蘑具有益胃润肠、散血热、解表、化痰、理气等功效，还能够降低血压，调节血脂，减肥排毒，抑制血清和肝脏中胆固醇上升，对肝脏起到良好的保护作用；油菜能减少机体对脂肪的吸收，可有效降低血脂；枸杞可清肝明目，降脂降压。所以，这道菜非常适合患有高血压和高血脂的老年人食用。

小贴士

油菜的食用方法较多，除了扒，还可炒、烧、炝。

[老年人 吃 什么？]

菠菜
BO CAI
【蔬菜菌菇类】

[别 名] 赤根菜、鹦鹉菜、波斯菜

【适用量】每次80克为宜。

【热量】约1005焦/克

【性味归经】性凉，味甘、辛。归大肠、胃经。

【主打营养素】
膳食纤维
◎菠菜中的膳食纤维可缓解血糖上升过快，刺激肠胃蠕动，帮助排便和排毒，加快胆固醇的排出，有利于脂肪和糖分代谢，是控制血脂与血糖的必需物质。

◎食疗功效

菠菜具有养血、止血、敛阴、润燥、促进肠道蠕动，利于排便的功效，对于痔疮、慢性胰腺炎、便秘、肛裂等病症有食疗功效，还能促进生长发育、增强抗病能力，促进人体新陈代谢，且老年人食用可以延缓衰老。

◎选购保存

挑选叶色较青、新鲜、无虫害的菠菜为宜。用湿纸包好装入塑料袋或用保鲜膜包好放在冰箱里可保存2天左右。

◎烹饪提示

菠菜中含有草酸，食用后会影响人体对钙的吸收，所以烹炒菠菜前，宜焯水，减少草酸含量。

营养成分表

营养素	含量（每100克）
蛋白质	2.6克
脂肪	0.3克
碳水化合物	4.5克
膳食纤维	1.7克
维生素A	487微克
维生素C	32毫克
钙	66毫克
铁	2.9毫克
锌	0.85毫克
硒	0.97微克

◎搭配宜忌

菠菜+胡萝卜 菠菜+鸡蛋 ✓	降低血压、保护血管壁 可预防贫血、营养不良
菠菜+大豆 菠菜+鳝鱼 ✗	会损害牙齿 会导致腹泻

食用建议

原发性高血压患者，便秘者，贫血者，坏血病患者，电脑工作者，糖尿病患者，皮肤粗糙、过敏者都可经常食用菠菜。

肾炎患者，肾结石患者，脾虚便溏者不宜食用菠菜。

[老年人 吃 什么？]

推荐食谱 1　菠菜拌蛋皮

原料 | 鲜菠菜750克，鸡蛋3个

调料 | 盐、味精、水淀粉、葱丝、姜丝、香油各适量

做法 | ① 菠菜择去老根，劈开，洗去泥沙，捞出控水；鸡蛋磕入碗中，加盐、水淀粉搅匀，放入油锅中摊成蛋皮，切丝。② 锅内注入清水，烧沸，放入菠菜焯熟，捞出放冷水中过凉，挤干水分，加盐、味精、葱丝、蛋皮丝、姜丝拌匀。③ 锅洗净，放入香油，用小火烧至五六成熟时，淋在菠菜上即可。

健康指南 | 此菜具有补血益气、敛阴润燥、通便润肠、降低血脂的功效，可辅助治疗血虚便秘、贫血症、高脂血症，非常适合老年人食用。其中菠菜中所含的微量元素，能促进人体新陈代谢，增进身体健康。老年人大量食用菠菜，可降低脑卒中的危险。

小贴士

菠菜要选用叶嫩小棵的，且要保留菠菜根。

推荐食谱 2　菠菜柴鱼卷

原料 | 菠菜6株，柴鱼卷6片，春卷皮6张

调料 | 番茄酱、盐各适量

做法 | ① 将菠菜洗净，入加盐的沸水中烫熟，捞起，沥干水分，待凉。② 春卷皮排平，铺上柴鱼片，上置菠菜。③ 最后淋上少许番茄酱，卷紧即成。

健康指南 | 此菜可促进老年人体内胆固醇和脂肪代谢，能有效控制高脂血症，还能增强老年人的免疫力。此菜中菠菜最大的特点是含钾量很高，每100克菠菜含钾311毫克，可有效降低血压，而柴鱼卷有降低血中胆固醇的作用，因此此菜十分适合患有原发性高血压、高脂血症的老年人食用，还可有效预防心脑血管疾病的发生。

小贴士

可以将菠菜柴鱼卷切片后再食用，以免老年人噎食。

[老年人 吃 什么？]

生菜
SHENG CAI
【蔬菜菌菇类】

[别名] 叶用莴笋、鹅仔菜、莴仔菜

【适用量】每次100克为宜。
【热量】约628焦/克
【性味归经】性凉，味甘。归心、肝、味经。

【主打营养素】
膳食纤维、钾、钙、铁
◎生菜富含膳食纤维，能够增加饱腹感，延缓葡萄糖的吸收。生菜还含有钾、钙、铁等矿物质，可降低血糖，减缓餐后血糖上升的速度，有助于老年人预防糖尿病。

◎食疗功效

生菜有利五脏、通经脉、开胸膈、利气、坚筋骨、白牙齿、明耳目、通乳汁、利小便的功效。另外，生菜的茎叶中含有莴苣素，具有镇痛催眠、降低胆固醇、改善神经衰弱等功效，非常适合老年人食用。

◎选购保存

应挑选色绿、棵大、茎短的鲜嫩生菜。生菜不宜久存，用保鲜膜封好置于冰箱中可保存2～3天。

◎烹饪提示

不要食用过夜的熟生菜，以免引起亚硝酸盐中毒。

营养成分表

营养素	含量（每100克）
蛋白质	1.4克
脂肪	0.4克
碳水化合物	2.1克
膳食纤维	0.6克
维生素A	60微克
维生素C	20毫克
钙	70毫克
铁	1.2毫克
锌	0.43毫克
硒	1.55微克

食用建议

一般人群均可食用，特别适合胃病患者、肥胖者、高胆固醇患者、神经衰弱者、肝胆病患者、维生素C缺乏者食用。但是尿频、胃寒的人应少吃。

◎搭配宜忌

生菜+兔肉		可促进消化和吸收
生菜+沙拉酱	✓	可瘦身减肥
生菜+豆腐		可排毒养颜
生菜+醋	✗	会破坏营养物质

[老年人  什么？]

推荐食谱 1　蒜蓉生菜

原料　生菜500克，蒜蓉10克

调料　盐、味精、鸡精各适量

做法　❶将生菜清洗干净。❷将炒锅洗净，加适量水，放入盐、植物油，下生菜汆水，捞出再用冷水冲凉。❸在锅内下适量油，烧热油，下入蒜蓉炒香后，下入生菜、盐、味精、鸡精。炒熟后起锅装入盘内即可。

健康指南　生菜含有丰富的膳食纤维和维生素C，有调节血糖、消除多余脂肪的作用，而蒜泥中含有的硒对胰岛素的合成有调节作用，故老年人常食本菜，能有效地减缓餐后血糖上升的速度，防治动脉硬化等并发症。此外，生菜中还含有莴苣素，具有镇痛催眠、辅助治疗神经衰弱的功效。

> **小贴士**
>
> 生菜无论生食还是炒熟，都不能用刀切，一定要用手撕才会保留原有的好味道。

推荐食谱 2　生菜滑牛肉

原料　赤牛肉250克，生菜300克，胡萝卜片适量

调料　盐4克，白糖6克，麻油8毫升

做法　❶将牛肉洗净，切薄片状，备用。❷生菜择去根部，一叶一叶地剥开洗净。❸锅置火上，将水煮沸，放入生菜、胡萝卜片及牛肉片汆熟取出。❹趁食物的热度，将盐、白糖、麻油放入拌匀即可。

健康指南　此菜脆嫩适口，可以提高老年人的食欲。成菜中的生菜是一种低热量、高营养的蔬菜，含有甘露醇等有效成分，有利尿和促进血液循环的作用。此外，生菜中还含有一种"干扰素诱生剂"，可刺激人体正常细胞产生干扰素，从而产生一种"抗病毒蛋白"抑制病毒，从而有效提高老年人的抵抗力。

> **小贴士**
>
> 应选择有光泽，红色均匀，脂肪洁白或呈淡黄色，外表微干或有风干膜，不粘手，弹性好，具有鲜肉味的新鲜牛肉。

[老年人 吃 什么？]

芹菜

QIN CAI

【蔬菜菌菇类】

[别 名] 蒲芹、香芹

【适用量】每日100克左右为宜。
【热量】约586焦/克
【性味归经】性凉，味甘、辛。归肺、胃经。

【主打营养素】

维生素P、芹菜碱、甘露醇、膳食纤维

◎芹菜富含维生素P、芹菜碱和甘露醇等活性成分，可降低血压、血脂，对老年人原发性高血压、高脂血症有辅助治疗作用。芹菜含有丰富的膳食纤维，能促进胃肠蠕动，预防老年人便秘。

◎ 食疗功效

芹菜具有清热除烦、平肝、利水消肿、凉血止血的作用，对老年原发性高血压患者有食疗功效。而且芹菜含铁量较高，也是缺铁性贫血老年人的食疗佳品。

◎ 选购保存

要选色泽鲜绿、叶柄厚、茎部稍呈圆形、内侧微向内凹的芹菜。贮存时用保鲜膜将茎叶包严，根部朝下，竖直放入水中，水没过芹菜根部5厘米，可保持芹菜一周内不老不蔫。

◎ 烹饪提示

芹菜叶中所含的胡萝卜素和维生素C比茎中的含量多，因此吃时不要把能吃的嫩叶扔掉。

营养成分表

营养素	含量（每100克）
蛋白质	0.8克
脂肪	0.1克
碳水化合物	3.9克
膳食纤维	1.4克
维生素A	10微克
维生素C	12毫克
钙	48毫克
铁	0.8毫克
锌	0.46毫克
硒	0.47微克

◎搭配宜忌

芹菜+西红柿	✓	可降低血压
芹菜+牛肉		可增强免疫力
芹菜+醋	✗	会损坏牙齿
芹菜+南瓜		会引起腹胀、腹泻

食用建议

高血压患者、动脉硬化患者、缺铁性贫血老年患者及经期妇女可经常食用芹菜，但脾胃虚寒者、肠滑不固者、血压偏低者慎食。计划生育的男性应注意适量少食。

[老年人 吃 什么?]

推荐食谱 1 芹菜百合

原料 芹菜250克，百合100克，红甜椒30克

调料 盐3克，香油20毫升

做法 ① 将芹菜洗净，斜切成块；百合洗净；红甜椒洗净，切块。② 锅洗净，置于火上，加水烧开，放入切好的芹菜、百合、红甜椒汆水至熟，捞出沥干水分，装盘待用。③ 加入香油和盐搅拌均匀即可食用。

健康指南 芹菜含有丰富的维生素P，可以增强血管壁的弹性、韧度和致密性，降低血压、血脂，可有效预防冠心病、动脉硬化等病的发生。百合具有滋阴、降压、养心安神的功效，可改善高血压患者的睡眠状况。所以，此菜是老年人降血压、降血脂的一道好食谱，老年人可以常食用。

小贴士

烹饪芹菜时先将芹菜放入沸水中焯烫，焯水后马上过凉，可以使成菜的颜色翠绿，还可减少油脂对芹菜的入侵。

推荐食谱 2 板栗炒芹菜

原料 芹菜400克，板栗100克，胡萝卜50克

调料 盐4克，鸡精2克

做法 ① 将芹菜用清水洗净，切段备用；板栗去壳，用清水冲洗干净，然后放入沸水锅中汆水，捞出沥干备用；胡萝卜用清水洗净，切片备用。② 炒锅洗净，置于火上，加油烧热，倒入芹菜翻炒，再加入板栗和胡萝卜片一起炒匀，至熟。③ 加适量盐和鸡精调味，起锅装盘即可。

健康指南 此菜有降低血压、预防癌症、降低胆固醇的功效，非常适合老年人食用。此菜中的芹菜是辅助治疗原发性高血压及其并发症的首选之品。栗子中所含的丰富的不饱和脂肪酸、维生素和矿物质，是抗衰老、延年益寿的滋补佳品。

小贴士

芹菜不仅含有丰富的胡萝卜素、维生素C和粗纤维，还含有大量的钙、磷、铁等矿物质，具有"厨房里的药物"之称。

[老年人 吃 什么？]

荠菜

JI CAI

【蔬菜菌菇类】

[别 名] 水菜、护生草

【适用量】每次60克左右为宜。

【热量】约1130焦/克

【性味归经】性凉，味甘、淡。归肝、胃经。

【主打营养素】

黄酮苷、芸香苷、香叶木苷

◎荠菜所含的黄酮苷、芸香苷等能扩张冠状动脉，所含的香叶木苷能降低毛细血管的通透性和脆性，老年人常食荠菜可防治高血压性冠心病、动脉硬化、脑出血等并发症。

◎ 食疗功效

荠菜有健脾利水、止血解毒、降压明目、预防冻伤的功效，并可抑制眼晶状体的醛还原为酶，对糖尿病、白内障有食疗功效，还可增强大肠蠕动，促进排便，老年人可以适量食用。

◎ 选购保存

市场选购以单棵生长的为好。红叶的不要嫌弃，因为红叶的香味更浓，风味更好。荠菜去掉黄叶老根洗干净后，用开水焯一下，待颜色变得碧绿后捞出，沥干水分，按每顿的食量分成小包，放入冷冻室保存。

◎ 烹饪提示

荠菜食用方法很多，可拌、可炒、可烩，还可用来做馅或做汤。

营养成分表

营养素	含量（每100克）
蛋白质	2.9克
脂肪	0.4克
碳水化合物	4.7克
膳食纤维	1.7克
维生素A	432微克
维生素C	43毫克
钙	294毫克
铁	5.4毫克
锌	0.68毫克
硒	0.51微克

◎ 搭配宜忌

荠菜+豆腐　可降压止血
荠菜+粳米 ✓　可健脾养胃
荠菜+黄鱼　可利尿止血

荠菜+山楂 ✗　可引起腹泻

食用建议

一般人皆可食用荠菜，尤其适合痢疾、水肿、淋病、吐血、便血、血崩、月经过多、目赤肿痛患者以及高脂血症、原发性高血压、冠心病、肥胖症、糖尿病、肠癌及痔疮等病症患者食用；但便清泄泻及素日体弱者不宜常食。

[老年人 吃 什么？]

推荐食谱 1　荠菜粥

原料 鲜荠菜90克，粳米100克

调料 盐适量

做法 ❶ 将鲜荠菜择洗净，切成2厘米长的节。❷ 将粳米淘洗干净，放入锅内，煮至将熟。❸ 把切好的荠菜放入锅内，用小火煮至熟，以盐调味即可。

健康指南 此菜有健脾养胃、润肠通便的功效，老年人可以常食用。成菜中的荠菜含有大量的粗纤维，食用后可增强大肠蠕动，促进排泄，从而促进新陈代谢，有助于防治原发性高血压、冠心病、肥胖症、糖尿病、肠癌及痔疮等。粳米可补气健脾，增强胃肠功能。因此，此粥适合胃肠功能不佳、食后腹胀、便秘的高血压患者食用。

小贴士

粳米最适合煮粥，这样有利于消化吸收，但是在制作米粥时千万不要放碱，否则会破坏米中的维生素B_1。

推荐食谱 2　荠菜四鲜宝

原料 荠菜、鸡蛋、虾仁、鸡丁、草菇各适量

调料 盐10克，鸡精、淀粉各5克，黄酒3毫升

做法 ❶ 鸡蛋蒸成水蛋；荠菜、草菇洗净，切丁。❷ 虾仁、鸡丁用盐、鸡精、黄酒、淀粉上浆后，放入四成热油中滑油备用。❸ 锅中加入清水、虾仁、鸡丁、草菇丁、荠菜烧沸后，用剩余调料调味，勾芡浇在水蛋上即可。

健康指南 此菜营养丰富，可清热降压、益智补脑，对原发性高血压等老年疾病有很好的食疗功效。成菜中的荠菜含有乙酰胆碱、谷固醇，不仅可以降低血液及肝里胆固醇和三酰甘油的含量，而且还有降血压的作用。另外，荠菜所含的橙皮苷能够消炎抗菌，增强体内维生素C的含量，还能抗病毒，对糖尿病性白内障病人也有疗效。

小贴士

荠菜不宜久烧久煮，时间过长会破坏其营养成分，也不宜加蒜、姜来调味，以免破坏荠菜本身的清香味。

[老年人 吃 什么？]

茼蒿

TONG HAO

【蔬菜菌菇类】

【适用量】每次40~60克为宜。
【热量】约879焦/克
【性味归经】性温，味甘、涩。归肝、肾经。

[别 名] 蓬蒿、蒿菜、艾菜

【主打营养素】

挥发性精油、胆碱、膳食纤维

◎茼蒿含有一种挥发性的精油以及胆碱等物质，具有降血压、补脑的作用，它还含有较多的膳食纤维，能够促进消化、润肠通便、降低胆固醇，对高血压患者大有好处。

◎食疗功效

茼蒿具有平肝补肾、缩小便、宽中理气的作用，对心悸、怔忡、失眠多梦、心烦不安、痰多咳嗽、腹泻、胃脘胀痛、夜尿频多、腹痛寒疝等症有食疗功效。另外茼蒿中富含铁、钙等营养元素，可以帮助身体制造新鲜血液，增强骨骼的坚硬性，这对老年人预防贫血和骨折有好处。

◎选购保存

茼蒿颜色以水嫩、深绿色为佳；不宜选择叶子发黄、叶尖开始枯萎乃至发黑收缩的茼蒿，茎或切口变成褐色也表明放的时间太久了。保存时宜放入冰箱冷藏。

◎烹饪提示

茼蒿中的芳香精油遇热易挥发，这样会减弱茼蒿的健胃作用，所以烹调时应注意旺火快炒。

营养成分表

营养素	含量（每100克）
蛋白质	1.9克
脂肪	0.3克
碳水化合物	3.9克
膳食纤维	1.2克
维生素A	252微克
维生素C	18毫克
钙	73毫克
铁	2.5毫克
锌	0.35毫克
硒	0.6微克

◎搭配宜忌

茼蒿+蜂蜜 可润肺止咳
茼蒿+粳米 可健脾养胃

茼蒿+醋 会降低营养价值
茼蒿+胡萝卜 会破坏维生素C

食用建议

茼蒿对于很多病症都有很好的食疗功效，适合烦热头晕、睡眠不安之人食用。有高血压头昏脑涨、大便干结、记忆力减退、贫血等症状者均可经常食用。此外，茼蒿做汤或者凉拌对肠胃功能不好的人有利，但胃虚腹泻者不宜食用。

[老年人 吃 什么？]

推荐食谱 1　蒜蓉茼蒿

原料 茼蒿400克，大蒜20克

调料 盐3克，味精2克

做法 ①大蒜去皮，洗净剁成细末，茼蒿去掉黄叶后洗净。②锅中加水、烧沸，将茼蒿稍焯，捞出。③锅中加油，炒香蒜蓉，下入茼蒿，调入盐、味精，翻炒匀即可。

健康指南 此菜清淡爽口，可温胃散寒、杀菌解毒，老年人常食可消食开胃、增强体质、提高免疫力。成菜中的茼蒿中含有多种氨基酸、脂肪、蛋白质及钙、铁、钾等矿物盐，能调节体内水钠代谢，通利小便；另外，茼蒿还含有一种挥发性的精油以及胆碱等物质，具有降血压、防止心脑血管疾病的作用。大蒜可帮助保持体内某种酶的适当数量而避免出现高血压，是天然的降压药物，可防止血栓形成，减少心脑血管栓塞。

小贴士

茼蒿中的芳香精油遇热容易挥发，会减弱茼蒿的健胃作用，所以烹调时应该注意旺火快炒。

推荐食谱 2　香拌茼蒿

原料 茼蒿300克

调料 红甜椒20克，盐、味精各3克，香油10毫升

做法 ①红甜椒洗净，切段，入油锅稍炸后取出；茼蒿洗净，入沸水中焯水后捞出，沥干水分。②将炸好的红甜椒切段，与茼蒿同拌，调入盐、味精搅拌均匀。③淋入香油即可。

健康指南 茼蒿含有丰富的维生素、胡萝卜素及多种氨基酸，并且具有芳香气味，可以养心安神，稳定情绪，防止记忆力减退；茼蒿中含有一种挥发性精油以及胆碱等物质，可降血压、补脑，此外，还含有对心血管有益的钾、钠、钙元素；茼蒿所含的膳食纤维有助肠道蠕动，促进排便，达到通腑利肠的目的。老年人食用本菜对原发性高血压、神经衰弱以及阿尔茨海默病等病症大有益处。

小贴士

茼蒿的根、茎、叶、花都可作药材使用，有清血、养心、降压、润肺、清痰的功效。

[老年人  吃什么？]

空心菜
KONG XIN CAI
【蔬菜菌菇类】

【适用量】每次50克为宜。
【热量】约837焦/克
【性味归经】性平，味甘。归肝、心、大肠及小肠经。

[别 名] 通心菜、竹叶菜

【主打营养素】
膳食纤维
◎ 空心菜中的膳食纤维含量比较多，这种食用纤维是由纤维素、半纤维素、木质素、胶浆及果胶等组成的，具有促进肠蠕动、通便解毒的功效。

◎食疗功效

空心菜具有促进肠道蠕动、通便解毒、清热凉血、利尿降压的功效，可用于防热解暑，对食物中毒、吐血、鼻出血、尿血、小儿胎毒、痈疮、疔肿、丹毒等症状也有一定的食疗功效。

◎选购保存

选购空心菜以茎粗、叶绿、质脆的为佳，冬天可用无毒塑料袋保存，如果温度在0摄氏度以上，可在空心菜叶上套上塑料袋，放入冰箱保存。

◎烹饪提示

空心菜买回后，容易因为失水而发软、枯萎，烹调前放入清水中浸泡半小时，可恢复鲜嫩的质感。

◎搭配宜忌

营养成分表	
营养素	含量（每100克）
蛋白质	2.2克
脂肪	0.3克
碳水化合物	3.6克
膳食纤维	1.4克
维生素A	253微克
维生素C	25毫克
钙	99毫克
铁	2.3毫克
锌	0.39毫克
硒	1.2微克

空心菜+尖椒 空心菜+橄榄油		可解毒降压 可防止老化
空心菜+牛奶 空心菜+乳酪		会影响钙质吸收 会影响钙质吸收

食用建议

原发性高血压、头痛、糖尿病、鼻出血、便秘、淋浊、痔疮、痈肿等患者可经常食用空心菜。但空心菜性寒滑利，所以体质虚弱、脾胃虚寒、大便溏泄者及血压低者要禁食，女性月经期间应少食或不食。

[老年人 吃 什么？]

推荐食谱 1 椒丝空心菜

原料 空心菜400克，红椒20克

调料 盐、鸡精、蒜蓉各适量

做法 ①将空心菜择洗干净，切成长段；红椒洗净，切成丝。②大火将油烧热，放入蒜蓉爆香。③再将空心菜、红椒丝倒入锅中略炒，加入盐、鸡精炒匀即可。

健康指南 空心菜是碱性食物，并含有钾、氯等调节水盐平衡、降低血压和血脂的元素，老年人食后可降低肠道的酸度，预防肠道内的菌群失调，对防癌有益。所含的维生素B_3、维生素C等能降低胆固醇、三酰甘油，具有降脂减肥的功效，它的膳食纤维的含量较丰富，具有促进肠蠕动、通便解毒作用，非常适合高血压、高血脂、便秘、癌症等病症的老年患者食用。

小贴士
空心菜因为快炒时间短，茎部的老梗会生涩难咽，所以择取时要将其老梗择去。

推荐食谱 2 豆豉炒空心菜梗

原料 空心菜梗300克，豆豉30克，红甜椒20克

调料 香油4毫升，盐、鸡精各适量

做法 ①将空心菜梗洗净，切小段；红甜椒洗净，切片。②锅加油烧至七成热，倒入豆豉炒香，再倒入空心菜梗滑炒，加入红甜椒一起翻炒至熟。③加盐、鸡精和香油调味，炒匀即可装盘。

健康指南 本菜具有降低血脂、防癌抗癌、预防感冒的功效，适合抵抗力差者以及糖尿病、癌症、高脂血症等老年患者食用。空心菜营养丰富，100克空心菜含钙99毫克，居叶菜首位，维生素A比西红柿高出4倍，维生素C比西红柿高出17.5%。空心菜汁对金黄色葡萄球菌、链球菌等有抑制作用，可预防感染，提高老年人的抵抗力。

小贴士
空心菜宜大火快炒，不宜焖煮，以免维生素流失过多。

[老年人 吃 什么？]

芥菜

JIE CAI

【蔬菜菌菇类】

[别 名] 盖菜

【适用量】每次50克为宜。

【热量】约1632焦/克

【性味归经】性凉，味甘、淡。归肝、胃经。

【主打营养素】

膳食纤维

◎芥菜中含有大量的膳食纤维，被人体摄入后，会吸水膨胀而呈胶状，延缓食物中的葡萄糖的吸收，有降低餐后血糖的作用。同时，还可以促进肠道蠕动，防治老年人便秘。

营养成分表

营养素	含量（每100克）
蛋白质	2克
脂肪	0.4克
碳水化合物	4.7克
膳食纤维	1.6克
维生素A	52微克
维生素C	31毫克
钙	230毫克
铁	3.2毫克
锌	0.7毫克
硒	0.7微克

◎搭配宜忌

| 芥菜+冬笋 | ✓ | 可减肥、延缓衰老 |
| 芥菜+鸭肉 | | 可滋阴宣肺 |

| 芥菜+鳖肉 | ✗ | 会引发水肿 |
| 芥菜+鲫鱼 | | 会引起水肿 |

推荐食谱：蒜蓉芥菜

|原料| 芥菜400克，大蒜20克

|调料| 姜末2克，盐、鸡精各适量

|做法| ①将芥菜洗净，切成小段；大蒜拍碎后剁成蓉，备用。②将炒锅置火上，放油烧热，加姜末炸香，再将芥菜、蒜蓉放入锅中煸炒。③加入盐、鸡精，炒至入味即可装盘。

|健康指南| 此菜具有清热解毒、消炎杀菌、降压降糖的功效，老年人经常食用，既可强身健体，还能预防心脑血管性疾病。大蒜对心脑血管疾病的患者大有益处。此外，芥菜可抑制眼晶状体的醛还原为酶，对糖尿病性视网膜病变有辅助治疗作用。

[老年人  吃什么？]

芥蓝

JIE LAN

【蔬菜菌菇类】

[别 名] 白花芥蓝

【适用量】每次100克为宜。
【热量】约795焦/克
【性味归经】性平，味甘。归肝、胃经。

【主打营养素】

膳食纤维、胡萝卜素

◎芥蓝中含有的可溶性膳食纤维可以增加人的饱腹感，能减少食物的摄入，还可以润肠通便，减缓餐后血糖的上升速度。芥蓝中含有的胡萝卜素也有降血糖、降血压的功效。

营养成分表

营养素	含量（每100克）
蛋白质	2.8克
脂肪	0.4克
碳水化合物	1克
膳食纤维	1.6克
维生素A	575微克
维生素C	76毫克
钙	128毫克
铁	2毫克
锌	1.3毫克
硒	0.88微克

◎搭配宜忌

芥蓝+西红柿	有防癌的功效
芥蓝+山药 ✓	有消暑的功效
芥蓝+牛肉	可温中利气
芥蓝+茭白 ✗	易导致月经不调

推荐食谱 枸杞芥蓝梗

|原料| 芥蓝200克，黄豆50克，枸杞10克

|调料| 盐3克，香油适量

|做法| ①将黄豆洗净，放进清水里泡发备用；芥蓝洗净，切段；枸杞洗净备用。②锅洗净，加入适量的水烧开，分别将芥蓝、黄豆、枸杞汆熟，捞出沥干，装盘。③加入盐、适量的香油拌匀即可。

|健康指南| 此菜具有解毒祛风、清心明目、利尿化痰、降压降糖、降低胆固醇、软化血管的作用，老年人常食，既可降低血糖，改善全身症状，还可预防高脂血症、动脉硬化、心脏病等并发症的发生。此外，芥蓝对食欲不振、便秘、肥胖等患者也有食疗功效。

[老年人  吃 什么？]

苋菜
XIAN CAI
【蔬菜菌菇类】

【适用量】每次80克左右为宜。
【热量】约1046焦/克
【性味归经】性凉，味微甘。归肺、大肠经。

[别 名] 长寿菜、野苋菜

【主打营养素】
钙、镁
◎苋菜中富含钙、镁。镁对心脏活动具有重要的调节作用，可预防动脉硬化，扩张血管，预防高血压及心肌梗死；钙既可预防老年骨质疏松，还能降低人体对胆固醇的吸收，能有效降低血压。

营养成分表

营养素	含量（每100克）
蛋白质	2.8克
脂肪	0.3克
碳水化合物	2.8克
膳食纤维	2.2克
维生素A	352微克
维生素C	47毫克
钙	187毫克
铁	5.4毫克
锌	0.8毫克
硒	0.52微克

◎搭配宜忌

苋菜+猪肝 ✓ 可增强免疫力
苋菜+猪肉 可治疗慢性尿道疾病

苋菜+牛奶 ✗ 会影响钙的吸收
苋菜+甲鱼 会引起中毒

推荐食谱 银鱼苋菜羹

|原料| 苋菜200克，银鱼200克，瘦肉20克
|调料| 盐适量
|做法| ①将苋菜洗净，切成丁；银鱼洗净，切丝；瘦肉洗净，切末。②再将苋菜、银鱼、瘦肉末放入锅中加水煮熟，加入适量盐即可。

|健康指南| 此菜具有清热、补虚、降血糖、降血压的功效，老年人常食可预防心脑血管疾病的发生。银鱼是极富钙质、高蛋白、低脂肪的鱼类，适合高脂血症、糖尿病患者食用。

[老年人  吃什么？]

花菜
HUA CAI
【蔬菜菌菇类】

[别 名] 菜花、球花甘蓝

【适用量】每次70克为宜。
【热量】约1004焦/克
【性味归经】性凉，味甘。归肝、肺经。

【主打营养素】
铬、膳食纤维
◎花菜中含有丰富的矿物质铬，能有效调节血糖；花菜中还含有丰富的膳食纤维，能防止餐后血糖上升过快，促进胃肠蠕动，预防老年便秘。

营养成分表

营养素	含量（每100克）
蛋白质	2.1克
脂肪	0.2克
碳水化合物	4.6克
膳食纤维	1.2克
维生素A	5微克
维生素C	61毫克
钙	23毫克
铁	1.1毫克
锌	0.38毫克
硒	0.73微克

◎搭配宜忌

| 花菜+蚝油 花菜+辣椒 | ✓ | 可健脾开胃 可防癌抗癌 |
| 花菜+猪肝 花菜+豆浆 | ✗ | 会阻碍营养物质的吸收 会降低营养价值 |

推荐食谱 花菜炒西红柿

|原料| 花菜250克，西红柿200克，香菜10克
|调料| 植物油4毫升，盐、鸡精适量
|做法| ❶将花菜去除根部，切成小朵，用清水洗净，氽水，捞出沥水待用；西红柿洗净，切小丁；香菜洗净，切小段。❷锅中加入植物油烧至六成热，将花菜和西红柿丁放入锅中翻炒至熟。❸最后调入适量盐、鸡精，盛盘，撒上香菜段即可。

|健康指南| 花菜含有丰富的类黄酮，可防止感染，阻止胆固醇氧化，防止血小板凝结成块，从而减少心脏病和脑卒中的危险。此菜具有降血糖、降脂、降压、防癌抗癌的功效，可有效改善症状，非常适合老年人食用。

[老年人 吃 什么？]

西蓝花
XI LAN HUA

【蔬菜菌菇类】

[别名] 花菜、青花菜

【适用量】每日60克为宜。
【热量】约1381焦/克
【性味归经】性凉，味甘。归肾、脾、胃经。

【主打营养素】

铬

◎西蓝花含有丰富的铬，铬能促进胰岛素分泌，有效调节血糖水平，适合糖尿病老年患者食用。西蓝花还含有大量的膳食纤维，不仅能促进肠道蠕动，还有利于脂肪代谢，可预防高脂血症。

◎食疗功效

西蓝花有爽喉、开音、润肺、止咳的功效，长期食用可以减少乳腺癌、直肠癌及胃癌等癌症的发病概率，有助于老年人防癌抗癌。西蓝花还能够阻止胆固醇氧化，防止血小板凝结成块，从而减少心脏病与脑卒中的危险。

◎选购保存

选购西蓝花以菜株亮丽、花蕾紧密结实的为佳。用纸张或透气膜包住西蓝花（纸张上可喷少量的水），然后直立放入冰箱的冷藏室内，大约可保鲜1周。

◎烹饪提示

食用西蓝花前将其放在盐水里浸泡几分钟，可去除残留农药，诱菜虫出来后再烹饪。

营养成分表

营养素	含量（每100克）
蛋白质	4.1克
脂肪	0.6克
碳水化合物	4.3克
膳食纤维	1.6克
维生素A	1202微克
维生素C	51毫克
钙	67毫克
铁	1毫克
锌	0.78毫克
硒	0.7微克

◎搭配宜忌

西蓝花+枸杞　　有利营养吸收
西蓝花+西红柿 ✓ 防癌抗癌
西蓝花+胡萝卜　　预防消化系统疾病

西蓝花+牛奶 ✗ 影响钙质吸收

食用建议

一般人都可以食用，高血脂、口干口渴、消化不良、食欲不振、大便干结者，癌症患者，肥胖者，体内缺乏维生素K者宜常吃西蓝花，但尿路结石者不宜食用西蓝花。

[老年人 吃 什么?]

推荐食谱 1　素炒西蓝花

原料 西蓝花400克

调料 盐3克,鸡精2克

做法 ❶将西蓝花撕成小朵,放入清水中,加少量盐浸泡15分钟,然后洗净,捞起沥干水分。❷炒锅置于火上,注入适量油烧热,放入西蓝花滑炒至七成熟时调入盐和鸡精调味。❸炒熟后即可起锅装盘。

健康指南 此菜具有利尿降压、补血养颜、降脂润肠的功效,高血脂、高血压、糖尿病等病的老年患者皆可经常食用,能有效预防心脑血管性疾病的发生。西蓝花的维生素C含量极高,不但有利于人的生长发育,还能增强机体的免疫功能,促进肝脏解毒,增强人的体质,增加抗病能力。

小贴士

烹煮西蓝花时应当高温快煮,以防止维生素C流失,且起锅前再放盐,以减少水溶性营养物质随着汤汁流出。

推荐食谱 2　西蓝花拌红豆

原料 西蓝花250克,红豆、洋葱各100克

调料 橄榄油3毫升,柠檬汁少许

做法 ❶洋葱剥皮,洗净,切丁;西蓝花洗净切小朵,放入沸水中焯烫至熟,捞起;红豆泡水后入沸水中烫熟备用。❷将橄榄油、柠檬汁调成酱汁。❸将洋葱、西蓝花、红豆、酱汁混合拌匀即可。

健康指南 此菜具有清热解毒、利尿通淋、防癌抗癌、降脂降压等功效,非常适合老年人食用。成菜中的西蓝花含有的维生素C,能增强肝脏的解毒能力,提高机体免疫力;此外,西蓝花含有抗氧化、防癌症的微量元素,长期食用可以降低直肠癌及胃癌等癌症的发病率。

小贴士

西蓝花焯水后,应放入凉开水内过凉,捞出沥干水再用。但要注意的是,焯烫的时间不宜太长。

[老年人 吃 什么？]

洋葱

YANG CONG

【蔬菜菌菇类】

[别 名] 玉葱、葱头、洋葱头

【适用量】每日50克左右为宜。
【热量】约1632焦/克
【性味归经】性温，味甘、微辛。归肝、脾、胃经。

【主打营养素】
钾、钙
◎ 洋葱富含钾、钙等元素，能减少外周血管和心脏冠状动脉的阻力，对抗人体内儿茶酚胺等升压物质，促进钠盐的排泄，从而使血压下降。

◎ 食疗功效

洋葱具有散寒、健胃、发汗、祛痰、杀菌、降血脂、降血压、降血糖、抗癌之功效，能帮助防治流行性感冒，老年人常食洋葱还可以降低血管脆性，保持人体动脉血管弹性。

◎ 选购保存

要挑选球体完整、没有裂开或损伤、表皮完整光滑的洋葱。保存时应将洋葱放入网袋中，然后悬挂在室内阴凉通风处。

◎ 烹饪提示

洋葱不可过量食用。因为它易产生挥发性气体，过量食用会产生胀气和排气过多，给他人造成不快。

营养成分表

营养素	含量（每100克）
蛋白质	1.1克
脂肪	0.2克
碳水化合物	9克
膳食纤维	0.9克
维生素A	3微克
维生素C	8毫克
钙	24毫克
铁	0.6毫克
锌	0.23毫克
硒	0.92微克

◎ 搭配宜忌

洋葱+红酒	可降压降糖
洋葱+鸡肉 ✓	可延缓衰老
洋葱+猪肉	可滋阴润燥
洋葱+蜂蜜 ✗	会伤害眼睛

食用建议

高血压、高血脂、动脉硬化、糖尿病、癌症、急慢性肠炎、痢疾等病症患者以及消化不良、饮食减少和胃酸不足者可经常食用洋葱。皮肤瘙痒性疾病、眼疾以及胃病、肺胃发炎者、热病患者不宜食用洋葱。

[老年人 吃 什么？]

推荐食谱 1　洋葱圈

原料 洋葱、青辣椒、红辣椒各1个

调料 醋10毫升，盐3克，胡椒粉、味精、白糖、水淀粉各适量

做法 ❶洋葱剥去老皮，用清水洗净后切成圈备用；青辣椒、红辣椒分别用清水洗净，切成圈备用。❷炒锅洗净，置于火上，加入油，烧热后先放入青辣椒圈、红辣椒圈煸炒，再放入洋葱圈煸炒。❸炒至五成熟时加入盐、味精、醋、胡椒粉、白糖调味，用水淀粉勾一层薄芡即可出锅。

健康指南 洋葱能减少外周血管和心脏冠状动脉的阻力，对抗人体内儿茶酚胺等升压物质，同时促进钠盐的排泄，从而使血压下降。辣椒具有开胃消食、温胃散寒的功效，适合阳虚以及脾胃虚寒的高血压老年患者食用，而肝火旺盛的高血压老年患者则不宜食用。

小贴士

切洋葱前把菜刀放盐水里浸泡一会儿，再切洋葱就不会刺眼睛了。

推荐食谱 2　洋葱炒芦笋

原料 洋葱150克，芦笋200克

调料 盐3克，味精少许

做法 ❶芦笋洗净，切成斜段；洋葱洗净，切成片。❷锅中加水烧开，下入芦笋段稍焯后捞出沥水。❸锅中加油烧热，下入洋葱片炒香后，再下入芦笋段稍炒，加入盐和味精炒匀即可。

健康指南 洋葱富含钾、钙等元素，能减少外周血管和心脏冠状动脉的阻力并降低血压；同时洋葱还能刺激胃、肠及消化腺分泌，增进食欲，促进消化，其精油中含有可降低胆固醇的含硫化合物的混合物，可用于治疗消化不良、食欲不振、食积内停等症，是老年人的佳蔬良药。芦笋含有钙、钾、铁等人体必需的矿物质，对冠心病、高血压、心律不齐以及肥胖症都有很好的食疗效果，故此菜非常适合老年人食用。

小贴士

切洋葱时要把根部切去，因为根部的硫化物含量最高。

[老年人 吃 什么？]

白萝卜
BAI LUO BO
【蔬菜菌菇类】

[别 名] 莱菔、罗菔

【适用量】每日60克左右为宜。
【热量】约879焦/克
【性味归经】性凉，味辛、甘。归肺、胃经。

【主打营养素】
香豆酸
◎白萝卜富含香豆酸等活性成分，能够降低血糖、胆固醇，促进脂肪代谢，适合患有高血压性糖尿病、高血脂、肥胖症等老年人食用。

◎食疗功效

白萝卜能促进新陈代谢、增强食欲、化痰清热、帮助消化、化积滞，对食积腹胀、咳痰失音、吐血、消渴、痢疾、头痛、排尿不利等症有食疗功效。老年人常吃白萝卜可降低血脂、软化血管、稳定血压，还可预防冠心病、动脉硬化等疾病。

◎选购保存

以个体大小均匀、表面光滑的白萝卜为优。白萝卜最好能带泥存放，如果室内温度不太高，可放在阴凉通风处保存。

◎烹饪提示

白萝卜的做法多样，可生食、炒食，可做药膳，煮食，或者煎汤、捣汁饮，或外敷患处均可。

营养成分表

营养素	含量（每100克）
蛋白质	0.9克
脂肪	0.1克
碳水化合物	5克
膳食纤维	1克
维生素A	3微克
维生素C	21毫克
钙	36毫克
铁	0.5毫克
锌	0.3毫克
硒	0.61微克

◎搭配宜忌

白萝卜+紫菜	可清肺热、治咳嗽
白萝卜+金针菇	可治消化不良
白萝卜+蛇肉	会引起中毒
白萝卜+黑木耳	易引发皮炎

食用建议

高血压、糖尿病、心血管疾病、头屑多、头皮痒者，咳嗽痰多者，鼻出血者，腹胀停食、腹痛等患者可经常食用。阴盛偏寒体质者，脾胃虚寒者，胃及十二指肠溃疡者，慢性胃炎者，先兆流产、子宫脱垂者不宜多食胡萝卜。

[老年人  吃 什么？]

推荐食谱 1 花生仁拌白萝卜

原料 白萝卜200克，花生仁50克，黄豆30克

调料 盐3克，香油适量

做法 ① 白萝卜去皮洗净，切丁，用盐腌渍备用；花生仁、黄豆洗净备用。② 锅下油烧热，放入花生仁、黄豆炸香，待熟捞出控油，盛入装萝卜丁的碗中，加香油拌匀即可。

健康指南 此菜中的白萝卜中含有的木质素，能提高巨噬细胞的活力，吞噬癌细胞。同时，白萝卜所含的多种酶，能分解致癌的亚硝酸胺，具有防癌作用，老年人食用可以防癌抗癌。此外，白萝卜还可降低血脂、软化血管、稳定血压，并预防冠心病、动脉硬化等病。花生和黄豆中都富含不饱和脂肪酸，有降低胆固醇的作用，有助于老年人防治高血脂、动脉硬化、高血压和冠心病。

小贴士

白萝卜宜生食，但要注意吃后半小时内不能进食，以防其有效成分被稀释。

推荐食谱 2 家乡萝卜拌海蜇

原料 心里美萝卜100克，海蜇200克，黄瓜50克

调料 盐3克，香油、白醋各适量

做法 ① 心里美萝卜去掉外皮洗净，切丝备用；海蜇用清水洗净，切丝备用；黄瓜洗净，切片。② 锅洗净，置于火上，加入适量清水烧开，分别将心里美萝卜、海蜇焯熟（焯海蜇的时间不要过长，以免太熟）后，捞出沥干水分，再装盘，然后加盐、香油、白醋一起拌匀。③ 将切好的黄瓜片摆盘即可。

健康指南 白萝卜属于典型的高钾低钠食物，可有效降低血压；海蜇能扩张血管、降低血压，同时也可预防肿瘤的发生，抑制癌细胞的生长；黄瓜能清热泻火、降压降糖、降脂减肥。将白萝卜搭配海蜇和黄瓜一同烹制，非常适合老年人食用，尤其适合患有高血压、高血脂、肥胖症的老年

小贴士

白萝卜主泻，胡萝卜为补，所以二者最好不要同食，若要一起吃应加些醋来调和。

[老年人  吃什么？]

胡萝卜

HU LUO BO

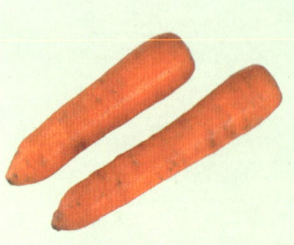

【蔬菜菌菇类】

【适用量】每次50~100克。
【热量】约1800焦/克
【性味归经】性平，味甘、涩。归心、肺、脾、胃经。

[别 名] 红萝卜、黄萝卜、番萝卜

【主打营养素】

胡萝卜素、维生素A、槲皮素、山奈酚

◎胡萝卜中的胡萝卜素与维生素A是溶脂性物质，可以溶解脂肪。其中富含的槲皮素、山奈酚能有效改善微血管循环，降低血脂，增加冠状动脉流量，有降压、强心、降血糖等作用。

◎食疗功效

胡萝卜具有健脾和胃、补肝明目、清热解毒、降低血压、透疹、降气止咳等功效，对于肠胃不适、便秘、夜盲症、性功能低下、麻疹、百日咳、小儿营养不良、高血压等症状有食疗功效。

◎选购保存

要选根粗大、心细小、质地脆嫩、外形完整、表面有光泽、感觉沉重的为佳。宜将胡萝卜加热，放凉后用容器保存，冷藏可保鲜5天，冷冻可保鲜2个月左右。

◎烹饪提示

由于胡萝卜素和维生素A是脂溶性物质，所以应当用油炒熟或和肉类一起炖煮后再食用，以利于营养吸收。

营养成分表

营养素	含量（每100克）
蛋白质	1.4克
脂肪	0.2克
碳水化合物	8.9克
膳食纤维	1.3克
维生素A	668微克
维生素C	16毫克
钙	32毫克
铁	0.5毫克
锌	0.14毫克
硒	2.80微克

◎搭配宜忌

胡萝卜+香菜 胡萝卜+绿豆芽		可开胃消食 可排毒瘦身
胡萝卜+酒 胡萝卜+山楂		会损害肝脏 会破坏维生素C

食用建议

癌症、高血压、夜盲症、干眼症、营养不良、食欲不振、皮肤粗糙者可经常食用胡萝卜。但胡萝卜不要过量食用，因为大量摄入胡萝卜素会令皮肤的色素产生变化，变成橙黄色。烹调胡萝卜时，不要加醋，以免胡萝卜素损失。

[老年人吃什么？]

推荐食谱 1　胡萝卜炒肉丝

原料 胡萝卜、猪肉各300克

调料 料酒10毫升，酱油5毫升，盐、葱花、姜末各5克，味精3克，白糖适量

做法 ① 胡萝卜洗净，去皮切丝；猪肉洗净，切丝。② 锅烧热，下肉丝炒香，再调入料酒、酱油、味精、盐、白糖，加入葱花和姜末，炒至肉熟。③ 再加入胡萝卜丝炒至入味即可。

健康指南 胡萝卜富含碳水化合物、胡萝卜素、B族维生素、维生素A等营养成分，有降低血压、改善微血管循环、降低血脂和血糖的作用；猪肉富含蛋白质、脂肪、铁、锌等营养成分，有补虚强身、滋阴润燥的功效，还可改善缺铁性贫血。此菜是高血压以及贫血老年患者日常生活中的调养佳品。

小贴士

在切猪肉时最好斜切，以便嚼食方便。

推荐食谱 2　胡萝卜土豆丝

原料 土豆250克，水发香菇25克，青椒20克，胡萝卜100克

调料 盐4克，料酒3毫升，白糖2克，水淀粉、鲜汤各适量

做法 ① 将水发香菇、青椒、胡萝卜均洗净，切丝。② 将土豆削皮切成丝，洗净捞起沥水，放入油锅中炒至断生，捞起沥油。③ 原锅留油，倒入青椒、香菇、胡萝卜，加入料酒煸炒，再加入盐、白糖和土豆丝，拌炒后加入鲜汤少许，待熟后用水淀粉勾芡即可。

健康指南 此菜具有益气健脾、增进食欲、清肝明目、降脂减肥的功效，尤其适合食欲不佳、高血脂、高血压等老年患者食用。香菇能保护血管，预防便秘。胡萝卜富含有琥珀酸钾和维生素C，能够降低胆固醇和血脂。

小贴士

清洗青椒时，可将青椒中的籽去除；勾芡时关小火，以免煳锅。

[老年人  吃 什么？]

西红柿

XI HONG SHI

【蔬菜菌菇类】

[别 名] 番茄、番李子、洋柿子

【适用量】每日100克左右为宜。

【热量】约795焦/克

【性味归经】性凉，味甘、酸。归肺、肝、胃经。

【主打营养素】

番茄红素

◎西红柿中的番茄红素具有类似胡萝卜素的强力抗氧化作用，可清除自由基，防止低密度脂蛋白受到氧化，还能降低血浆胆固醇浓度，有利于老年人降低血压；同时番茄红素还有抗癌作用。

◎食疗功效

西红柿具有止血、降压、利尿、健胃消食、生津止渴、清热解毒、凉血平肝的功效，可以预防反复宫颈癌、膀胱癌、胰腺癌等。另外，西红柿还有美容和治愈口疮之功效。

◎选购保存

选购西红柿以个大、饱满、色红成熟、紧实者为佳，常温下置通风处能保存3天左右，放入冰箱冷藏可保存5~7天。

◎烹饪提示

不能吃未成熟的西红柿，因为青色的西红柿含有大量的有毒番茄碱，食用后会出现恶心、呕吐、全身乏力等中毒症状，对身体有害。

营养成分表

营养素	含量（每100克）
蛋白质	0.9克
脂肪	0.2克
碳水化合物	4克
膳食纤维	0.5克
维生素A	92微克
维生素C	19毫克
钙	10毫克
铁	0.4毫克
锌	0.13毫克
硒	0.15微克

◎搭配宜忌

西红柿+芹菜	可降压、健胃消食
西红柿+蜂蜜	可补血养颜
西红柿+红薯	会引起呕吐、腹痛、腹泻
西红柿+虾	会产生剧毒

食用建议

西红柿的营养价值很高，对于很多病症都有很好的食疗功效，热性病发热、口渴、食欲不振、习惯性牙龈出血、贫血、头晕、心悸、高血压、急慢性肝炎、急慢性肾炎、夜盲症和近视眼者可经常食用西红柿；但急性肠炎、菌痢者及溃疡活动期病人不宜食用。

[老年人 吃 什么？]

推荐食谱 1　西红柿烧豆腐

原料　嫩豆腐100克，西红柿150克

调料　葱段10克，盐5克，胡椒粉、味精各1克，淀粉15克，熟菜油150毫升，白糖3克，鲜汤适量

做法　①豆腐用清水洗净，切厚块，过水后沥干水分备用；西红柿用清水洗净，去籽，切块备用。②炒锅洗净，置于火上，用大火加热，入油烧至七成热，然后放入西红柿块翻炒，最后加入适量的盐、白糖翻炒，将西红柿盛起。③原锅内倒入鲜汤、白糖、盐和胡椒粉一起拌匀，然后将豆腐块倒入锅中烧沸，用淀粉勾芡，加入西红柿和菜油，用大火略收汤汁，最后撒上味精、葱段即可。

健康指南　此菜有降低血液中胆固醇的功效，可以有效地防治老年人高胆固醇或高脂血症，减缓心血管疾病的发展。而且老年人多吃西红柿还有抗衰老作用。

小贴士

西红柿常用于生食冷菜，用于热菜时可炒、炖和做汤。

推荐食谱 2　洋葱炒西红柿

原料　洋葱100克，西红柿200克

调料　番茄酱、盐、醋、白糖、水淀粉各适量

做法　①洋葱、西红柿分别洗净，切块。②锅加油烧热，放入洋葱块、西红柿块炸一下，捞出控油。留底油，放入番茄酱，翻炒变色后加水、盐、白糖、醋调成汤汁。③待汤开后放入炸好的洋葱、西红柿，翻炒片刻，用水淀粉勾芡即可。

健康指南　此菜中的洋葱具有降低血压的作用，西红柿中富含维生素C，有生津止渴、健胃消食、凉血平肝、清热解毒、降低血压之功效，对高血压、肾脏病人有良好的辅助治疗作用，故本品十分适合高血压、高脂血症等疾病的老年患者食用。此外，此菜还具有发汗、杀菌、美容、润肠的作用，常食可增强老年人的免疫力。

小贴士

烹饪西红柿时稍加些醋，就能破坏其中的有害物质番茄碱。

[老年人 吃 什么？]

苦瓜

KU GUA

【蔬菜菌菇类】

[别名] 凉瓜、癞瓜

【适用量】每次80克左右。
【热量】约795焦/克
【性味归经】性寒，味苦。归心、肝、脾、胃经。

【主打营养素】
维生素C、钾
◎苦瓜富含维生素C，对于老年人保持血管弹性、维持正常生理功能，以及防治高血压、脑出血、冠心病等具有积极作用。此外，苦瓜中的钾可以保护心肌细胞，有效降低血压。

◎食疗功效

苦瓜具有清热消暑、解毒、明目、降低血糖、补肾健脾、益气壮阳、提高机体免疫能力的功效，对治疗痢疾、疮肿、热病烦渴、痱子过多、眼结膜炎、小便短赤等病有一定的疗效。

◎选购保存

苦瓜身上一粒一粒的果瘤，是判断苦瓜好坏的特征。颗粒越大越饱满，表示瓜肉也越厚。苦瓜不耐保存，即使在冰箱中存放也不宜超过2天。

◎烹饪提示

苦瓜质地较嫩，不宜炒制过久，以免影响口感。

营养成分表

营养素	含量（每100克）
蛋白质	1克
脂肪	0.1克
碳水化合物	4.9克
膳食纤维	1.4克
维生素A	17微克
维生素C	56毫克
钙	14毫克
铁	0.7毫克
锌	0.36毫克
硒	0.36微克

◎搭配宜忌

苦瓜+猪肝 ✓ 可清热解毒、补肝明目
苦瓜+洋葱 可降低血压、增强免疫力

苦瓜+排骨 ✗ 会阻碍钙的吸收
苦瓜+豆腐 容易引起结石

食用建议

苦瓜对于很多病症都有很好的食疗效果，一般人均可食用，特别适合糖尿病、高血压、癌症患者食用。但脾胃虚寒者不宜生食，食之容易引起吐泻腹痛，另外由于苦瓜中含有奎宁，而奎宁有刺激子宫收缩的作用，故孕妇不宜食用苦瓜。

[老年人 吃 什么？]

推荐食谱 1　杏仁拌苦瓜

原料 杏仁50克，苦瓜250克，枸杞5克

调料 香油10毫升，盐3克，鸡精5克

做法 ❶苦瓜洗净，剖开，去掉瓜瓤，切成薄片，放入沸水中焯至断生，捞出，沥干水分，放入碗中。❷杏仁用温水泡一下，撕去外皮，掰成两半，放入开水中烫熟；枸杞洗净，泡发。❸将香油、盐、鸡精与苦瓜片搅拌均匀，撒上杏仁、枸杞即可。

健康指南 苦瓜中的苦瓜苷和苦味素能增进食欲，健脾开胃，胃口不佳的老年人可以常食此菜。此菜有保持血管弹性、降低血液中胆固醇的浓度的作用，对于老年人患有的高血压、动脉硬化、脑血管病、冠心病等病具有食疗功效。此外，此菜还有清热泻火、润肠通便、润肺止咳的功效，适合肝火旺盛的高血压老年患者食用，还能有效预防老年便秘。

小贴士

切好的苦瓜宜放入开水中焯烫一下，或放在无油的热锅中干煸一会儿，或用盐腌一下，都可减轻它的苦味。

推荐食谱 2　苦瓜海带瘦肉汤

原料 苦瓜500克，海带丝100克，瘦肉250克

调料 盐3克，味精2克

做法 ❶将苦瓜洗净，切成两半，挖去核，切块。❷海带丝浸泡1小时，洗净；瘦肉洗净，切成小块。❸把苦瓜块、海带丝、瘦肉块放入砂锅中，加适量清水，煲至瘦肉烂熟，再调入盐、味精即可。

健康指南 苦瓜中含有的苦瓜皂苷有快速降糖、调节胰岛素的功能，能修复β-细胞，增加胰岛素的敏感性，还能预防和改善糖尿病并发症，调节血脂，提高免疫力；苦瓜还有清热泻火、降压降脂、保护血管的作用，对肝火旺盛引起的目赤肿痛、头痛眩晕有明显的改善作用。海带有降低血压、滋阴润燥的作用；瘦肉有益气补虚的作用。老年人食用此菜不仅有补益作用，还可以预防血压上升。

小贴士

苦瓜属于味苦的食品，中医认为，味苦食品不宜多食，否则可引起恶心、呕吐等症状。

[老年人什么？]

冬瓜
DONG GUA
【蔬菜菌菇类】

[别 名] 白瓜、白冬瓜、枕瓜

【适用量】每次50克为宜。
【热量】约460焦/克
【性味归经】性凉，味甘。归肺、大肠、小肠、膀胱经。

【主打营养素】
丙醇二酸、维生素、矿物质

◎ 冬瓜中含有的丙醇二酸，能抑制糖类转化为脂肪，可预防人体内的脂肪堆积。冬瓜富含多种维生素、膳食纤维和钙、磷、铁等矿物质，且钾盐含量高，钠盐含量低，尤为适合老年人食用。

◎ 食疗功效

冬瓜具有清热解毒、利水消肿、减肥美容的功效，能减少体内脂肪，有利于减肥，常吃冬瓜，还可以使皮肤光洁。另外，冬瓜对慢性支气管炎、肠炎、肺炎等感染性疾病也有一定的治疗作用。老年人适量食用，有益身体健康。

◎ 选购保存

挑选时用手指掐一下，皮较硬，肉质密，种子成熟变成黄褐色的冬瓜口感较好。买回来的冬瓜如果吃不完，可用一块比较大的保鲜膜贴在冬瓜的切面上，用手抹紧贴满，可保鲜3～5天。

◎ 烹饪提示

冬瓜是一种解热利尿比较理想的日常食物，连皮一起煮汤，效果更明显。

营养成分表

营养素	含量（每100克）
蛋白质	0.4克
脂肪	0.2克
碳水化合物	2.6克
膳食纤维	0.7克
维生素A	13微克
维生素C	18毫克
钙	19毫克
铁	0.2毫克
锌	0.07毫克
硒	0.22微克

◎ 搭配宜忌

冬瓜+海带 可降低血压
冬瓜+甲鱼 可润肤、明目

冬瓜+鲫鱼 会导致身体脱水
冬瓜+醋 会降低营养价值

食用建议

心烦气躁、热病口干烦渴、小便不利者以及糖尿病、高血压、高脂血症患者宜经常食用冬瓜。脾胃虚弱、肾脏虚寒、久病滑泄、阳虚肢冷者不宜常食冬瓜。

[老年人 吃 什么?]

推荐食谱 1 冬瓜排骨汤

原料 排骨300克,冬瓜500克

调料 盐适量,姜5克

做法 ① 冬瓜去皮去籽,切块状;姜洗净切片。② 排骨洗净斩件,汆水去浮沫,洗净备用。③ 排骨、冬瓜、姜同时下锅,加清水煮30~45分钟,加盐,再焖数分钟即可。

健康指南 此汤具有益气补虚、利尿通淋、降脂减肥的功效,一般人皆可食用,尤其适合体虚的高脂血症、肥胖症患者以及水肿尿少的病人食用。冬瓜富含维生素C,属于高钾低钠食物,可排钠降压、利尿消肿、降低血液中的胆固醇,并且还有清热泻火、利尿通淋的作用;排骨富含钙,可预防老年性骨质疏松。因此,本汤尤其适合老年人食用。

小贴士

汤开时,汤面上有很多泡沫出现,应先将汤上的泡沫舀去,再加入少许白酒,就可以分解泡沫。

推荐食谱 2 冬瓜竹笋汤

原料 素肉块35克,冬瓜200克,竹笋100克,黄柏及知母各10克

调料 盐、香油各适量

做法 ① 将素肉块洗净,放入清水中浸泡至软化,然后取出挤干水分备用;将冬瓜用清水洗净,切块备用;将竹笋用清水洗净,备用。② 黄柏、知母均用清水洗净,放入棉布袋中,和600毫升清水一起放入锅中,以小火煮沸。③ 加入素肉块、冬瓜、竹笋混合煮沸,至熟后关火,取出棉布袋,加入盐、香油即可食用。

健康指南 冬瓜和竹笋都属于高钾低钠食物,可排钠降压、利尿消肿、降低血液中的胆固醇,并且还有清热泻火、利尿通淋的作用。此外,黄柏和知母具有清热解毒等功效,同时也具有良好的降压作用。此汤适合内火旺盛的老年人食用。

小贴士

竹笋烹饪前宜先焯水,因其含有较多草酸,草酸与钙结合会生成人体无法吸收的不溶性草酸钙。

[老年人 吃 什么?]

黄瓜

HUANG GUA

【蔬菜菌菇类】

[别 名] 胡瓜、青瓜

【适用量】每次100克左右。
【热量】约628焦/克
【性味归经】性凉，味甘。归肺、胃、大肠经。

【主打营养素】

维生素P

◎黄瓜中的维生素P有保护心血管的作用，而且黄瓜的热量很低，对于高血压、高血脂，以及合并肥胖症的糖尿病老年患者，是一种理想的食疗良蔬。

◎食疗功效

黄瓜具有除湿、利尿、降脂、镇痛、促消化的功效。尤其是黄瓜中所含的纤维素能促进肠内腐败食物排泄，而所含的丙醇、乙醇和丙醇二酸还能抑制糖类物质转化为脂肪，对肥胖症患者有利。

◎选购保存

选购黄瓜，色泽应亮丽，若外表有刺状凸起，而且黄瓜头上顶着新鲜黄花的为最好。保存黄瓜要先将它表面的水分擦干，再放入密封保鲜袋中，封好袋口后冷藏即可。

◎烹饪提示

黄瓜尾部含有较多的苦味素。苦味素有抗癌作用，所以不宜把黄瓜尾部全部丢掉。

营养成分表

营养素	含量（每100克）
蛋白质	0.8克
脂肪	0.2克
碳水化合物	2.9克
膳食纤维	0.5克
维生素A	15微克
维生素C	9毫克
钙	24毫克
铁	0.5毫克
锌	0.18毫克
硒	0.38微克

◎搭配宜忌

黄瓜+蜂蜜	✓	可润肠通便和清热解毒
黄瓜+醋		可开胃消食
黄瓜+西红柿	✗	会破坏维生素C
黄瓜+花生		会导致腹泻

食用建议

热病患者，肥胖、高血压、高血脂、水肿、癌症、嗜酒者及糖尿病患者可经常食用黄瓜；脾胃虚弱、胃寒、腹痛腹泻、肺寒咳嗽者不宜常食黄瓜。

[老年人 吃 什么？]

推荐食谱 1　香油蒜片黄瓜

原料　大蒜80克，黄瓜150克

调料　盐、香油各适量

做法　❶大蒜、黄瓜洗净切片。❷将大蒜片和黄瓜片放入沸水中焯一下，捞出待用。❸将大蒜片、黄瓜片装入盘中，将盐和香油搅拌均匀，淋在大蒜片、黄瓜片上即可。

健康指南　黄瓜中含有的维生素C具有提高人体免疫功能的作用，可达到抗肿瘤的目的；同时，黄瓜中富含的维生素E，可起到延年益寿、抗衰老的作用。大蒜能调节血脂、血压，可清除血管内的沉积物，被称为"血管清道夫"，能有效预防高血压和心脏病的发生。香油富含不饱和脂肪酸，可降低血脂胆固醇，软化血管。所以老年人常食本菜可杀菌消炎、增强免疫力、防癌抗癌、调节血压。

小贴士

有肝病、心血管病、肠胃病以及原发性高血压的人都不要吃腌黄瓜。

推荐食谱 2　干贝黄瓜盅

原料　黄瓜150克，新鲜干贝100克，生地及芦根各10克，枸杞5克

调料　盐、淀粉各适量

做法　❶生地和芦根洗净放入棉布袋，与清水一起倒入锅中，以小火煮沸，约3分钟后关火，滤取药汁。❷新鲜干贝洗净；黄瓜去皮洗净，切小段，挖除每个黄瓜中心的籽，并塞入1个干贝，摆入盘中。❸枸杞洗净，撒在黄瓜段上面，放入电锅内蒸熟，或是放置在蒸笼上以大火蒸10分钟；药汁加热，沸腾时调水淀粉勾芡，调入盐，趁热均匀淋在蒸好的黄瓜干贝盅上面即可食用。

健康指南　黄瓜可保护心血管，降低血脂和血压；干贝也有降低胆固醇和血压的作用，还可滋阴润燥、益气补虚；生地和芦根可清热凉血、利尿降压；枸杞可清肝明目、降压降脂，所以此菜对老年人的身体健康极为有益。

小贴士

黄瓜中所含维生素较少，因此吃黄瓜时应同时吃些其他的蔬果。

[老年人 吃 什么？]

丝瓜

SI GUA

【蔬菜菌菇类】

[别 名] 布瓜、绵瓜、絮瓜

【适用量】每次100克左右。

【热量】约837焦/克

【性味归经】性凉，味甘。归肝、胃经。

【主打营养素】

膳食纤维、丝瓜苦味质、瓜氨酸、皂苷

◎丝瓜中含有丰富的膳食纤维、丝瓜苦味质、瓜氨酸、皂苷等成分，能减少肠道对葡萄糖的吸收，控制餐后血糖升高，而且丝瓜所含的热量很低，适合老年人食用。

◎食疗功效

丝瓜具有清暑凉血、解毒通便、祛风化痰、润肤美容、通经络、行血脉、下乳汁、调理月经不顺等功效，能用于治疗热病身热烦渴、痰喘咳嗽、肠风痔漏、崩漏带下、血淋、痔疮痈肿、产妇乳汁不下等病症。老年人长期食用或取瓜汁搽脸能消炎抗皱。

◎选购保存

选购丝瓜应选择鲜嫩、结实和光亮的，皮色为嫩绿或淡绿色，果肉顶端比较饱满，无臃肿感者为佳。丝瓜过熟不能食用。丝瓜可放阴凉通风处保存或放入冰箱冷藏。

◎烹饪提示

烹制丝瓜时应注意尽量保持清淡，油要少用，可用味精或胡椒粉提味，这样才能体现丝瓜香嫩爽口的特点。

◎搭配宜忌

丝瓜+毛豆	✓	可降低胆固醇、增强免疫力
丝瓜+鸡肉		可清热利肠
丝瓜+菠菜	✗	会引起腹泻
丝瓜+芦荟		会引起腹痛、腹泻

营养成分表

营养素	含量（每100克）
蛋白质	1克
脂肪	0.2克
碳水化合物	4.2克
膳食纤维	0.6克
维生素A	15微克
维生素C	5毫克
钙	14毫克
铁	0.4毫克
锌	0.21毫克
硒	0.86微克

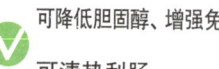

皮肤粗糙等患者，月经不调者，身体疲乏、痰喘咳嗽、产后乳汁不通的妇女以及老年人均可常食丝瓜。但由于丝瓜性凉，体虚内寒、腹泻者均不宜食用。

[老年人 吃 什么？]

推荐食谱 1　炒丝瓜

|原料| 丝瓜300克，红甜椒30克

|调料| 盐3克，鸡精2克

|做法| ❶丝瓜去皮，洗净，切块；红甜椒去蒂，洗净，切片。❷锅下油烧热，放入丝瓜块、红甜椒片炒至八成熟。❸加盐、鸡精调味，炒熟装盘即可。

|健康指南| 此菜清爽适口，可以提高老年人的食欲。丝瓜中维生素C含量较高，可用于抗坏血病及预防各种维生素C缺乏症；丝瓜中维生素B等含量高，有利于老年人大脑健康；丝瓜藤茎的汁液具有保持皮肤弹性的特殊功能，能美容去皱；丝瓜含有皂苷类物质，能有效降低胆固醇、扩张血管、营养心脏；丝瓜还含有丰富的膳食纤维，能解毒通便，可预防老年人因排便困难引起血压骤然升高引发脑卒中、脑出血等症。所以，老年人常食此菜，对身体健康极为有益。

小贴士

丝瓜的味道清甜，烹煮时不宜加酱油和豆瓣酱等口味较重的调料，以免抢味。

推荐食谱 2　蒜蓉丝瓜

|原料| 丝瓜300克，蒜20克

|调料| 盐5克，味精1克，生抽少许

|做法| ❶将丝瓜去皮后洗干净，切成块状，排入盘中。❷蒜去皮，洗净剁成蓉。❸锅内加入油烧热，下入蒜片爆香，再加入适量盐、味精、生抽炒匀，待汁香浓后，将其舀出淋于丝瓜排上。❹将摆好的丝瓜盘放入锅蒸中蒸5分钟即可取出食用。

|健康指南| 丝瓜有扩张血管、营养心脏、防止血栓形成、降低血压的作用，对于老年人的高血压、动脉硬化等症具有一定的食疗功效。大蒜中所含的大蒜素可帮助保持体内某种酶的适当数量而使人避免出现高血压，是天然的降压药物，具有降血脂及预防冠心病和动脉硬化，预防体内瘀血的作用，并可防止血栓的形成，减少心脑血管栓塞。

小贴士

丝瓜汁水丰富，宜现切现做，以免营养成分随汁水流走。

[老年人 吃 什么？]

南 瓜
NAN GUA
【蔬菜菌菇类】

[别 名] 麦瓜、倭瓜、金冬瓜

【适用量】每日100克左右为宜。
【热量】约921焦/克
【性味归经】性温，味甘。归脾、胃经。

【主打营养素】
果胶纤维素、钴

◎南瓜中含有大量的果胶纤维素，可使肠胃对糖类的吸收减慢，并有改变肠蠕动的速度，减缓饭后血糖的升高，缓解老年人便秘之功效。南瓜中的钴能促进胰岛素分泌，从而降低血糖。

◎食疗功效
南瓜具有润肺益气、化痰、消炎止痛、降低血糖、驱虫解毒、止喘、美容等功效，可减少粪便中毒素对人体的危害，防止结肠癌的发生，对高血压及肝脏的一些病变也有预防作用。

◎选购保存
挑选外形完整，最好是瓜梗蒂连着瓜身的南瓜，这样的南瓜更新鲜。南瓜切开后，可将南瓜籽去掉，用保鲜袋装好后，放入冰箱冷藏保存。

◎烹饪提示
南瓜营养丰富，特别适合炖食。腌鱼、腌肉吃太多时，可以吃南瓜来中和。用南瓜和大米熬粥，对体弱气虚的中老年人大有好处。

营养成分表

营养素	含量（每100克）
蛋白质	0.7克
脂肪	0.1克
碳水化合物	5.3克
膳食纤维	0.8克
维生素A	148微克
维生素C	8毫克
钙	16毫克
铁	0.4毫克
锌	0.14毫克
硒	0.46微克

◎搭配宜忌

南瓜+牛肉　✓　补脾健胃、解毒止痛
南瓜+绿豆　　　清热解毒、生津止渴

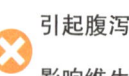

南瓜+虾　　✗　引起腹泻、腹胀
南瓜+黄瓜　　　影响维生素的吸收

食用建议
糖尿病、高脂血症、前列腺肥大、动脉硬化、胃黏膜溃疡、肋间神经痛、痢疾、烫灼伤等症患者以及脾胃虚弱者、营养不良者、肥胖者、便秘者可常食南瓜。水肿、黄疸、下痢胀满、产后瘀痛、气滞湿阻病症患者不宜食用。

[老年人  吃 什么？]

推荐食谱 1　葱白炒南瓜

原料　南瓜250克，葱白150克

调料　盐2克，味精1克，白糖3克

做法　❶南瓜洗净切丝；葱白洗净切丝；两者都用开水焯一下。❷炒锅加油烧热，放入南瓜丝、葱白丝一起煸炒，然后加入盐、味精、白糖调味，炒熟即可装盘。

健康指南　南瓜含有丰富的钴，钴能活跃人体的新陈代谢，促进造血功能，并参与人体内维生素B_{12}的合成，是人体胰岛细胞所必需的微量元素，对防治糖尿病、降低血糖有特殊的疗效；另外，南瓜中还含有多糖类、类胡萝卜、氨基酸和活性蛋白等多种对人体有益的成分，有清热利尿、润肠通便、美容养颜等功效。葱中含有相当多的维生素C，有舒张小血管、促进血液循环的作用，有助于防治血脂升高引起的头痛、头晕，使大脑保持灵活，预防阿尔茨海默病。所以，此菜是老年人的佳选。

小贴士

糖尿病老年患者可以将南瓜制成南瓜粉，长期少量使用。

推荐食谱 2　豆浆南瓜球

原料　南瓜50克，黑豆20克

调料　白糖10克

做法　❶黑豆洗净，泡水8小时，放入果汁机搅打，倒入锅中煮沸。❷滤取汤汁，集成黑豆浆。❸南瓜削皮洗净，用挖球器挖成圆球，放入滚水煮熟，捞起沥干。❹将南瓜球、黑豆浆装碗即可食用。

健康指南　此饮具降压功效，患有高血压的老年人可以常食用。成品中的南瓜含有较丰富的维生素A、B族维生素、维生素C，同时还含有丰富的矿物质，以及人体必需的8种氨基酸，具有润肺益气、化痰止喘、消炎止痛、健胃消食等作用，老年人常食可助消化，还能预防肺病的发生。黑豆有扩张血管，促进血液流通的功效，高血压患者饮用黑豆汁可显著降压。

小贴士

黑豆应充分浸泡，这样在保证细腻口感的同时可减少豆子对果汁机的磨损。

[老年人  什么？]

西葫芦
XI HU LU
【蔬菜菌菇类】

[别名] 茭瓜、白瓜、番瓜

【适用量】每日80克为宜。
【热量】约753焦/克
【性味归经】性寒，味甘。归肺、胃、肾经。

【主打营养素】
维生素C、低脂肪、低糖
◎西葫芦富含维生素C，有增强胰岛素，调节糖代谢，促进胆固醇的排泄，预防动脉硬化的作用，同时西葫芦所含的热量、脂肪、糖分都很低，是老年人的优选食物。

营养成分表

营养素	含量（每100克）
蛋白质	0.8克
脂肪	0.2克
碳水化合物	3.8克
膳食纤维	0.6克
维生素A	17微克
维生素C	6毫克
钙	15毫克
铁	0.3毫克
锌	0.12毫克
硒	0.28微克

◎搭配宜忌

西葫芦+鸡蛋　　可补充动物蛋白
西葫芦+洋葱　✓　可增强免疫力
西葫芦+韭菜　　可清热利尿
西葫芦+西红柿　✗　营养价值降低

推荐食谱　醋熘西葫芦

|原料| 西葫芦500克，红椒30克
|调料| 白醋10毫升，香油4毫升，盐、味精、生抽各适量
|做法| ❶将西葫芦、红椒洗净，改刀，入沸水中汆熟，装盘。❷把香油、盐、味精、生抽和白醋一起放入碗中，调匀成调味汁，均匀淋在西葫芦和红椒上即可。
|健康指南| 此菜具有降血糖、开胃消食、除烦利尿的功效，老年人常食此菜，可改善烦渴多饮的症状，还可软化血管，防治动脉硬化和心脏病的发生。西葫芦中含有瓜氨酸、腺嘌呤、天门冬氨酸、巴碱等物质，且含钠盐很低，可有效地防治糖尿病，预防肝、肾病变。

[老年人  吃什么？]

茄子
QIE ZI
【蔬菜菌菇类】

[别 名] 茄瓜、白茄、紫茄

【适用量】每次60~100克为宜。
【热量】约879焦/克
【性味归经】性凉，味甘。归脾、胃、大肠经。

【主打营养素】
维生素P、皂苷
◎茄子中所含的维生素P，能增强毛细血管的弹性，防止微血管破裂出血，对老年人易患的高血压、动脉硬化和坏血症有一定的防治作用。茄子还富含皂苷，能有效控制血糖的上升。

营养成分表

营养素	含量（每100克）
蛋白质	1克
脂肪	0.1克
碳水化合物	5.4克
膳食纤维	1.9克
维生素A	30微克
维生素C	7毫克
钙	55毫克
铁	0.4毫克
锌	0.16毫克
硒	0.57微克

◎搭配宜忌

茄子+猪肉		可维持血压
茄子+黄豆		可通气、顺肠、润燥消肿
茄子+蟹		会郁积腹中、伤害肠胃
茄子+墨鱼		会引起霍乱

推荐食谱 风味炒茄丁

|原料| 茄子400克，猪肉150克，柿子椒30克，青豆30克

|调料| 大蒜5克，盐、鸡精、酱油、水淀粉各适量

|做法| ❶将茄子、柿子椒均去蒂洗净，切丁；猪肉洗净，切粒；青豆清洗干净；蒜去皮洗净，切片。❷锅下油烧热，入蒜爆香，放入猪肉略炒，再放入茄子、青豆、柿子椒一起炒，加适量盐、鸡精、酱油调味，起锅前用水淀粉勾芡，装盘即可。

|健康指南| 这道菜有增强免疫力的功效，是老年人的良好选择。其中茄子中含有糖类、维生素、脂肪、蛋白质等，可以补充身体所需的营养元素。

[老年人 吃 什么？]

竹笋

ZHU SUN

【蔬菜菌菇类】

[别 名] 笋、闽笋

【适用量】每次40～60克为宜。
【热量】约795焦/克
【性味归经】性微寒，味甘。归胃、大肠经。

【主打营养素】

蛋白质、维生素、膳食纤维

◎竹笋中植物蛋白、维生素的含量均较高，有助于增强机体的免疫功能，提高防病抗病能力。竹笋中所含的膳食纤维对肠胃有促进蠕动的作用，对治疗老年人便秘有一定的效用。

◎食疗功效

竹笋具有清热化痰、益气和胃、治消渴、利水道、利膈爽胃、帮助消化、去食积、防便秘等功效，非常适合老年人食用。另外，竹笋含脂肪、淀粉很少，属天然低脂、低热量食品，是肥胖者减肥的佳品。

◎选购保存

竹笋节之间距离越近的竹笋越嫩，选购时以外壳色泽鲜黄或淡黄略带粉红，笋壳完整且饱满光洁者为佳。宜在低温条件下保存，但不能保存过久，否则质地变老会影响口感。建议保存一周左右。

◎烹饪提示

竹笋在食用前应该先用开水焯一下，去除笋中的草酸。靠近笋尖的部位应该顺着切，下部应该横切，这样烹制易熟烂入味。

◎搭配宜忌

芦笋+鸡肉 芦笋+莴笋 ✓	可暖胃益气、补精填髓 可治疗肺热痰火
芦笋+羊肉 芦笋+豆腐 ✗	会导致腹痛 易形成结石

营养成分表

营养素	含量（每100克）
蛋白质	2.6克
脂肪	0.2克
碳水化合物	3.6克
膳食纤维	1.8克
维生素A	未测定
维生素C	5毫克
钙	9毫克
铁	0.5毫克
锌	0.33毫克
硒	0.04微克

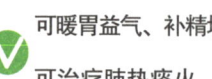

食用建议

竹笋营养丰富，一般人均可食用，尤其适合肥胖症、高血压、习惯性便秘、糖尿病、心血管疾病患者食用。但是严重肾炎、尿道结石、胃痛出血、慢性肠炎、久泻滑脱者不宜常食。

[老年人 吃 什么？]

推荐食谱 1　酱爆脆笋

原料 竹笋300克

调料 盐3克，葱3克，红甜椒10克，酱油、醋各适量

做法 ❶ 竹笋洗净，切片；葱洗净，切成葱花；红甜椒洗净，切圈。❷ 锅下油烧热，放入竹笋炒至五成熟时，放入红甜椒，加盐、酱油、醋炒至入味。❸ 装盘，撒上葱花即可。

健康指南 竹笋中含有大量的优质蛋白以及人体所必需的8种氨基酸，适合老年人食用。竹笋含有一种白色的含氮物质，构成了竹笋独有的清香，具有开胃、促进消化、增强食欲的作用，可治疗消化不良。竹笋还具有低糖、低脂的特点，富含植物纤维，可降低体内多余脂肪，消痰化瘀滞，治疗高血压和高血脂。因此，常食此菜对老年人大有益处。

小贴士

竹笋一年四季皆有，但唯有春笋、冬笋味道最佳。但不宜多吃，因为竹笋不宜消化。

推荐食谱 2　鲜竹笋炒木耳

原料 竹笋200克，木耳150克

调料 盐5克，味精3克，葱段少许

做法 ❶ 竹笋洗净，切滚刀块；木耳泡发洗净，切粗丝。❷ 竹笋入沸水中焯水，取出控干水分。❸ 锅中放油，爆香葱段，下入竹笋、木耳炒熟，调入盐、味精，炒至入味即可。

健康指南 此菜鲜香味美，具有滋阴润肺、补血益气、润肠通便、降脂减肥等功效，适合老年人食用。竹笋属于低脂肪、低热量食物，可治疗原发性高血压、高血脂、糖尿病，老年人食用大有益处；黑木耳含有维生素K，能减少血液凝块，预防血栓症的发生，有防治动脉粥样硬化和冠心病的作用，同时黑木耳中铁的含量极为丰富，故老年人常吃木耳能养血驻颜，令人肌肤红润，容光焕发，并可防治缺铁性贫血。

小贴士

竹笋宜用温水煮好后自然冷却，再用水冲洗，可去除涩味。

[老年人  吃什么？]

芦笋
LU SUN
【蔬菜菌菇类】

[别 名] 青芦笋

【适用量】每次50克左右。
【热量】约795焦/克
【性味归经】性凉，味苦、甘。归肺经。

【主打营养素】
铬、胡萝卜素、维生素、膳食纤维

◎芦笋中的铬元素能够调节血液中脂肪与糖分的浓度，从而促进脂肪与糖分在体内的堆积。芦笋中含有丰富的胡萝卜素、维生素、膳食纤维，都能够调节血脂，预防高血脂。

◎食疗功效

老年人经常食用芦笋，对心脏病、高血压、心律不齐、疲劳症、水肿、膀胱炎、排尿困难、胆结石、肝功能障碍和肥胖等病症有一定的疗效。芦笋可以使细胞生长正常化，具有防止癌细胞扩散的功能，对淋巴腺癌、肾结石、皮肤癌等病有极好的疗效。

◎选购保存

选购芦笋，以全株形状正直、笋尖花苞（鳞片）紧密、不开芒，未长腋芽，没有水伤腐臭味，表皮鲜亮不萎缩，细嫩粗大者为佳。贮存时宜用报纸卷好，置于冰箱冷藏。

◎烹饪提示

芦笋中的叶酸很容易被破坏，所以如果想通过食用芦笋补充叶酸的人，应该避免高温烹煮，最好用微波炉小功率热熟。

营养成分表

营养素	含量（每100克）
蛋白质	1.4克
脂肪	0.1克
碳水化合物	4.9克
膳食纤维	1.9克
维生素A	17微克
维生素C	45毫克
钙	10毫克
铁	1.4毫克
锌	0.41毫克
硒	0.21微克

◎搭配宜忌

芦笋+黄花菜　✓　可养血、止血、除烦
芦笋+冬瓜　　　　可降压降脂

芦笋+羊肉　✗　会导致腹痛
芦笋+羊肝　　　会降低营养价值

食用建议

高血压、高血脂、癌症、动脉硬化患者，体质虚弱、气血不足、营养不良、缺铁性贫血、肥胖、习惯性便秘者及肝功能不全、肾炎水肿、尿路结石者可经常食用。

芦笋中含嘌呤较多，所以痛风患者不宜食用。

[老年人 吃 什么？]

推荐食谱 1　清炒芦笋

原料　芦笋350克

调料　盐3克，鸡精2克，醋5毫升

做法　❶将芦笋洗净，沥干水分，切去老根，备用。❷炒锅加入适量油烧至七成热，放入芦笋翻炒，放入适量醋炒匀。❸最后调入盐和鸡精，炒入味后即可装盘。

健康指南　芦笋有鲜美芳香的风味，膳食纤维柔软可口，能增进食欲，帮助消化。它还富含多种氨基酸、蛋白质和维生素，其含量均高于一般水果和蔬菜，特别是芦笋中的天冬酰胺和微量元素硒、钼、铬、锰等，具有调节机体代谢、提高身体免疫力的功效，对高血压、心脏病等疾病均有一定的疗效。老年人常食既能降低血压，还可增强食欲、帮助消化、补充维生素和矿物质、均衡营养。

小贴士

芦笋营养丰富，尤其是嫩茎的顶尖部分，但芦笋不宜生吃，也不宜长时间存放，存放一周以上最好就不要食用了。

推荐食谱 2　三鲜芦笋

原料　芦笋200克，草菇、火腿、虾仁各适量

调料　盐、味精各3克，香油10毫升

做法　❶芦笋洗净，切片；草菇洗净，对切成两半，与芦笋同入开水锅中焯水后取出；火腿切片，虾仁洗净，煮熟。❷将备好的材料同拌，调入盐、味精拌匀。❸再淋入香油即可。

专家点评　芦笋富含多种氨基酸、蛋白质和维生素，其含量均高于一般水果和蔬菜，特别是芦笋中的天冬酰胺和微量元素硒、钼、铬、锰等，具有调节机体代谢，提高身体免疫力的功效，对高血脂、高血压、心脏病等疾病均有一定的疗效；常食本菜还可增强食欲、帮助消化、补充维生素和矿物质，保持均衡营养。

小贴士

芦笋焯水的时间不要过长，以免维生素过度流失；因芦笋中的叶酸很容易被破坏，所以不要烹饪太久时间。

[老年人  吃 什么？]

莴笋

WO SUN

【蔬菜菌菇类】

[别 名] 莴苣、白苣、莴菜

【适用量】每日60克左右为宜。

【热量】约586焦/克

【性味归经】性凉，味甘、苦。归胃、膀胱经。

【主打营养素】

膳食纤维、维生素

◎ 莴笋中含有大量的膳食纤维和维生素，能够促进肠胃蠕动，延缓肠道对脂肪和胆固醇的吸收，是防治高脂血症的理想食物。莴笋还含有丰富的维生素B_3，维生素B_3是胰岛素的激活剂，可激活胰岛素，降低血糖。

◎食疗功效

莴笋有增进食欲、刺激消化液分泌、促进胃肠蠕动等功能，还有利尿、降血压、预防心率不齐的作用；莴笋还能改善消化系统和肝脏功能，对风湿性疾病、痛风有食疗功效。老年人可以适量食用。

◎选购保存

选购莴笋时应选择茎粗大、肉质细嫩、多汁新鲜、无枯叶、无空心、中下部稍粗或成棒状、叶片不弯曲、无黄叶、不发蔫的、不苦涩的为佳。莴笋泡水保鲜法：将莴笋放入盛有凉水的器皿内，一次可放几棵，水淹至莴笋主干三分之一处，可放置室内3~5天。

◎烹饪提示

莴笋怕咸，在烹制时少放盐才好吃。焯莴苣时要注意时间和温度，时间过长、温度过高会使莴苣绵软，失去清脆口感。

营养成分表

营养素	含量（每100克）
蛋白质	1克
脂肪	0.1克
碳水化合物	2.8克
膳食纤维	0.6克
维生素A	25微克
维生素C	4毫克
钙	23毫克
铁	0.9毫克
锌	0.33毫克
硒	0.54微克

◎搭配宜忌

莴笋+蒜苗	✓	可预防高血压
莴笋+香菇		可利尿通便
莴笋+蜂蜜	✗	会引起腹泻
莴笋+乳酪		会引起消化不良

食用建议

小便不通、尿血、水肿、痛风、糖尿病、肥胖、神经衰弱症、高血压、高血脂、心律不齐、失眠患者以及妇女产后缺奶或乳汁不通者可经常食用莴笋。多动症儿童，眼病、脾胃虚寒、腹泻便溏者不宜常食莴笋。

[老年人 吃 什么？]

推荐食谱 1　莴笋烩蚕豆

原料　莴笋200克，蚕豆100克，胡萝卜50克

调料　盐3克，枸杞3克，鸡精2克，醋、水淀粉适量

做法　① 莴笋去皮洗净，切菱形块；蚕豆、枸杞洗净备用；胡萝卜洗净，切菱形块。② 锅下油烧热，放入蚕豆炒至五成熟时，再放入莴笋、胡萝卜、枸杞一起煸炒，加盐、鸡精、醋调味。③ 将熟时用水淀粉勾芡，装盘即可。

健康指南　莴笋含钾量较高，有利于促进排尿，减少对心房的压力，对高血压和心脏病患者极为有益。它含有少量的碘元素，对人的基础代谢有重大影响。胡萝卜含有降糖物质，其所含的某些成分，如槲皮素、山柰酚能增加冠状动脉血流量，降低血脂，促进肾上腺素的合成，还有降压、强心作用。所以，此菜具有强心、利尿、降脂、健脾等作用，非常适合老年人食用。

小贴士

莴笋下锅前挤干水分，可以增加莴笋的脆嫩，但从营养角度考虑，不应挤干水分，这会丧失莴笋中大量的水溶性维生素。

推荐食谱 2　黑芝麻拌莴笋丝

原料　莴笋300克，熟黑芝麻少许

调料　盐2克，味精1克，醋6毫升，生抽10毫升

做法　① 莴笋去皮洗净，切丝。② 锅内注水烧沸，放入莴笋丝焯熟，捞起沥干并装入盘中。③ 加入盐、味精、醋、生抽拌匀，撒上熟黑芝麻即可。

健康指南　此菜具有降脂降压、滋阴生津、利尿润肠的功效，尤其适合患有小便不通、水肿、糖尿病、高脂血症、肥胖症、便秘等老年人患者食用。莴苣含有大量植物纤维素，能促进肠壁蠕动，通利消化道，帮助大便排泄，可用于治疗各种便秘。黑芝麻含有大量的脂肪和蛋白质，还有碳水化合物、维生素A、维生素E、卵磷脂、钙、铁、铬等营养成分，可以促进新陈代谢，预防贫血，活化脑细胞，有降血脂、抗衰老的作用。

小贴士

莴笋叶比其茎所含胡萝卜素高出72倍多，维生素B_1是茎含量的2倍，因此吃莴笋时，不宜丢弃莴笋叶。

[老年人 吃 什么？]

马蹄

MA TI

【蔬菜菌菇类】

[别 名] 荸荠、乌芋、地梨

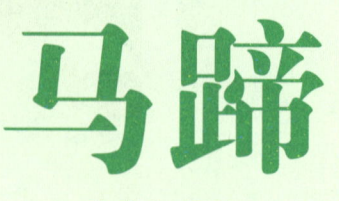

【适用量】每日40克左右为宜。
【热量】约2470焦/克
【性味归经】性微凉，味甘。归肺、胃、大肠经。

【主打营养素】

荸荠英

◎马蹄中含有不耐热的抗菌成分——荸荠英，对金黄色葡萄球菌、大肠杆菌及绿脓杆菌等均有一定的抑制作用，同时对降低血压也有一定效果，尤其适合痰湿较重的老年人食用。

◎食疗功效

马蹄富含粗纤维，可防止老年人便秘，还具有清热解毒、降血压、利尿等作用。此外，马蹄还具有清热解毒、凉血生津、化湿祛痰、消食除胀的功效，对黄疸、痢疾、小儿麻痹、便秘等疾病有食疗功效。

◎选购保存

马蹄的生产季节在冬、春两季。选购时，应选择个体大、外皮呈深紫色而且芽短粗的为宜。不宜置于塑料袋内保存，置于通风的竹箩筐内最佳。

◎烹饪提示

马蹄不宜生吃，因为马蹄生长在泥中，外皮和内部都有可能附着较多的细菌和寄生虫，所以一定要洗净煮透后方可食用。

营养成分表

营养素	含量（每100克）
蛋白质	1.2克
脂肪	0.2克
碳水化合物	14.2克
膳食纤维	1.1克
维生素A	3微克
维生素C	7毫克
钙	4毫克
铁	0.6毫克
锌	0.34毫克
硒	0.7微克

◎搭配宜忌

马蹄+核桃仁	有助消化、利尿通便
马蹄+香菇 ✓	降压护心、益胃助食
马蹄+黑木耳	补气强身、益胃助食
马蹄+驴肉 ✗	会产生不良反应

食用建议

儿童、发热病人及高血压、便秘、黄疸、痢疾、水肿、小便不利、肺癌、食道癌等患者都可经常食用马蹄，但是脾胃虚寒、血虚、血瘀者及经期女子不宜常食。另外，喉干舌燥、肝胃积热、喉咙有寒痰时，也宜多吃马蹄。

[老年人 吃 什么？]

推荐食谱 1　橙汁马蹄

原料 马蹄400克，橙汁100毫升

调料 白糖30克，水淀粉25毫升

做法 ①马蹄洗净，去皮切块，入沸水中煮熟，捞出沥干水分备用。②将橙汁加热，加入白糖，以水淀粉勾芡成汁。③将加工好的橙汁淋在马蹄上，腌渍入味即可。

健康指南 马蹄中磷的含量非常高，对牙齿和骨骼的发育很有好处，因此马蹄适合老年人食用。马蹄有清热泻火的良好功效，既可清热生津，又可补充营养。它还具有凉血解毒、解热止渴、利尿通便、化湿祛痰、消食除胀等功效。橙汁含有丰富的维生素C，有软化血管的作用。老年人常食此菜，对于老年人防治高血压、动脉硬化等心血管疾病有一定的作用。

小贴士

由于马蹄性凉，因此体质虚寒者应避免食用。此外，生吃马蹄要注意卫生，食用前要洗干净，最好用开水烫过后再吃。

推荐食谱 2　芦荟炒马蹄

原料 芦荟150克，马蹄100克，枸杞5克

调料 葱丝、盐、白糖、料酒、酱油、姜丝、素油各适量

做法 ①芦荟去皮洗净切条；马蹄去皮洗净切片；枸杞洗净备用。②芦荟条和马蹄片分别焯水，沥干待用。③锅烧热，加入素油烧热，下姜丝、葱丝爆香，再下芦荟条、马蹄片，炒至断生时加料酒、酱油、盐、白糖调味，炒入味，加枸杞，起锅装盘即可。

健康指南 马蹄富含磷，可促进体内的糖、脂肪、蛋白质三大物质的代谢，调节酸碱平衡。芦荟富含维生素B_3、维生素B_6等，有抗炎、修复胃黏膜和止痛的作用。它本身还富含铬元素，具有胰岛素样的作用，能调节体内的血糖代谢。此菜有促进血液循环、降低胆固醇含量、扩张毛细血管的作用，对于患有高血压、动脉硬化的老年人具有食疗功效。

小贴士

马蹄皮色紫黑，肉质洁白，味甜多汁，清脆可口，自古有"地下雪梨"之美誉，北方人视之为"江南人参"。

[老年人 吃 什么？]

马齿苋
MA CHI XIAN

【蔬菜菌菇类】

[别 名] 长命菜、五行草

【适用量】每日30～60克为宜。
【热量】约1130焦/克
【性味归经】性寒，味甘、酸。归心、肝、脾、大肠经。

【主打营养素】
钾、ω-3脂肪酸
◎马齿苋含有大量的钾。钾离子可直接作用于血管壁上，使血管壁扩张，阻止动脉管壁增厚，从而起到降低血压的作用。马齿苋还含有丰富的ω-3脂肪酸，对降低心血管病的发生有很好的作用。

◎食疗功效

马齿苋具有清热解毒、消肿止痛、凉血止痢的功效，对肠道传染病，如肠炎、痢疾等，有独特的食疗功效。马齿苋还有消除尘毒、防止吞噬细胞变形和坏死、杜绝肺结节形成，防止硅沉着病发生的功效。老年人可以适量食用。

◎选购保存

要选择叶片厚实、水分充足、鲜嫩肥厚多汁的马齿苋。贮存时马齿苋用保鲜袋封好，放在冰箱中可以保存一周左右。

◎烹饪提示

马齿苋在烹饪前应先焯水。马齿苋可炒食，又可做馅，还可凉拌、做汤。

营养成分表

营养素	含量（每100克）
蛋白质	2.3克
脂肪	0.5克
碳水化合物	3.9克
膳食纤维	0.7克
维生素A	327微克
维生素C	23毫克
钙	85毫克
铁	未测定
锌	未测定
硒	未测定

◎搭配宜忌

马齿苋+绿豆 马齿苋+猪肠	✓	可消暑解渴、止痢、降压 可治疗痔疮
马齿苋+茼蒿 马齿苋+胡椒	✗	会减少茼蒿中钙、铁的吸收 容易引起中毒

食用建议

马齿苋营养价值很高，对于很多病症都有良好的食疗功效，尤其适合高血压、皮肤粗糙干燥、维生素A缺乏症、眼干燥症、夜盲症、肠炎、尿血、尿道炎、湿疹、皮炎、赤白带下、痔疮等患者食用；但脾胃虚寒、肠滑腹泻者不宜食用。

[老年人 吃 什么？]

推荐食谱 1 凉拌马齿苋

原料 马齿苋300克

调料 盐3克，味精、糖各4克，蒜蓉、麻油各少许

做法 ① 将马齿苋择净，去根后用清水洗净备用。② 将洗净后的马齿苋放入沸水中焯水，然后用冷水冲凉装盘。③ 加盐、味精、糖、蒜蓉、麻油拌匀即可。

健康指南 此菜是老年人的一道营养食谱，有利水消肿、防治心脏病等作用。马齿苋的根与叶，饱含水分，营养较丰富，含有苹果酸、葡萄糖、胡萝卜素，还含有一种丰富的ω-3脂肪酸，它能抑制人体内血清胆固醇和三酰甘油的生成，帮助血管内皮细胞合成的前列腺素增多，抑制血小板形成血栓素A_2，使血液黏度下降，促使血管扩张，可以预防血小板聚集、冠状动脉痉挛和血栓形成，从而起到防治心脏病的作用。

小贴士

刚开始吃马齿苋一定要少量，逐渐适应了才能多吃。

推荐食谱 2 马齿苋杏仁瘦肉汤

原料 马齿苋50克，杏仁100克，猪瘦肉150克

调料 盐适量

做法 ① 马齿苋择嫩枝用清水冲洗干净备用；猪瘦肉用清水洗净，切块备用；杏仁用清水洗净备用。② 锅洗净，置于火上，将洗净切好的马齿苋、猪瘦肉以及杏仁一起放入锅内，加适量清水。③ 大火煮沸后，改小火煲2小时，加盐调味即可。

健康指南 马齿苋作为一种野菜，不仅能做出可口的佳肴，还能起到预防某些疾病的效果。马齿苋中含有的钾离子可直接作用于血管壁上，使血管壁扩张，阻止动脉管壁增厚，从而起到降低血压的作用。调查研究发现，"三高"人群经常吃马齿苋可保护血管，预防心脑血管疾病的发生。此菜有良好的利水消肿、止咳化痰、降低血压的作用，老年人可以适量食用。

小贴士

春天常吃些马齿苋，不仅可以补充身体营养，还能控制胆固醇的增高。

[老年人 吃 什么?]

莲藕

LIAN OU

【蔬菜菌菇类】

[别 名] 水芙蓉、莲根、藕丝菜

【适用量】每日60~100克为宜。

【热量】约2930焦/克

【性味归经】性凉,味辛、甘。归肺、胃经。

【主打营养素】

黏液蛋白、膳食纤维

◎ 莲藕中含有黏液蛋白和膳食纤维,能与人体内的胆酸盐和食物中的胆固醇及三酰甘油结合,使其从粪便中排出,从而减少脂类的吸收。

◎ 食疗功效

莲藕具有滋阴养血的功效,可以补五脏之虚、强壮筋骨、补血养血,非常适合老年人食用。生食能清热润肺、凉血行瘀,熟食可健脾开胃、止泄固精,对肺热咳嗽、烦躁口渴、脾虚泄泻、食欲不振等症有较好的食疗功效。

◎ 选购保存

选择新鲜、脆嫩、色白,藕节短、藕身粗的莲藕为好,从藕尖数起第二节藕最好。保存以放入冰箱内冷藏为佳。

◎ 烹饪提示

莲藕切片后可放入沸水中焯烫片刻,捞出后再放清水中清洗,一来可以使莲藕不变色,二来还可以保持莲藕本身的爽脆。

◎ 搭配宜忌

莲藕+鳝鱼	✓	补肾固精、利尿祛湿
莲藕+黑木耳		降压降脂、清热润肺
莲藕+菊花	✗	易导致腹泻
莲藕+人参		会减弱人参的药性

营养成分表

营养素	含量(每100克)
蛋白质	1.9克
脂肪	0.2克
碳水化合物	16.4克
膳食纤维	1.2克
维生素A	3微克
维生素C	44毫克
钙	39毫克
铁	1.4毫克
锌	0.23毫克
硒	0.39微克

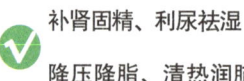

一般人皆可食用莲藕,尤其适合体弱多病、营养不良、高热病人、吐血者以及高血压、肝病、食欲不振、铁性贫血者食用。

脾胃消化功能低下、大便溏薄的患者及产妇要少食、慎食莲藕。

[老年人 吃 什么?]

推荐食谱 1　莲藕菱角排骨汤

[原料] 莲藕、菱角各300克，胡萝卜80克，排骨500克

[调料] 盐4克，白醋10毫升

[做法] ① 排骨斩件，氽水，捞出洗净。② 莲藕削去皮，洗净切块；胡萝卜洗净、切块；菱角入开水中烫熟，捞起，剥净外面皮膜。③ 将排骨、莲藕、胡萝卜、菱角放入锅内，加水盖过原材料，加入醋，以大火煮开，转小火炖40分钟，加盐调味即可。

[健康指南] 此汤味道鲜美，有补虚健脾、凉血止血的作用，是老年人的一道营养汤。莲藕富含淀粉、蛋白质和B族维生素、维生素C、钙、磷等，有健脾、益气、补血、开胃等功能。排骨可提供人体生理活动必需的优质蛋白质、脂肪，尤其是丰富的钙质可维护骨骼健康，有滋阴润燥、益精补血的功效。菱角营养丰富，熟食能益气健脾，祛疾强身。

小贴士

莲藕切开之后马上放进醋里可去除涩味，防止变色。煲此汤的时候要用小火慢慢煲熟。

推荐食谱 2　糖醋藕片

[原料] 莲藕2节，白芝麻8克

[调料] 果糖6克，白醋20毫升，盐各适量

[做法] ① 将莲藕削皮洗净，切成薄片，浸入淡盐水中。② 锅内水烧开，放入藕片焯烫，并滴进几滴醋同煮，煮熟后捞起，沥干。③ 将藕片加醋、盐、果糖拌匀，撒上白芝麻即可。

[健康指南] 此菜酸甜爽脆，可令人胃口大开。莲藕散发出的独特清香，还含有鞣酸，有一定健脾止泻作用，能增进食欲，促进消化，开胃健中，有益于胃纳不佳、食欲不振的老年人恢复健康。同时，莲藕中含有丰富的黏液蛋白和膳食纤维，能降低胆固醇及三酰甘油，并能润肠通便，从而减少脂类的吸收，适合高血压和高脂血症老年患者食用。此外，此菜具有清热润肺、滋阴凉血的功效，也适合肺热燥咳、咽喉干燥的老年人食用。

小贴士

藕可生食，烹食，捣汁饮，或晒干磨粉煮粥。煮藕时忌用铁器，以免引致食物发黑。

[老年人 吃 什么？]

韭菜
JIU CAI
【蔬菜菌菇类】

[别名] 韭、扁菜、起阳草

【适用量】每日60克左右为宜。
【热量】约1088焦/克
【性味归经】性温，味甘、辛。归肝、肾经。

【主打营养素】
挥发性精油、膳食纤维、硫化物

◎韭菜中含有挥发性精油，可促进食欲，降低血脂，对于高血脂、高血压与冠心病有一定的疗效。韭菜中含有大量的膳食纤维与硫化物，能够降低胆固醇，有助于老年人有效预防高脂血症。

◎食疗功效

韭菜能温肾助阳、益脾健胃、行气理血，老年人多吃韭菜，可养肝，增强脾胃之气。对心脑血管疾病也有一定的食疗功效。此外，常食韭菜还能使黑色素细胞内酪氨酸系统功能增强，有效改变皮肤毛囊的黑色素，消除皮肤白斑，并使头发乌黑发亮。

◎选购保存

冬季到春季出产的韭菜，叶肉薄且柔软，夏季出产的韭菜则叶肉厚且坚实。选购的时候选择韭菜上带有光泽的，用手抓时叶片不会下垂，结实而新鲜水嫩的为宜。保存时宜放冰箱冷藏。

◎烹饪提示

韭菜切开后放于空气中，其味道会挥发，所以，建议在烹调前再切。

营养成分表

营养素	含量（每100克）
蛋白质	2.4克
脂肪	0.4克
碳水化合物	4.6克
膳食纤维	1.4克
维生素A	235微克
维生素C	24毫克
钙	42毫克
铁	1.6毫克
锌	0.43毫克
硒	1.38微克

◎搭配宜忌

韭菜+黄豆芽	✓	排毒瘦身，降压降脂
韭菜+豆腐		润肠通便，降低血压
韭菜+蜂蜜	✗	会引起腹泻
韭菜+牛奶		会影响钙的吸收

食用建议

韭菜一般人群皆可食用，尤其是高血脂、高血压、夜盲症、干眼病患者，体质虚寒、肾阳虚、皮肤粗糙、便秘、痔疮患者可常食韭菜。

消化不良、肠胃功能较弱、胃病患者不宜常食韭菜。

[老年人 吃 什么？]

推荐食谱 1　核桃仁拌韭菜

原料 核桃仁300克，韭菜150克

调料 白糖10克，白醋3毫升，盐2克，香油8毫升，味精1克

做法 ① 韭菜洗净，切段，入沸水焯熟。② 锅内放油，待油烧至五成热下入核桃仁炸成浅黄色捞出。③ 在另一只碗中放入韭菜、白糖、白醋、盐、味精、香油拌匀，和核桃仁一起装盘即成。

健康指南 此菜有润肠通便、健脑强身之功效。核桃仁中含有丰富的磷脂和不饱和脂肪酸，经常让老年人食用，可以让老年人获得足够的亚麻酸和亚油酸。这些脂肪酸不仅可以补充老年人身体发育所需的营养，还能提高大脑活动的功能，预防阿尔茨海默病。韭菜中含有大量维生素和粗纤维，能增进胃肠蠕动，治疗便秘，预防肠癌。

小贴士

春节食用韭菜有益于肝健康。初春时节的韭菜品质最佳，晚秋的次之，夏季的最差，有"春食则香，夏食则臭"之说。隔夜的熟韭菜不宜再吃。

推荐食谱 2　韭菜炒豆腐干

原料 韭菜400克，豆腐干100克，红椒20克

调料 盐3克，鸡精1克

做法 ① 将韭菜洗净，切段；豆腐干洗净，切细条；红椒洗净，切段。② 锅加油烧至七成热，倒入韭菜翻炒，再加入豆腐干和红椒一起炒至熟。③ 最后加入盐和鸡精调味，起锅装盘即可。

健康指南 韭菜除含有较多的纤维素，能增加胃肠蠕动，还含有挥发油及含硫化合物，具有促进食欲、杀菌和降低血脂的作用。豆腐干含有的卵磷脂可除掉附在血管壁上的胆固醇，防止血管硬化，预防心血管疾病，保护心脏；韭菜含有多种矿物质，可补充人体所需的钙质，防止因缺钙引起的骨质疏松，对老人的骨骼生长极为有利。因此，老年人常食本菜对高血脂、冠心病、骨质疏松大有好处。

小贴士

韭菜根部切割处有很多泥沙，最难洗，宜先剪掉一段根，并用盐水浸泡一会儿再洗。若不慎将石榴与土豆同食，韭菜水可以解毒。

[老年人 吃 什么?]

蒜薹

SUAN TAI

【蔬菜菌菇类】

[别 名] 蒜毫、青蒜

【适用量】每日50克为宜。
【热量】约2553焦/克
【性味归经】性平,味甘。归肺、脾经。

【主打营养素】

维生素C、大蒜素

◎蒜薹中含有丰富的维生素C,具有明显的降血脂及预防冠心病和动脉硬化的作用。蒜薹中所含的大蒜素可以增强老年人的机体免疫力。

◎食疗功效

蒜薹中含有丰富的纤维素,可刺激大肠排便,调治便秘。老年人食用蒜薹,能预防痔疮的发生,降低痔疮的复发次数,并对轻中度痔疮有一定的治疗效果。蒜薹中所含的大蒜素、大蒜新素,可以抑制金黄色葡萄球菌、链球菌、痢疾杆菌、大肠杆菌、霍乱弧菌等细菌的生长繁殖。

◎选购保存

选购时应挑选长条脆嫩、枝条浓绿、茎部鲜嫩者。根部发黄、顶端开花、纤维粗的则不宜购买。冷藏最佳。

◎烹饪提示

烹调蒜薹时,宜先烧热油锅,高温时再下菜,煸炒透后再放盐,这样可保证菜嫩而不老,营养损失较少。

营养成分表

营养素	含量(每100克)
蛋白质	2克
脂肪	0.1克
碳水化合物	15.4克
膳食纤维	2.5克
维生素A	80微克
维生素C	1毫克
钙	19毫克
铁	4.2毫克
锌	1.04毫克
硒	2.17微克

◎搭配宜忌

- 蒜薹+莴笋　可预防高血压
- 蒜薹+香干 可平衡营养
- 蒜薹+虾仁　可美容养颜
- 蒜薹+蜂蜜 ✗ 易伤眼睛

食用建议

一般人均可食用蒜薹,冠心病、高血脂、便秘患者可常食蒜薹。消化功能不佳的人宜少吃;过量食用会影响视力;有肝病的人过量食用,可造成肝功能障碍。

[老年人 吃 什么？]

推荐食谱 1　蒜薹炒山药

原料 山药200克，蒜薹200克

调料 盐3克，红椒适量

做法 ①将山药去皮洗净，斜切成片；蒜薹洗净，切段；红椒洗净切丝。②热锅下油，放入蒜薹段和山药片翻炒至八成熟，加入红椒丝翻炒至熟，调入盐炒匀即可。

健康指南 此菜可健脾益气、消食，并且还有降低血压和血脂、防止血栓形成、减少脑血管栓塞的作用，能够有效防治冠心病及动脉硬化，是老年人的一道健康保健食谱。成菜中的蒜薹还含有一种辣素，它有杀菌、抑菌的作用，常食还可以预防流感、肠炎等疾病。

小贴士

新鲜山药切开时会有黏液，极易滑刀伤手，可以先用清水加少许醋洗，这样可减少黏液。蒜薹要选择嫩一点的，炒出来才会更甜。

推荐食谱 2　蒜薹炒玉米笋

原料 蒜薹200克，玉米笋200克

调料 盐2克，味精1克，料酒、香油各适量

做法 ①蒜薹洗净，切段；玉米笋用开水焯。②炒锅加油烧热，放入蒜薹煸炒，再加入玉米笋、料酒、盐、味精炒熟，淋上香油即可。

健康指南 蒜薹外皮含有丰富的纤维素，可刺激大肠排便，调理便秘。玉米笋是一种低热度、高纤维素、无胆固醇的优质蔬菜，可以促进肠胃蠕动，消除水肿，具有减脂、降血压、强身健体的作用。老年人食用此菜，不仅能滋补身体，预防水肿，还能预防痔疮的发生。

小贴士

玉米笋应以呈圆锥形，鲜嫩、乳黄色，无折断的为好。与甜玉米不同的是玉米笋是连籽带穗一同食用，而甜玉米只食嫩籽不食其穗。

[老年人 吃 什么？]

黄花菜

HUANG HUA CAI

【蔬菜菌菇类】

[别 名]·金针菜、川草、安神菜

【适用量】每日20克左右（干品）为宜。
【热量】约8330焦/克
【性味归经】性微寒，味甘。归心、肝经。

【主打营养素】

卵磷脂、维生素、矿物质
◎黄花菜富含的卵磷脂，对增强大脑功能有重要作用。黄花菜还含有多种维生素，其中胡萝卜素的含量最为丰富，对老年人视力很有好处。此外，还含有钙、铁、锌等矿物质，有补血、强身等作用。

◎食疗功效

黄花菜具有清热解毒、止血、止渴生津、利尿通乳、解酒毒的功效，对口干舌燥、大便带血、小便不利、吐血、鼻出血、便秘等有食疗功效，老年人食用对身体极为有益。

◎选购保存

以洁净、鲜嫩、尚未开放、干燥、无杂物的黄花菜为优。保存时宜放入干燥的保鲜袋中扎紧，放置阴凉干燥处。

◎烹饪提示

鲜黄花菜不能食用，因为它含有毒物质——秋水仙碱，食用后会引起中毒。如要吃鲜品，可先用沸水焯一下，再用清水浸泡2小时，捞出拧干再烹饪。

营养成分表

营养素	含量（每100克）
蛋白质	19.4克
脂肪	1.4克
碳水化合物	27.2克
膳食纤维	7.7克
维生素A	4微克
维生素C	10毫克
钙	301毫克
铁	9.1毫克
锌	3.99毫克
硒	4.22微克

◎搭配宜忌

黄花菜+马齿苋	✓	清热祛毒、降低血压
黄花菜+鳝鱼		通血脉、利筋骨
黄花菜+鹌鹑	✗	易引发痔疮
黄花菜+驴肉		易引起中毒

食用建议

情志不畅、心情抑郁、气闷不舒、神经衰弱、健忘失眠者，气血亏损、体质虚弱、心慌气短、阳痿早泄、各种出血病患者，妇女产后体弱缺乳、月经不调者可经常食用黄花菜，但皮肤瘙痒症、支气管哮喘患者不宜食用。

[老年人  吃 什么？]

推荐食谱 1 凉拌黄花菜

原料 干黄花菜500克

调料 葱、盐各3克，红油3毫升

做法 ①将干黄花菜放入水中浸泡并仔细清洗后，捞出；葱洗净，切成葱花。②锅加水烧沸，下入黄花菜稍焯后，装入碗中。③黄花菜碗内加入葱、盐、红油一起拌匀即可。

健康指南 此菜可降低血压和血脂，还能健脑、抗衰老，老年人常食可预防动脉硬化、脑梗死以及老年痴呆等症。成菜中的黄花菜中丰富的粗纤维能抑制癌细胞的生长，促进大便的排泄，可作为防治肠道癌的食品。黄花菜含有丰富的卵磷脂，有较好的健脑、抗衰老作用，对注意力不集中、记忆力减退、脑动脉阻塞等症状有特殊疗效，故人们称之为"健脑菜"。

小贴士

黄花菜是人们爱吃的一种传统蔬菜。因其花瓣肥厚，色泽金黄，香味浓郁，食之清香、鲜嫩，爽滑同木耳、草菇，营养价值高，被视作"席上珍品"。

推荐食谱 2 黄花菜炒海蜇

原料 海蜇200克，黄花菜100克

调料 盐3克，味精1克，醋8毫升，生抽10毫升，香油15毫升，红椒少许

做法 ①黄花菜洗净；海蜇洗净；红椒洗净，切丝。②锅内注水烧沸，分别放入海蜇、黄花菜焯熟后，捞出沥干放凉并装入碗中，再放入红椒丝。③向碗中加入盐、味精、醋、生抽、香油拌匀后，再倒入盘中即可。

健康指南 此菜有很高的营养价值，富含蛋白质、维生素，及磷、钙、铁等矿物质，对老年人很有益处。黄花菜中含有丰富的膳食纤维，能促进大便的排泄，可防治肠道肿瘤。同时，黄花菜还有降低胆固醇的功效，对神经衰弱、高血压、动脉硬化、慢性肾炎均有治疗作用。

小贴士

黄花菜吃之前先用开水焯一下，再用凉水浸泡2小时以上。黄花菜适合凉拌（应先焯熟）、炒、做汤或做配料，不宜单独炒食；另外选用冷水发制的较好。

[老年人  吃什么？]

茭白
JIAO BAI
【蔬菜菌菇类】

【适用量】每日100克左右为宜。
【热量】约963焦/克
【性味归经】性寒，味甘。归肝、脾、肺经。

[别名] 菰菜、茭笋、高笋

【主打营养素】
有机氮素、碳水化合物、蛋白质

◎茭白富含有机氮素，并以氨基酸状态存在，能提供硫元素，可有效降低血清胆固醇及血压、血脂。此外，茭白含有的碳水化合物、蛋白质等，能补充老年人所需的营养物质，具有强壮身体的作用。

营养成分表

营养素	含量（每100克）
蛋白质	1.2克
脂肪	0.2克
碳水化合物	5.9克
膳食纤维	1.9克
维生素A	5微克
维生素C	5毫克
钙	4毫克
铁	0.4毫克
锌	0.33毫克
硒	0.45微克

◎搭配宜忌

茭白+芹菜 茭白+西红柿		降低血压 清热解毒、利尿降压
茭白+豆腐 茭白+蜂蜜		容易得结石 易引发痼疾

推荐食谱 金针菇木耳拌茭白

|原料| 茭白350克，金针菇150克，水发木耳50克

|调料| 姜丝3克，甜辣椒、香菜、盐、白糖、醋、香油各适量

|做法| ①茭白去外皮洗净切丝，入沸水中焯烫，捞出。②金针菇洗净，切掉老化的柄，入沸水中焯烫，捞出；甜辣椒洗净，去籽，切细丝；木耳切细丝；香菜洗净，切段。③烧油锅，爆香姜丝、甜辣椒丝，再放入茭白、金针菇、木耳炒匀，最后加盐、白糖、醋、香油调味，放入香菜段，装盘即可。

|健康指南| 茭白、金针菇、黑木耳都有降血压的作用，老年人食此菜可预防血压升高。

[老年人 吃 什么？]

土豆
TU DOU
【蔬菜菌菇类】

[别 名] 山药蛋、洋番薯、洋芋

【适用量】每餐以200克为宜。
【热量】约3181焦/克
【性味归经】性平，味甘。归胃、大肠经。

【主打营养素】
膳食纤维

◎土豆富含膳食纤维，可促进肠胃蠕动和加速胆固醇在肠道内代谢，具有通便和降低胆固醇的作用，可以治疗老年人习惯性便秘和预防血胆固醇增高。

营养成分表

营养素	含量（每100克）
蛋白质	2克
脂肪	0.2克
碳水化合物	17.2克
膳食纤维	0.7克
维生素A	5微克
维生素C	27毫克
钙	8毫克
铁	0.8毫克
锌	0.37毫克
硒	0.78微克

◎搭配宜忌

土豆+豆角 土豆+牛肉		除烦润燥 有利于酸碱平衡
土豆+西红柿 土豆+石榴		导致消化不良 引起中毒

推荐食谱 海蜇拌土豆丝

|原料| 海蜇100克，土豆200克
|调料| 盐5克，味精3克，酱油5毫升，辣椒油3毫升，醋4毫升，姜、葱各10克
|做法| ❶海蜇洗净切细丝；土豆去皮洗净切丝；姜洗净切丝；葱洗净切细丝。❷海蜇、土豆入沸水中烫至熟，捞出。❸将土豆、海蜇与所有调味料一起拌匀即可装盘。

|健康指南| 海蜇中的甘露聚糖及胶质可防治动脉粥样硬化，富含的多种矿物质和微量元素，可有效降低血脂，老年人常食能预防高脂血症的发生；土豆富含膳食纤维，有降胆固醇和脂肪的作用。此外，此菜还有滋阴生津、补虚益气、美容养颜等功效，适合高脂血症、肥胖症、甲状腺肿大等患者食用。

[老年人  吃什么？]

山药
SHAN YAO

【蔬菜菌菇类】

[别 名] 怀山药、淮山药、土薯

【适用量】每次摄入60~80克。

【热量】约2344焦/克

【性味归经】性平，味甘。归肺、脾、肾经。

【主打营养素】

黏液蛋白、碳水化合物

◎山药能够给人体提供一种多糖蛋白质——黏液蛋白，具有健脾益肾、补精益气、提高免疫力的作用。山药还含有较为丰富的碳水化合物，老年人食用有平衡血糖、保肝解毒的作用。

营养成分表

营养素	含量（每100克）
蛋白质	1.9克
脂肪	0.2克
碳水化合物	12.4克
膳食纤维	0.8克
维生素A	3微克
维生素C	5毫克
钙	16毫克
铁	0.3毫克
锌	0.27毫克
硒	0.55微克

◎搭配宜忌

山药+芝麻 ✓ 可预防骨质疏松
山药+红枣　　可补血养颜

山药+鲫鱼 ✗ 不利于营养物质的吸收
山药+黄瓜　　会降低营养价值

推荐食谱：山药炖鸡汤

|原料| 山药250克，胡萝卜100克，鸡腿100克

|调料| 盐适量

|做法| ①将山药削皮，冲净，切块；胡萝卜冲净，削皮，切块；鸡腿剁块，放入沸水中汆烫，捞起，冲净。②将鸡腿、胡萝卜先下锅，加水适量。③以大火煮开后转小火炖15分钟，续下山药转大火煮沸，转小火续煮10分钟，加适量盐调味即成。

|健康指南| 此汤中含有丰富的蛋白质、碳水化合物、维生素、钙、铁、锌等多种营养素，能提高身体免疫力、预防高血压、降低胆固醇、利尿、润滑关节，适合老年人食用。此外，吃山药还可以帮助胃肠消化吸收，促进肠蠕动，预防和缓解便秘。

[老年人 吃 什么？]

牛蒡

NIU BANG

【蔬菜菌菇类】

[别 名] 牛子、东洋萝卜

【适用量】每次以80克为宜。
【热量】约1549焦/克
【性味归经】性寒，味苦。归肺经。

【主打营养素】

氨基酸、胡萝卜素

◎牛蒡根含有人体必需的各种氨基酸，且含量高，尤其是具有特殊药理作用的氨基酸含量高，对患有糖尿病的老年人极为有利。牛蒡还含有丰富的胡萝卜素，有降血糖、明目的作用。

营养成分表

营养素	含量（每100克）
蛋白质	4.7克
脂肪	0.8克
碳水化合物	5.1克
膳食纤维	2.4克
维生素A	650微克
维生素C	25毫克
钙	242毫克
铁	7.6毫克
锌	未测定
硒	未测定

◎搭配之宜

牛蒡+鸭肉	可预防及改善便秘
牛蒡+葱	可开胃消食
牛蒡+青萝卜 ✓	可解毒利咽
牛蒡+鸡	可增强免疫力

推荐食谱 牛蒡芹菜汁

|原料| 牛蒡300克，芹菜50克

|调料| 冷开水200毫升，蜂蜜少许

|做法| ❶将牛蒡用清水洗干净，去皮，切块，放入沸水中焯烫一下，捞出沥干备用；将择好的芹菜用清水洗干净，把芹菜叶去掉，备用。❷将备好的牛蒡和芹菜与冷开水一起放入榨汁机中榨汁。❸榨完汁后将汁倒入杯中，加入少许蜂蜜，拌匀即可饮用。

|健康指南| 此菜具有降压降糖、疏风散热、生津解渴的功效，老年人经常食用，可改善口渴多饮等症状，还可预防高血压、冠心病、动脉硬化等并发症。牛蒡对风热咳嗽、咽喉肿痛也有良好的食疗功效。

[老年人  什么？]

红薯
HONG SHU

【蔬菜菌菇类】

[别 名] 山芋、地瓜、番薯

【适用量】每日一个（100~150克）为宜。
【热量】约4144焦/克
【性味归经】性平，味甘。归脾、胃经。

【主打营养素】

膳食纤维

◎红薯富含膳食纤维，可防止便秘，能够阻止碳水化合物转化为脂肪，是理想的减肥食品。红薯能够预防心血管系统的脂质沉积，预防动脉粥样硬化，减少皮下脂肪，防治过度肥胖，预防高血脂。

◎食疗功效

红薯能供给人体大量的黏液蛋白、糖、维生素C和维生素A，因此具有补虚乏、益气力、健脾胃、强肾阴以及和胃、暖胃、益肺等功效。常吃红薯能防止肝脏和肾脏中的结缔组织萎缩，预防胶原病的发生。

◎选购保存

选购时优先挑选表面光滑、无黑色或褐色斑点、闻起来没有霉味的纺锤形状红薯。表面有斑点或有发芽的红薯有毒，不要购买。发霉的红薯含酮毒素，不可食用。保存时宜放冰箱冷藏，或放在阴凉干燥处。

◎烹饪提示

烂的红薯和发芽的红薯有毒；食用红薯一定要蒸熟煮透。因为红薯中淀粉的细胞膜不经高温破坏，难以消化。

◎搭配宜忌

红薯+红薯叶 红薯+粳米 ✓	健脾益胃、降压降脂 可补中益气、增强体质
红薯+鸡蛋 红薯+西红柿 ✗	不容易消化，易腹痛 易导致腹泻，易患结石

营养成分表

营养素	含量（每100克）
蛋白质	1.1克
脂肪	0.2克
碳水化合物	24.7克
膳食纤维	1.6克
维生素A	125微克
维生素C	26毫克
钙	23毫克
铁	0.5毫克
锌	0.15毫克
硒	0.48微克

一般人群皆可食用，尤其适合高血压、高血脂、肥胖症、冠心病、动脉硬化、便秘、胶原病、癌症等患者食用。但胃及十二指肠溃疡及胃酸过多的患者不宜食用。凉红薯不宜食用，会导致胃腹不适；红薯制成的粉条不宜食用过多，否则大量铝元素沉积在体内，不利于健康。

[老年人 吃 什么？]

推荐食谱 1　芝麻红薯

原料 | 红薯500克，芝麻20克

调料 | 白糖10克，冰糖20克

做法 | ❶ 芝麻炒香，盛出碾碎；冰糖砸碎；将芝麻和冰糖拌匀。❷ 红薯去皮洗净，切成小块，放入锅里蒸熟，稍凉时压成薯泥。❸ 锅中加油烧热，放入薯泥反复翻炒，炒干后调入白糖，再点入一些油，炒至呈红薯沙时撒上芝麻冰糖渣即成。

健康指南 | 本品具有健脾补虚、开胃消食、润肠通便、降脂降压的功效，尤其适合体虚便秘、食欲不振、高血脂、高血压的患者食用。红薯有降低血中胆固醇和血压的作用，可防治高血压、高血脂和动脉硬化等症。此外，芝麻富含不饱和脂肪酸和膳食纤维，可降低血脂、软化血管，还能润肠通便，适合高血脂患者食用。

小贴士

表皮呈褐色或有黑色斑点的红薯不宜食用。

推荐食谱 2　清炒红薯丝

原料 | 红薯200克

调料 | 盐3克，鸡精2克，葱3克

做法 | ❶ 红薯去皮洗净，切丝备用。❷ 锅下油烧热，放入红薯丝炒至八成熟，加盐、鸡精炒匀。❸ 待熟装盘，撒上葱花即可。

健康指南 | 本菜具有补虚益气、润肠通便、降脂降压的功效，非常适合体虚乏力、便秘、高血脂、高血压、冠心病等患者食用。由于红薯富含大量黏多糖类物质，可保持人体动脉血管的弹性，降低胆固醇和血脂。红薯还富含膳食纤维，可促进胃肠蠕动，减少脂肪在肠道内滞留的时间，从而可以减少肠道对脂肪的吸收，能有效降低血脂。

小贴士

红薯叶的降压降脂效果比红薯更佳，高血脂、高血压患者也可常食用。

[老年人 吃 什么？]

黄豆芽
HUANG DOU YA

【蔬菜菌菇类】

[别 名] 如意菜

【适用量】每次50克为宜。
【热量】约1842焦/克
【性味归经】性凉，味甘。归脾、大肠经。

【主打营养素】
膳食纤维、维生素E

◎黄豆芽中含有的膳食纤维有润肠通便的作用，能减缓葡萄糖与胆固醇的吸收。黄豆芽中还含有维生素E，有促进胆固醇代谢、稳定血脂的作用，老年人食用有益健康。

◎食疗功效

黄豆芽具有清热明目、补气养血、消肿除痹、祛黑痣、治疣赘、润肌肤、防止牙龈出血及心血管硬化以及降低胆固醇等功效，对脾胃湿热、大便秘结、寻常疣、高血脂等症有食疗功效，老年人可以适量食用。

◎选购保存

消费者最好选购顶芽大、茎长、有须根的豆芽比较安全，特别雪白和有刺激味道的豆芽建议不要购买。豆芽质地娇嫩，含水量大，一般有两种保存方法，一种是用水浸泡保存，另一种是放入冰箱冷藏。

◎烹饪提示

炒黄豆芽时，先在锅中放少量黄酒，然后放盐，可以去除黄豆芽的豆腥味；也可放少量醋，能防止营养成分的流失。

营养成分表

营养素	含量（每100克）
蛋白质	4.5克
脂肪	1.6克
碳水化合物	4.5克
膳食纤维	1.5克
维生素A	5微克
维生素C	8毫克
钙	21毫克
铁	0.9毫克
锌	0.54毫克
硒	0.96微克

◎搭配宜忌

黄豆芽+牛肉 黄豆芽+榨菜		可预防感冒，防止中暑 可增进食欲
黄豆芽+猪肝 黄豆芽+皮蛋		会破坏营养 会导致腹泻

食用建议

一般人群皆可食用黄豆芽，尤其适合胃中积热、妇女妊娠高血压综合征、癌症、癫痫、肥胖、便秘、痔疮患者食用。慢性腹泻、脾胃虚寒者不宜食用黄豆芽。

[老年人 吃 什么？]

推荐食谱 1 黄豆芽拌海蜇皮

原料 黄豆芽300克，海蜇150克

调料 盐3克，葱10克，蒜5克，鸡精2克，酱油、醋、鲜汤各适量

做法 ①黄豆芽洗净备用；海蜇洗净切段；蒜去皮，洗净，切末；葱洗净切花。②锅入水烧开，分别将黄豆芽、海蜇汆熟后，捞出沥干装盘。③热锅下油，入蒜炒香，倒入鲜汤烧开，加盐、鸡精、酱油、醋调味，盛入盘中，与黄豆芽、海蜇拌匀，撒上葱花即可。

健康指南 此菜可清热化痰、利尿消肿、降低血压，适合痰湿中阻的高血压老年患者食用。

小贴士

黄豆芽中的维生素C属于水溶性维生素，烹调时应尽量减少其损失，最好的方法是烹调过程要迅速，或用油急速快炒，或用沸水略汆片刻取出调味食用。

推荐食谱 2 豆油黄豆芽

原料 黄豆芽350克

调料 豆油、葱花、盐各适量

做法 ①黄豆芽用清水洗净后加沸水汆熟，捞出沥干水分待用，汆豆芽的汤留作炒菜时用。②锅置火上，加入豆油烧热，投入葱花炸出香味，将黄豆芽放入，炒2~3分钟。③加入汆豆芽的原汤和盐，炒至汤将干即可。

健康指南 此菜营养价值高，可降低血压、软化血管，还能利尿消肿，是老年人的一道营养保健菜谱。黄豆芽由黄豆加工而成，富含蛋白质、维生素、钙、铁等营养成分，可预防老年人缺铁性贫血。

小贴士

加热黄豆芽时要掌握好时间，八成熟即可，没熟透的黄豆芽往往带点涩味，可加醋去除涩味，能保持黄豆芽的爽脆鲜嫩。

[老年人  吃什么？]

绿豆芽

LÜ DOU YA

【蔬菜菌菇类】

[别名] 绿豆菜

【适用量】每次50克为宜。
【热量】约753焦/克
【性味归经】性凉，味甘。归胃、三焦经。

【主打营养素】

维生素C、膳食纤维

◎绿豆芽富含维生素C，可影响高密度脂蛋白含量，将胆固醇转变为胆酸排出，从而降低总胆固醇。绿豆芽中含有丰富的膳食维素，是便秘老年人的健康蔬菜。

◎食疗功效

绿豆芽具有清暑热、通经脉、解诸毒的功效，还可用于补肾、利尿、消肿、滋阴壮阳、调五脏、美肌肤、利湿热、降血脂、软化血管等。夏季老年人可以多食用绿豆芽。

◎选购保存

消费者可以采用"一看二闻"的方法，看看豆芽的颜色是否特别雪白，闻闻有没有一些刺鼻的气味，特别雪白和有刺激味道的豆芽建议不要购买。消费者最好选购顶芽大、茎长、有须根的豆芽比较安全。绿豆芽由绿豆浸水发芽而成，需趁新鲜时食用，若需保存，应放塑料袋中密封置冰箱中冷藏。

◎烹饪提示

绿豆芽性寒，如果在烹调时配上一点姜丝，可以中和它的寒性；另外，炒绿豆芽时，还可适当加些醋，以保存水分和维生素C。

营养成分表

营养素	含量（每100克）
蛋白质	2.1克
脂肪	0.1克
碳水化合物	2.9克
膳食纤维	0.8克
维生素A	3微克
维生素C	6毫克
钙	9毫克
铁	0.6毫克
锌	0.35毫克
硒	0.5微克

◎搭配宜忌

绿豆芽+猪肚	降低胆固醇吸收
绿豆芽+韭菜 ✓	解毒，补肾，减肥
绿豆芽+鸡肉	降低心血管疾病发病率
绿豆芽+猪肝 ✗	降低营养价值

食用建议

高血脂、湿热郁滞、食少体倦、热病烦渴、大便秘结、小便不利、目赤肿痛、口鼻生疮等患者宜常食绿豆芽。脾胃虚寒者要慎食、少食绿豆芽。

[老年人  什么？]

推荐食谱 1　金针菇炒豆芽

原料 绿豆芽300克，金针菇150克，青椒、红椒各50克

调料 盐3克，鸡精1克

做法 ❶绿豆芽洗净；金针菇洗净；青椒、红椒均洗净，切丝。❷锅加油烧热，放入青椒和红椒炒香，再放入绿豆芽和金针菇翻炒至熟。❸调入盐和鸡精调味，装盘。

健康指南 此菜清新爽口，诱人胃口。绿豆芽富含膳食纤维，有预防消化道癌症（食道癌、胃癌、直肠癌）的功效；老年人多食用绿豆芽可以分解体内的胀气，利于其他营养素的吸收，有益于身体健康。金针菇富含大量锌元素，可有效降低血脂，还富含钾，能利尿降压；青椒和红椒富含维生素E，有抗氧化的作用，能预防血管硬化，并能降脂减肥。

小贴士

烹调时油盐不宜太多，要尽量保持其清淡的性味和爽口的特点。另外，在烹调这道菜时可以加入少许醋，成菜不仅美味，而且口感脆爽。

推荐食谱 2　豆芽韭菜汤

原料 绿豆芽100克，韭菜30克

调料 盐少许

做法 ❶将绿豆芽洗净；韭菜洗净切段备用。❷净锅上火倒入花生油，下入绿豆芽煸炒，倒入水，调入盐煮至熟，撒入韭菜即可。

健康指南 韭菜中含有挥发性精油、大量的膳食纤维以及硫化物，能够降低胆固醇和血脂，有效预防高脂血症、高血压以及冠心病。此外，韭菜还能补肾壮阳、通利肠道。绿豆芽可清热解毒、利尿除湿、降脂减肥，对患有肥胖症、高血脂、高血压的老年人都有一定的食疗功效。将绿豆芽搭配韭菜，是老年人防治便秘的最佳选择。

小贴士

绿豆在发芽的过程中，维生素C含量会增加很多，且部分蛋白质也被分解为人体所需的氨基酸，可达到绿豆原含量的7倍，所以绿豆芽的营养价值比绿豆更高。

[老年人  吃 什么？]

香菇

XIANG GU

【蔬菜菌菇类】

【适用量】每次4～8朵。
【热量】约795焦/克
【性味归经】性平，味甘。归脾、胃经。

[别 名] 菊花菇、合蕈

【主打营养素】

香菇嘌呤、天门冬素、天门冬氨酸

◎香菇中所含有的香菇嘌呤可防止脂质在动脉壁沉积，能够有效降低胆固醇、三酰甘油。香菇中的天门冬素和天门冬氨酸，具有降低血脂、维护血管的功能。

◎ 食疗功效

香菇具有化痰理气、益胃和中、透疹解毒之功效，对食欲不振、身体虚弱、小便失禁、大便秘结、形体肥胖等病症有食疗功效，老年人常食用有益身体健康。

◎ 选购保存

选购时以味香浓，菇肉厚实，菇面平滑，大小均匀，色泽黄褐或黑褐，菇面稍带白霜，菇褶紧实细白，菇柄短而粗壮，干燥，无霉，不碎的为佳。干香菇应放在干燥、低温、避光、密封的环境中储存，新鲜的香菇要放在冰箱里冷藏。

◎ 烹饪提示

发好的香菇要放在冰箱里冷藏才不会损失营养；泡发香菇的水不要倒掉，很多营养物质都溶在水中。

营养成分表

营养素	含量（每100克）
蛋白质	2.2克
脂肪	0.3克
碳水化合物	5.2克
膳食纤维	3.3克
维生素A	未测定
维生素C	1毫克
钙	2毫克
铁	0.3毫克
锌	0.66毫克
硒	2.58微克

◎ 搭配宜忌

香菇+牛肉 ✓ 可补气养血
香菇+鱿鱼 可降低血压、血脂

香菇+野鸡 ✗ 会引发痔疮
香菇+螃蟹 会引起结石

食用建议

一般人群均可食用。贫血、抵抗力低下、高血脂、高血压、动脉硬化、糖尿病、癌症、肾炎、佝偻病患者宜常食用。慢性虚寒性胃炎患者、痘疹已透发之人不宜食用香菇。

[老年人 吃 什么？]

推荐食谱 1　芹菜炒香菇

原料　芹菜400克，水发香菇50克

调料　醋、干淀粉、酱油、味精、菜油各适量

做法　① 芹菜择去叶、根，洗净，剖开切成约2厘米的长节，用盐拌匀腌渍约10分钟，再用清水漂洗，沥干待用。② 香菇洗净切片；醋、味精、淀粉混合后装入碗内，加水约50毫升兑成汁待用。③ 炒锅置大火上烧热，倒入菜油30毫升，待油烧至无泡沫冒青烟时，即下入芹菜爆炒，再投入香菇片迅速炒匀，再加入酱油约炒1分钟，最后淋入芡汁，速炒起锅即可。

健康指南　此菜有平肝清热、益气和血、降低血压的功效，非常适合患有高血脂、高血压及心脑血管疾病的老年人食用。

小贴士

长得特别大的鲜香菇不要吃，因为它们多是用激素催肥的，对身体有害。此外，香菇没煮熟吃了会中毒，建议香菇用开水煮10分钟后再炒。

推荐食谱 2　香菇豆腐丝

原料　豆腐丝200克，香菇6个，红辣椒2个

调料　白糖5克，盐适量，味精少许

做法　① 豆腐丝洗净稍烫，捞出凉凉切段，放盘内，加盐、白糖、味精拌匀。② 香菇洗净泡发，捞出去柄，切成细丝；将红辣椒去蒂和籽，洗净，切成细丝。③ 油烧热，入香菇丝和辣椒丝，炒香，将香菇、辣椒丝倒在腌过的豆腐丝上，拌匀。

健康指南　此菜可预防血管硬化，降低血脂和血压，老年人常吃对于高血压、高血脂、动脉硬化等症有一定的防治作用。老年人多吃香菇能强身健体，增加对疾病的抵抗能力。同时，香菇含有丰富的维生素D，能促进钙的消化吸收，有助于骨骼和牙齿保持健康。

小贴士

香菇是世界第二大食用菌，也是我国特产之一，在民间素有"山珍"之称。其味道鲜美，香气沁人，营养丰富，素有"植物皇后"的美誉。

[老年人  吃什么？]

草菇

CAO GU

【蔬菜菌菇类】

【适用量】每次30～50克为宜。
【热量】约963焦/克
【性味归经】性平，味甘。归胃、脾经。

[别　名] 稻草菇、脚苞菇

【主打营养素】

维生素C、膳食纤维、铁
◎草菇富含维生素C，可增加胆固醇的排泄和降低胆固醇合成的速度，从而降低总胆固醇。而富含的膳食纤维和铁，有通便补血的作用。老年人食用草菇可以降低胆固醇、补血、防便秘。

营养成分表

营养素	含量（每100克）
蛋白质	2.7克
脂肪	0.2克
碳水化合物	4.3克
膳食纤维	1.6克
维生素A	未测定
维生素C	8毫克
钙	17毫克
铁	1.3毫克
锌	0.6毫克
硒	0.02微克

◎搭配宜忌

草菇+豆腐 草菇+虾仁		可降压降脂 可补肾壮阳
草菇+鹌鹑 草菇+蒜		会面生黑斑 对身体不利

推荐食谱　草菇西蓝花

|原料| 草菇100克，水发香菇10朵，西蓝花1棵，胡萝卜1根

|调料| 盐、鸡精各3克，白糖10克，蚝油、水淀粉各10毫升

|做法| ①所有原材料收拾干净，胡萝卜切片，其他撕成小朵。②锅加适量水烧开，将胡萝卜、草菇、西蓝花分别放入汆水。③锅烧热，放入蚝油，放香菇、胡萝卜片、草菇、西蓝花炒匀，加少许清水，加盖焖煮至所有材料煮熟，加盐、鸡精、白糖调味，以水淀粉勾薄芡，炒匀即可。

|健康指南| 将草菇搭配富含维生素P的西蓝花，能预防冠心病、动脉硬化等病的发生，非常适合老年人食用。

[老年人 吃 什么？]

金针菇

JIN ZHEN GU

【蔬菜菌菇类】

【适用量】一次50克为宜。
【热量】约1088焦/克
【性味归经】性凉，味甘滑。归脾、大肠经。

[别 名] 金钱菌、冻菌、金菇

【主打营养素】

锌、氨基酸

◎金针菇富含的锌有健脑的作用，老年人多吃金针菇，可预防阿尔茨海默病，同时，还可促进骨骼成长，预防骨质疏松症，稳定血糖。金针菇中还含有人体所必需的氨基酸，可为老年人提供丰富的营养。

营养成分表

营养素	含量（每100克）
蛋白质	2.4克
脂肪	0.4克
碳水化合物	6克
膳食纤维	2.7克
维生素A	5微克
维生素C	2毫克
钙	未测定
铁	1.4毫克
锌	0.39毫克
硒	0.28微克

◎搭配宜忌

金针菇+豆腐		可降脂降压
金针菇+豆芽	✓	可清热解毒
金针菇+猪肝		可补益气血
金针菇+驴肉	✗	会引起心痛

推荐食谱 金针菇鳝鱼丝

|原料| 鳝鱼150克，金针菇100克，鸡蛋2个
|调料| 湿面粉、红油、盐各适量
|做法| ❶金针菇洗净，焯水后捞出；鳝鱼洗净，切丝，入水氽一下。❷将鸡蛋打入碗中，加入湿面粉、盐调匀，煎成饼切块，摆盘。❸油锅烧热，下鳝鱼、金针菇炒匀，再加入红油、盐调味，盛鸡蛋饼上即可。

|健康指南| 鳝鱼具有平肝降压、祛风除湿、健脾利水的功效，可有效降低血脂和血压；金针菇也可调节血压和血脂，有效预防心脑血管疾病的发生；鸡蛋益气补虚，可补充维生素D和卵磷脂，能预防骨质疏松和阿尔茨海默病。因此，此菜非常适合体质虚弱的老年人食用。

[老年人  吃什么？]

平菇
PING GU
【蔬菜菌菇类】

【适用量】每日100克为宜。
【热量】约837焦/克
【性味归经】性温，味甘。归脾、胃经。

[别 名] 糙皮侧耳、冻菌、秀珍菇

【主打营养素】
酪氨酸酶、钙、铁

◎平菇中含有一种特殊成分——酪氨酸酶，它具有降低血压和胆固醇的作用。平菇还含有钙、铁等营养素，这些营养素易为人体吸收，可以增强老年人的体质。

营养成分表

营养素	含量（每100克）
蛋白质	1.9克
脂肪	0.3克
碳水化合物	4.6克
膳食纤维	2.3克
维生素A	2微克
维生素C	4毫克
钙	5毫克
铁	1毫克
锌	0.61毫克
硒	1.07微克

◎搭配宜忌

平菇+豆腐 降压降脂，利于营养吸收
平菇+西蓝花　防癌抗癌，提高免疫力

平菇+野鸡 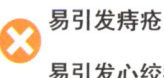 易引发痔疮
平菇+驴肉　易引发心绞痛

推荐食谱：大白菜炒双菇

|原料| 大白菜、香菇、平菇、胡萝卜各100克
|调料| 盐3克
|做法| ①大白菜洗净切段；香菇、平菇均洗净切块，焯烫片刻；胡萝卜去皮、切片。②净锅上火，倒油烧热，放入大白菜、胡萝卜翻炒。③再放入香菇、平菇，调入盐炒熟即可。

|健康指南| 此菜有益气补虚、通利肠道、防癌抗癌、美容养颜的功效，是老年人补养身体的一道好食谱。大白菜在人体内能参与糖类代谢，能改善胃肠道功能、改善血糖生成反应，增加粪便的体积，预防便秘；香菇和平菇可预防血管硬化，降低血脂和血压；胡萝卜有改善微血管循环，降低血脂之功效。

[老年人 吃 什么？]

鸡腿菇
JI TUI GU
【蔬菜菌菇类】

[别 名] 刺蘑菇、毛头鬼伞

【适用量】每次20克左右为宜。
【热量】约10758焦/克
【性味归经】性平，味甘。归脾、胃、肝经。

【主打营养素】
不饱和脂肪酸、生物活性酶

◎鸡腿菇中含有大量的不饱和脂肪酸，可以减少血液中的胆固醇，预防动脉硬化和冠心病、肥胖症等。鸡腿菇中还含有多种生物活性酶，有帮助消化的作用，老年人可以常食用。

营养成分表

营养素	含量（每100克）
蛋白质	25.9克
脂肪	2.9克
碳水化合物	未测定
膳食纤维	7.1克
维生素A	未测定
维生素C	未测定
钙	106.7毫克
铁	1.376毫克
锌	0.092毫克
硒	未测定

◎搭配宜忌

鸡腿菇+牛肉　　可健脾养胃
鸡腿菇+鱿鱼 ✓ 可降低胆固醇
鸡腿菇+莴笋　　可降脂降糖

鸡腿菇+蜂蜜 ✗ 降低营养

推荐食谱

鲍汁鸡腿菇

|原料| 鲍汁、鸡腿菇、滑子菇、香菇、西蓝花各适量

|调料| 盐、蚝油、香油、水淀粉各适量

|做法| 1 鸡腿菇、滑子菇、香菇洗净，切小块，西蓝花洗净。2 所有原料分别烫熟，捞出沥干水分，摆盘待用。3 另起锅油烧热，入鲍汁、盐、蚝油、香油烧开，用水淀粉勾芡浇在三菇上即可。

|健康指南| 鸡腿菇、滑子菇、香菇都有降低血脂和血压，保护血管的作用；西蓝花能促进脂肪代谢，有效降低血脂。因此，此菜非常适合老年人食用。

[老年人 吃 什么？]

口蘑

KOU MO

【蔬菜菌菇类】

[别 名] 白蘑、云盘蘑、银盘

【适用量】每次以20克左右为宜。
【热量】约10130焦/克
【性味归经】性平，味甘。归肺、心经。

【主打营养素】

膳食纤维、硒

◎ 口蘑中含有大量的膳食纤维，有润肠通便、排毒的功效，还可促进胆固醇的排泄，降低胆固醇的含量。富含微量元素硒的口蘑是老年人良好的补硒食品，可调节甲状腺的工作，提高免疫力。

营养成分表

营养素	含量（每100克）
蛋白质	38.7克
脂肪	3.3克
碳水化合物	14.4克
膳食纤维	17.2克
维生素A	未检出
维生素C	未检出
钙	169毫克
铁	19.4毫克
锌	9.04毫克
硒	未测定

◎ 搭配宜忌

口蘑+鸡肉	可补中益气
口蘑+鹌鹑蛋 ✓	可防治肝炎
口蘑+冬瓜	可利小便、降血压
口蘑+驴肉	会导致腹痛、腹泻

推荐食谱 口蘑山鸡汤

|原料| 口蘑200克，山鸡400克，红枣30克，莲子50克，枸杞30克

|调料| 姜片、盐、味精、鸡精各适量

|做法| ① 将口蘑清洗干净，切块；山鸡清洗干净，剁块；红枣、莲子、枸杞泡发。② 将山鸡入沸水中氽透捞出，入冷水中清洗干净。③ 待煲中水烧开，下入姜片、山鸡块、口蘑、红枣、莲子、枸杞一同煲炖90分钟，调入适量盐、味精、鸡精即可。

|健康指南| 此汤口味鲜美，有滋补强身、增进食欲、防治便秘的效果，老年人食用极为有益。

[老年人 吃 什么？]

猴头菇

HOU TOU GU

【蔬菜菌菇类】

【适用量】每次30~50克为宜。
【热量】约544焦/克
【性味归经】性平，味甘。归脾、胃、心经。

[别 名] 羊毛菌、猴头菌、猴菇菌

【主打营养素】

猴头菇多糖、维生素B_1、不饱和脂肪酸

◎猴头菇含有丰富的猴头菇多糖。猴头菇多糖具有明显的降糖效果。猴头菇还含有丰富的维生素B_1和不饱和脂肪酸，能降低血液中胆固醇的含量，有利于老年人健康。

营养成分表

营养素	含量（每100克）
蛋白质	2克
脂肪	0.2克
碳水化合物	4.9克
膳食纤维	4.2克
维生素A	未测定
维生素C	4毫克
钙	19毫克
铁	2.8毫克
锌	0.4毫克
硒	1.28微克

◎搭配之宜

猴头菇+银耳	有助于睡眠
猴头菇+蹄髈	可祛湿养胃
猴头菇+黄芪 ✓	可滋补身体
猴头菇+鸡肉	可益气养血

推荐食谱 三鲜猴头蘑

|原料| 猴头菇150克，香菇100克，荷兰豆50克，红甜椒30克

|调料| 植物油5毫升，盐4克、鸡精、生抽各适量

|做法| ①将猴头菇、香菇、红椒分别洗净，切块；荷兰豆去老筋洗净，切段。②起锅，加入5毫升植物油烧热，放入猴头菇、香菇、荷兰豆炒至断生，加入红甜椒翻炒至熟。③最后再加入适量的盐、鸡精、生抽调味，起锅盛盘即可。

|健康指南| 此菜具有降血糖、保肝护肾、降压降脂的功效，适合患有糖尿病、高血压、高血脂以及癌症的老年人经常食用。

[老年人  吃 什么？]

茶树菇

CHA SHU GU

【蔬菜菌菇类】

[别 名] 茶薪菇

【适用量】每次20克左右为宜。
【热量】约11679焦/克
【性味归经】性平，味甘，无毒。归脾、胃经。

【主打营养素】

蛋白质、钙、铁

◎茶树菇富含蛋白质、钙和铁，可为人体提供18种必需氨基酸，有增强免疫力，预防骨质疏松、缺铁性贫血的作用，老年人食用可以强身健体。

营养成分表

营养素	含量（每100克）
蛋白质	14.4克
脂肪	2.6克
碳水化合物	56.1克
膳食纤维	未测定
维生素A	未测定
维生素C	未测定
钙	26.2毫克
铁	42.3毫克
锌	未测定
硒	未测定

◎ 搭配宜忌

茶树菇+猪骨 ✓ 增强免疫力
茶树菇+鸡肉   增强免疫力

茶树菇+酒 ✗ 容易中毒
茶树菇+鹌鹑   降低营养价值

推荐食谱 茶树菇蒸草鱼

|原料| 草鱼300克，茶树菇、红甜椒各75克

|调料| 盐4克，黑胡椒粉1克，香油6毫升，高汤50毫升

|做法| ①草鱼两面均抹上盐、黑胡椒粉腌5分钟，置入盘中备用。②茶树菇洗净切段，红甜椒洗净切细条，都铺在草鱼上面。③将高汤淋在草鱼上，放入蒸锅中，以大火蒸20分钟，取出淋上香油即可。

|健康指南| 此菜是一款适合老年人食用的健康食谱。茶树菇是集高蛋白、低脂肪、低糖分、保健食疗等优点于一身的保健食用菌，其富含多种矿物质和维生素，能有效降低血脂和血糖；草鱼含有的不饱和脂肪酸，可降低血压和血脂。

[老年人什么？]

银耳
YIN ER
【蔬菜菌菇类】

[别 名] 白木耳、雪耳

【适用量】每次20克为宜。
【热量】约8372焦/克
【性味归经】性平，味甘。归肺、胃、肾经。

【主打营养素】
膳食纤维、多糖体

◎银耳中含有大量的膳食纤维，可以刺激胃肠蠕动，帮助胆固醇排出体外。银耳中的多糖体可抑制血小板聚集，预防血栓，保护血管环境，避免胆固醇附着，同时还能起到抗肿瘤的作用。

营养成分表

营养素	含量（每100克）
蛋白质	10克
脂肪	1.4克
碳水化合物	36.9克
膳食纤维	30.4克
维生素A	8微克
维生素C	未测出
钙	36毫克
铁	4.1毫克
锌	3.03毫克
硒	2.95微克

◎搭配宜忌

银耳+莲子 银耳+鹌鹑蛋	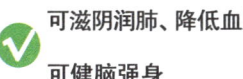	可滋阴润肺、降低血压 可健脑强身
银耳+菠菜 银耳+鸡蛋黄	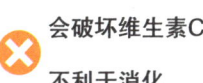	会破坏维生素C 不利于消化

推荐食谱：雪梨银耳枸杞汤

|原料| 银耳30克，雪梨1个，枸杞10克

|调料| 冰糖适量

|做法| ①雪梨洗净，去皮、去核，切小块待用。②银耳泡半小时后，洗净，撕成小朵；枸杞洗净待用。③锅中倒入清水，放银耳，大火烧开，转小火将银耳炖烂，放入枸杞、雪梨、冰糖，炖至梨熟即可。

|健康指南| 老年人食用此汤能养阴润肺，滋润皮肤，保持皮肤细嫩，延缓衰老。银耳富有天然特性胶质，加上它的滋阴作用，长期服用可以润肤，并有祛除脸部黄褐斑、雀斑的功效。银耳富含的膳食纤维可助胃肠蠕动，减少脂肪吸收。

[老年人  吃 什么？]

黑木耳
HEI MU ER
【蔬菜菌菇类】

[别 名] 树耳、木蛾、黑菜

【适用量】每日50克（水发木耳）左右为宜。
【热量】约879焦/克
【性味归经】性平，味甘。归肺、胃、肝经。

【主打营养素】
铁、钙、碳水化合物
◎黑木耳中所含的铁有补血、活血的功效，能有效预防缺铁性贫血；含有的钙有助于老年骨骼健康，预防骨质疏松症；含有的碳水化合物能为老年人提供日常消耗的热量。

营养成分表

营养素	含量（每100克）
蛋白质	1.5克
脂肪	0.2克
碳水化合物	6克
膳食纤维	2.6克
维生素A	3微克
维生素C	1毫克
钙	34毫克
铁	5.5毫克
锌	0.53毫克
硒	0.46微克

◎搭配宜忌

黑木耳+绿豆		可降压消暑
黑木耳+银耳		可提高免疫力
黑木耳+田螺		不利于消化
黑木耳+茶		不利于铁的吸收

推荐食谱：黄瓜炒木耳

|原料| 水发木耳50克，黄瓜200克

|调料| 盐、淡色酱油、味精、香油、白糖各适量

|做法| ①将黄瓜洗净，切片，加盐腌10分钟左右，装入盘中。②将所有调味料调成味汁。③将木耳洗净，撕成小片，入油锅中与黄瓜一起炒匀，再加入调味汁炒入味即可。

|健康指南| 此菜中黑木耳所含的胶质，可将残留在人体消化系统内的灰尘杂质吸附聚集，排出体外，起清涤肠胃的作用，有助于老年人排毒。同时，黑木耳含有抗肿瘤活性物质，老年人经常食用可防癌抗癌。

[老年人 吃 什么？]

竹荪

ZHU SUN

【蔬菜菌菇类】

[别 名] 竹参、竹菌

【适用量】每日10克左右（干品）为宜。
【热量】约9837焦/克
【性味归经】性寒，味甘。归肺、脾经。

【主打营养素】
蛋白质、氨基酸
◎竹荪属于碱性食品，含有丰富的蛋白质和氨基酸，长期服用能调整老年人体内血脂和脂肪酸的含量，有降低血压的作用，能够保护肝脏，减少腹壁脂肪的存积，有"刮油"的作用，可起到减肥、降血脂的效果。

营养成分表

营养素	含量（每100克）
蛋白质	20.2克
脂肪	2.6克
碳水化合物	38.1克
膳食纤维	8.4克
维生素A	8微克
维生素C	未测定
钙	55毫克
铁	68.7毫克
锌	60.2毫克
硒	6.38微克

推荐食谱 浓汤竹荪扒金菇

|原料| 竹荪10条，金针菇150克，菜心50克

|调料| 盐、味精、糖、鸡精、淀粉、浓汤各适量

|做法| ①将竹荪用水浸软，金针菇、菜心洗净备用。②将金针菇、竹荪、菜心焯水，菜心摆放在碟底，金针菇摆在菜心上，然后铺上竹荪。③锅上火，倒入浓汤加入所有调味料煮沸，用淀粉勾芡淋入碟中即可。

|健康指南| 竹荪对高血脂、高血压等疾病有一定的防治作用。金针菇是高钾低钠食品，可防治高血压；菜心可清热润肠，降脂降压，有防止血栓形成的作用。所以，老年人经常食用此菜可以预防血压升高。

◎搭配之宜

竹荪+银耳	滋阴润肺、降压降脂
竹荪+鸡腰	可润肺止咳
竹荪+排骨	益气补虚、增强免疫力
竹荪+鸽肉	滋阴补肾

[老年人 吃 什么？]

蕨菜

JUE CAI

【蔬菜菌菇类】

[别　名] 拳菜、龙头菜、如意菜

【适用量】每次50克左右。
【热量】约1632焦/克
【性味归经】性寒，味甘。归大肠经、膀胱经。

【主打营养素】

镁、锰

◎蕨菜中镁、锰的含量较高，老年人常吃可以促进胰岛素的分泌，增强胰岛素活性，有效调节血糖浓度。此外，镁还可以激活各种酶系统，适合糖尿病、高血压、冠心病等老年患者食用。

营养成分表

营养素	含量（每100克）
蛋白质	1.6克
脂肪	0.4克
碳水化合物	9克
膳食纤维	1.8克
维生素A	183微克
维生素C	23毫克
钙	17毫克
铁	4.2毫克
锌	0.5毫克
硒	未测定

◎搭配宜忌

蕨菜+猪肉　✓　可开胃消食
蕨菜+豆腐干　　可滋阴润燥、和胃补肾

蕨菜+花生　✗　会降低营养价值
蕨菜+大豆　　　会降低营养价值

推荐食谱　炝炒蕨菜

|原料| 蕨菜400克，红辣椒50克
|调料| 葱15克，盐、鸡精各适量
|做法| ①将蕨菜洗净，切段；葱择洗干净，切成葱花；红辣椒洗净切段。②炒锅注油烧热，下入红辣椒爆香，再倒入蕨菜翻炒，最后加入适量盐、鸡精炒入味。③起锅装盘撒上葱花即可。

|健康指南| 此菜具有降糖、利湿止泻、降压降脂的功效，适合老年人食用。现代研究认为，蕨菜中的纤维素具有促进肠道蠕动，减少肠胃对脂肪吸收的作用，老年人经常食用可降低血压，缓解头晕、失眠，还可辅助治疗痢疾、便血等症。

[老年人 吃 什么？]

仙人掌

XIAN REN ZHANG

【蔬菜菌菇类】

[别 名] 龙舌、平虑草、老鸦舌

【适用量】每次30～50克为宜。

【热量】约1130焦/克

【性味归经】性寒，味苦，涩。归心、肺、胃三经。

【主打营养素】

氨基酸、低脂肪、低糖

◎仙人掌含有人体所需的8种氨基酸，可为老年人提供全面的营养物质。此外，仙人掌所含的脂肪和糖都很少，老年人常食，可避免葡萄糖的堆积，预防血糖升高。

营养成分表

营养素	含量（每100克）
蛋白质	1.3克
脂肪	0.1克
碳水化合物	5.8克
膳食纤维	6.7克
维生素A	332微克
维生素C	15.9毫克
钙	20.4毫克
铁	2.6毫克
锌	1.44毫克
硒	1.28微克

◎搭配之宜

仙人掌+牛肉	可补脾胃、益气血
仙人掌+雪梨 ✓	可清热解毒
仙人掌+白糖	可安神助眠
仙人掌+猪肚	可健脾益胃

推荐食谱 仙人掌绿茶饮

|原料| 仙人掌40克，绿茶5克

|做法| ❶将仙人掌和绿茶分别洗净。❷仙人掌去刺，然后与绿茶一同放入锅中。❸加入适量的水煎煮，去渣取汁服用。

|健康指南| 此饮具有降糖降脂、消炎杀菌、清热解毒的功效，适合糖尿病、高血压、高血脂等老年患者食用。仙人掌含有人体必需的8种氨基酸和多种微量元素，以及抱壁莲、角蒂仙、玉芙蓉等珍贵成分，不仅对人体有清热解毒、健胃补脾、清咽润肺、养颜护肤等诸多作用，还对肝癌、糖尿病、高血脂、支气管炎等病症有明显治疗作用，所以非常适合老年人食用。

[老年人  吃 什么？]

芦荟
LU HUI

【蔬菜菌菇类】

[别 名] 卢会、奴会、劳伟

【适用量】每次15克为宜。
【热量】约1381焦/克
【性味归经】性寒，味苦。归肝、大肠经。

【主打营养素】
铬、异柠檬酸钙
◎芦荟中含有丰富的铬元素。铬具有类似胰岛素的作用，可以调节体内的血糖代谢，是患有糖尿病的老年人理想的食物和药物。芦荟中所含的异柠檬酸钙，具有强心、促进血液循环、降低胆固醇含量、软化硬化动脉的作用。

营养成分表

营养素	含量（每100克）
蛋白质	1.5克
脂肪	0.12克
碳水化合物	4.9克
膳食纤维	5.6克
维生素A	280微克
维生素C	未测定
钙	24.8毫克
铁	3毫克
锌	2.23毫克
硒	1.76微克

◎搭配之宜

芦荟+百合	可润肺止咳
芦荟+柿子	可化痰、解酒毒
芦荟+猪肝 ✓	可健胃、助消化
芦荟+猪肘	可补虚、滋阴

推荐食谱：芦荟炒苦瓜

|原料| 芦荟350克，苦瓜200克
|调料| 盐、味精、香油各适量
|做法| ①芦荟去皮，洗净切成条；苦瓜去瓤，洗净，切成条，做焯水处理。②炒锅加油烧热，放苦瓜条煸炒，再加入芦荟条、盐、味精一起翻炒，炒至断生即可。
|健康指南| 芦荟富含铬元素，具有胰岛素样的作用，能调节体内的血糖代谢，是糖尿病人的理想食物和药物。苦瓜中富含的维生素C可减少低密度脂蛋白及三酰甘油含量，增加高密度脂蛋白含量，有效降低血脂，软化血管。老年人食用此菜对高血脂、糖尿病以及肠胃疾病有一定的辅助治疗作用。

[老年人 吃 什么？]

猪脊骨
ZHU JI GU

【肉禽蛋乳类】

[别 名] 猪骨、猪排、猪大骨

【适用量】每天食用100克左右为宜。
【热量】约11050焦/克
【性味归经】性温，味甘、咸。归脾、胃经。

【主打营养素】
神经节苷脂

◎猪脊骨中富含的神经节苷脂，能促进神经细胞核酸及蛋白质的合成，还能促进轴索再生和骨体形成，能预防和辅助治疗糖尿病以及骨质疏松症，适宜老年人食用。

营养成分表

营养素	含量（每100克）
蛋白质	18.3克
脂肪	20.4克
碳水化合物	1.7克
维生素A	12微克
维生素E	2.71毫克
钙	164毫克
钾	27毫克
铁	0.8毫克
锌	1.11毫克
硒	2.3微克

◎搭配宜忌

| 猪脊骨+西洋参 猪脊骨+洋葱 |  | 滋补养生 抗衰老 |
| 猪脊骨+苦瓜 猪脊骨+甘草 | | 阻碍钙质吸收 引起中毒 |

推荐食谱 苦瓜脊骨汤

|原料| 猪脊骨250克，苦瓜200克

|调料| 植物油4毫升，姜末、葱末、香菜、盐各适量

|做法| ①将猪脊骨洗净，斩块，氽水；苦瓜去籽，切块。②炒锅上火倒入植物油，加适量的姜末、葱末炝香，倒入水，下入脊骨、苦瓜，加盐，煲熟，撒入香菜即可。

|健康指南| 猪脊骨可补脾、润肠胃、生津液、丰肌体、泽皮肤、补中益气、养血健骨。经常喝骨头汤，能及时补充人体所必需的骨胶原等物质，增强骨髓造血功能，有助于骨骼的生长发育。老年人喝此汤，可预防骨质疏松，延缓衰老。

[老年人  吃什么？]

牛肉

NIU ROU

【肉禽蛋乳类】

[别名] 黄牛肉

【适用量】每日80克左右为宜。

【热量】约4437焦/克

【性味归经】性平，味甘。归脾、胃经。

【主打营养素】

氨基酸

◎牛肉中所含的氨基酸组成比猪肉更接近人体需要，能提高机体抗病能力，且脂肪和胆固醇含量比猪肉低，因此，老年人适量食用牛肉更有益健康。

营养成分表

营养素	含量（每100克）
蛋白质	20.2克
脂肪	2.3克
碳水化合物	1.2克
维生素A	6微克
维生素E	0.35毫克
钙	9毫克
钾	284毫克
铁	2.8毫克
锌	3.71毫克
硒	10.55微克

◎搭配宜忌

牛肉+芹菜 ✓ 降低血压、保护血管壁
牛肉+白萝卜 补五脏、益气血

牛肉+板栗 ✗ 降低营养价值
牛肉+田螺 引起消化不良

推荐食谱 牛肉菠萝盅

▎原料 菠萝20克，牛肉80克，竹笋、胡萝卜各10克，甜椒、山楂、洋菇各5克，甘草2克

▎调料 番茄酱5毫升，淀粉适量

▎做法 ①菠萝切半，挖出果肉做成容器；菠萝肉榨汁后入锅，加番茄酱，煮成酸甜汁。②山楂、甘草分别洗净，加1杯水煮沸后转小火熬煮30分钟，滤取汤汁；甜椒、洋菇分别洗净，切小块；胡萝卜、竹笋削皮洗净，切小块，入沸水锅中氽烫；牛肉洗净，切小块，蘸上淀粉后入油锅炸熟，加入酸甜汁搅匀。③另起油锅，加入以上材料拌炒，装入菠萝盅内即可。

▎健康指南 此菜含有益于心脑血管的营养物质，有助于老年人预防心脑血管疾病。

[老年人吃什么？]

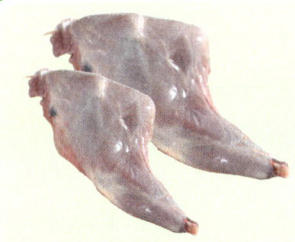

兔肉
TU ROU
【肉禽蛋乳类】

[别 名] 菜兔肉、野兔肉

【适用量】每日80克左右为宜。
【热量】约4270焦/克
【性味归经】性凉，味甘。归肝、脾、大肠经。

【主打营养素】
不饱和脂肪酸、卵磷脂
◎ 兔肉的脂肪和胆固醇低于其他肉类，且其脂肪多为不饱和脂肪酸。兔肉富含大量的卵磷脂，不仅能够有效抑制血小板凝聚，防止血栓形成，而且还有助于老年人降低胆固醇，预防脑功能衰退。

营养成分表

营养素	含量（每100克）
蛋白质	19.7克
脂肪	2.2克
碳水化合物	0.9克
维生素A	26微克
维生素E	0.42毫克
钙	12毫克
钾	284毫克
铁	2毫克
锌	1.3毫克
硒	10.93微克

◎搭配宜忌

兔肉+葱	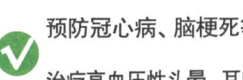	预防冠心病、脑梗死等
兔肉+枸杞		治疗高血压性头晕、耳鸣
兔肉+橘子		导致腹泻
兔肉+鸡蛋		引起腹痛、腹泻

推荐食谱：青豆烧兔肉

|原料| 兔肉200克，青豆150克

|调料| 姜末、盐各5克，葱花、鸡精各3克

|做法| ❶兔肉用清水洗净，切成大块备用；青豆洗净备用。❷将切好的兔肉放入沸水中汆去血水，捞出，用清水洗净。❸锅洗净，置于火上，加入适量油烧热，先放入葱末爆香，再下入兔肉、青豆焖煮至熟，最后加盐、鸡精调味，盛出撒上葱花即可。

|健康指南| 此菜中的青豆富含植物性蛋白质，能够有效降低胆固醇；兔肉富含卵磷脂，能抑制血小板聚集，防止血栓形成。因此，老年人常吃此菜有助于预防动脉硬化、脑血栓、心肌梗死等病症的发生。

[老年人  吃 什么？]

驴肉
LÜ ROU
【肉禽蛋乳类】

[别　名] 漠骊肉、毛驴肉

【适用量】每日80克左右为宜。
【热量】约4856焦/克
【性味归经】性平，味甘、酸。入心、肝二经。

【主打营养素】
高蛋白、低脂肪、低胆固醇、高亚油酸

◎驴肉是一种高蛋白、低脂肪、低胆固醇的肉类，且富含亚油酸、亚麻酸等不饱和脂肪酸，适合老年人食用，同时还能改善老年人体虚、血虚症状。

营养成分表

营养素	含量（每100克）
蛋白质	21.5克
脂肪	3.2克
碳水化合物	0.4克
维生素A	72微克
维生素E	2.76毫克
钙	2毫克
钾	325毫克
铁	4.3毫克
锌	4.26毫克
硒	6.1微克

◎搭配宜忌

驴肉+红椒 驴肉+大蒜		开胃消食 辅助治疗支气管炎
驴肉+金针菇 驴肉+猪肉		引起心痛 引起腹泻

推荐食谱　驴肉拌万年青

|原料| 袋装驴肉1包，万年青菜干50克

|调料| 盐5克，香油20毫升，鸡精粉10克，胡椒粉5克

|做法| ❶取出袋装驴肉切成小方块，万年青用开水泡10分钟，沥干水，切成小段。❷把驴肉和万年青放在一起拌匀。❸加入盐、鸡精粉、胡椒粉拌匀，淋上香油即可。

|健康指南| 驴肉是高蛋白、高氨基酸、低脂肪、低胆固醇食物，还富含不饱和脂肪酸。而不饱和脂肪酸是合成前列腺素的前体，故有降低血液黏度的作用，对高血脂和动脉硬化有很好的预防作用。老年人食用此菜可以预防高血脂、高血压、冠心病、贫血。

[老年人  吃 什么？]

鸡肉
JI ROU
【肉禽蛋乳类】

[别 名] 家鸡肉、母鸡肉

【适用量】每天食用80克左右为宜。
【热量】约6990焦/克
【性味归经】性平、温，味甘。归脾、胃经。

【主打营养素】
蛋白质
◎鸡肉营养丰富，有良好的滋补作用。其含有丰富的优质蛋白，且容易被人体吸收，患有糖尿病的老年人体内蛋白质的消耗量比正常人要快，所以鸡肉是其补充蛋白质的良好来源。

营养成分表

营养素	含量（每100克）
蛋白质	19.3克
脂肪	9.4克
碳水化合物	1.3克
维生素A	48微克
维生素E	0.67毫克
钙	9毫克
钾	251毫克
铁	1.4毫克
锌	1.09毫克
硒	11.75微克

◎搭配宜忌

鸡肉+人参 ✓ 生津止渴
鸡肉+黑木耳   降压降脂

鸡肉+鲤鱼 ✗ 引起中毒
鸡肉+兔肉   引起腹泻

推荐食谱 **松仁鸡肉炒玉米**

|原料| 玉米粒200克，松仁、黄瓜、胡萝卜各50克，鸡肉150克

|调料| 盐3克，鸡精2克，水淀粉适量

|做法| ①玉米粒、松仁均清洗干净备用；鸡肉清洗干净，切丁；黄瓜清洗干净，一半切丁，一半切片；胡萝卜清洗干净，切丁。
②锅下油烧热，放入鸡肉、松仁略炒，再放入玉米粒、黄瓜丁、胡萝卜翻炒片刻，加盐、鸡精调味，待熟用水淀粉勾芡，装盘，将切好的黄瓜片摆在四周即可。

|健康指南| 此菜蛋白质含量丰富，老年人吃了容易消化且还易被人体吸收利用，有增强体力、强壮身体的作用。

[老年人  吃什么？]

乌鸡

WU JI

【肉禽蛋乳类】

[别名] 黑脚鸡、乌骨鸡、药鸡

【适用量】每天食用100克左右为宜。
【热量】约4646焦/克
【性味归经】性平，味甘。归肝、肾经。

【主打营养素】

低脂肪、低糖、维生素E、维生素B_2、维生素B_3、矿物质

◎ 乌鸡是典型的低脂肪、低糖、低胆固醇、高蛋白的食物，富含维生素E、维生素B_2、维生素B_3、磷、铁、钠、钾等营养成分，可促进胰岛素的分泌，加强胰岛的作用。

营养成分表

营养素	含量（每100克）
蛋白质	22.3克
脂肪	2.3克
碳水化合物	0.3克
维生素A	未测定
维生素E	1.77毫克
钙	17毫克
钾	323毫克
铁	2.3毫克
锌	1.6毫克
硒	7.73微克

◎搭配宜忌

乌鸡+核桃仁	提升补锌功效
乌鸡+三七 ✓	增强免疫力
乌鸡+粳米	养阴、祛热、补中
乌鸡+狗肾 ✗	引起腹痛、腹泻

推荐食谱：莲子乌鸡山药煲

|原料| 乌鸡200克，山药100克，鲜香菇50克，莲子10克

|调料| 盐3克，葱段、姜片各适量

|做法| ①将乌鸡洗净斩块，汆水后洗净备用；鲜香菇洗净切片；山药去皮洗净，切块；莲子泡发洗净，去莲心。②砂锅上火，倒入适量水，调入盐、葱段、姜片。③下入乌鸡、鲜香菇、山药、莲子煲至熟烂即可。

|健康指南| 此汤是十分平和的滋补汤水，具有降血糖、补肾固精、健脾养血的功效。乌鸡是药食同源的保健佳品，老年人食用乌鸡可以提高生理机能、延缓衰老、强筋健骨，对防治骨质疏松有明显功效。

[老年人  吃 什么？]

鸭肉
YA ROU
【肉禽蛋乳类】

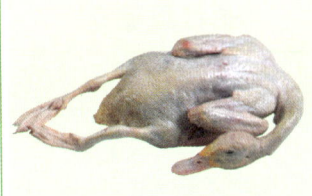

[别 名] 鹜肉、家凫肉、白鸭肉

【适用量】每天食用60克左右为宜。
【热量】约10046焦/克
【性味归经】性寒，味甘、咸。归脾、胃、肺、肾经。

【主打营养素】
蛋白质、多种矿物质、不饱和脂肪酸、B族维生素、维生素E

◎鸭肉含丰富的蛋白质、B族维生素和维生素E，以及钾、锌、镁、铜等多种矿物质，可降血糖。鸭肉所含的脂肪较少，且多为不饱和脂肪酸，老年人常食可防治心血管疾病。

营养成分表

营养素	含量（每100克）
蛋白质	15.5克
脂肪	19.7克
碳水化合物	0.2克
维生素A	52微克
维生素E	0.27毫克
钙	6毫克
钾	191毫克
铁	2.2毫克
锌	1.33毫克
硒	12.25微克

◎搭配宜忌

鸭肉+白菜 ✓	促进血液中胆固醇的代谢
鸭肉+豆豉	降低人体内的脂肪
鸭肉+甲鱼 ✗	导致水肿泄泻
鸭肉+栗子	引起中毒

推荐食谱 冬瓜薏米煲老鸭

|原料| 冬瓜200克，鸭肉200克，红枣10克，薏米20克

|调料| 姜3片，盐、胡椒粉、香油适量

|做法| ❶冬瓜洗净，切块；鸭肉洗净剁件；红枣、薏米泡发，洗净。❷锅内加入适量清水烧沸，下鸭肉煮熟，捞出洗净。❸起油锅，爆香姜片，放入鸭肉爆炒至香后盛入砂锅内，放入姜片、红枣、薏米、适量水，大火烧开后用小火煲约1小时，放入冬瓜，煲至熟软，调入盐、胡椒粉，淋入香油即可。

|健康指南| 此汤具有降血糖、健脾祛湿、补虚强身的功效，老年人食用后能增强机体的免疫功能，从而提高抗病能力。

[老年人  吃什么？]

鸽肉
GE ROU
【肉禽蛋乳类】

[别 名] 家鸽肉、白凤

【适用量】每日60克左右为宜。
【热量】约8414焦/克
【性味归经】性平，味咸。归肝、肾经。

【主打营养素】
高蛋白、维生素B₁、维生素B₂、维生素E
◎鸽肉是高蛋白食物，能为老年人补充优质蛋白。鸽肉所含的维生素B₁、维生素B₂对糖尿病患者很有益，患有糖尿病的老年人可以适量食用鸽肉。

营养成分表

营养素	含量（每100克）
蛋白质	16.5克
脂肪	14.2克
碳水化合物	1.7克
维生素A	53微克
维生素E	0.99毫克
钙	30毫克
钾	334毫克
铁	3.8毫克
锌	0.82毫克
硒	11.08微克

◎搭配宜忌

鸽肉+螃蟹 ✓	补肾益气、降低血压、治痛经
鸽肉+黄花菜	引发痔疮
鸽肉+香菇 ✗	引发痔疮
鸽肉+黑木耳	使人面部生黑

推荐食谱 鸽肉莲子汤

|原料| 鸽子1只，莲子60克，红枣25克

|调料| 盐6克，味精2克，姜片5克

|做法| ①鸽子去毛去内脏，用清水冲洗干净后，切成块备用；莲子、红枣分别放入清水中泡发，洗净备用。②将鸽肉放入沸水中汆去血水，捞出沥干水分备用。③锅置于火上，加油烧热，用姜片爆锅，下入鸽肉稍炒，加适量清水，下入红枣、莲子一起炖35分钟至熟，放盐和味精调味即可。

|健康指南| 鸽肉具有补气虚、降血压和血脂的功效。老年人常食此汤可改善体虚、头晕、贫血等症状，降低血液的黏稠度，预防动脉硬化等各种心脑血管疾病的发生。

[老年人  吃什么？]

鹌鹑肉
AN CHUN ROU
【肉禽蛋乳类】

[别 名] 鹑鸟肉、赤喉鹑肉

【适用量】每日60克左右为宜。
【热量】约4604焦/克
【性味归经】性平，味甘。归大肠、脾、肺、肾经。

【主打营养素】
维生素P

◎鹌鹑肉是典型的高蛋白、低脂肪、低胆固醇食物，且鹌鹑肉中含有维生素P等成分，老年人常食可防治高血压及动脉硬化，同时还能有效降低血脂，也适合高脂血症的患者食用。

营养成分表

营养素	含量（每100克）
蛋白质	20.2克
脂肪	3.1克
碳水化合物	0.2克
维生素A	40微克
维生素E	0.44毫克
钙	48毫克
钾	204毫克
铁	2.3毫克
锌	1.19毫克
硒	11.67微克

◎搭配宜忌

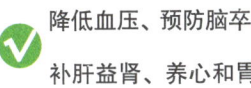

鹌鹑+天麻　降低血压、预防脑卒中
鹌鹑+桂圆　补肝益肾、养心和胃

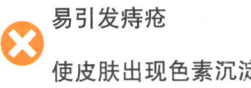

鹌鹑+黑木耳　易引发痔疮
鹌鹑+猪肝　使皮肤出现色素沉淀

推荐食谱 苦瓜煲鹌鹑

|原料| 鹌鹑250克，苦瓜75克，枸杞10克
|调料| 清汤适量，盐少许，姜片3克
|做法| ❶将鹌鹑收拾干净，斩块，氽水；苦瓜洗净，去籽，切块；枸杞洗净备用。❷净锅上火倒入适量清汤，调入盐、姜片，一同下入鹌鹑、苦瓜、枸杞，将其煲至熟即可食用。

|健康指南| 鹌鹑含有丰富的维生素P等成分，老年人常食可防治高血压和动脉硬化等症；苦瓜中维生素C对保持血管弹性，维持正常生理功能，以及防治高血压、脑血管意外、冠心病等具有积极作用；枸杞可养肝明目、降压降脂。因此，老年人常食此汤对高血压有很好的食疗功效。

[老年人  吃 什么？]

鸡蛋

JI DAN

【肉禽蛋乳类】

[别 名] 鸡卵、鸡子

【适用量】每天食用1个（约60克）为宜。
【热量】约6028焦/克
【性味归经】性平，味甘。归脾、胃经。

【主打营养素】
蛋白质、卵磷脂、维生素A
◎鸡蛋中富含蛋白质和卵磷脂，其中卵磷脂有抑制血小板凝聚和防止血栓形成的作用，还有保护血管壁、防止动脉硬化的功效，老年人食用，可预防糖尿病性高血压、动脉硬化、脑卒中等症。

营养成分表

营养素	含量（每100克）
蛋白质	13.3克
脂肪	8.8克
碳水化合物	2.8克
维生素A	234微克
维生素E	1.84毫克
钙	56毫克
钾	154毫克
铁	2毫克
锌	1.1毫克
硒	14.34微克

◎搭配宜忌

鸡蛋+西红柿 鸡蛋+大豆		预防心血管疾病 降低血脂
鸡蛋+兔肉 鸡蛋+红薯		导致腹泻 导致腹痛

推荐食谱 西红柿炒鸡蛋

|原料| 西红柿200克，鸡蛋2个

|调料| 橄榄油8克，盐适量

|做法| ①将西红柿洗净，切块；鸡蛋打入碗内，加入少量盐搅匀。②锅内放橄榄油，将鸡蛋倒入，炒成散块盛出。③锅中放橄榄油，放入西红柿翻炒，再放入炒好的鸡蛋，翻炒均匀，加入适量盐，再翻炒几下即成。

|健康指南| 此菜营养丰富，对老年人的身体极为有利，有降压降糖、美容养颜、防癌抗癌、益气补虚的功效。鸡蛋性微寒而气清，能补气益精、润肺利咽、清热解毒、降压降糖，还具有护肤美颜的作用，有助于延缓衰老。

[老年人  吃 什么？]

脱脂牛奶

TUO ZHI NIU NAI

【肉禽蛋乳类】

[别 名] 脱脂牛乳

【适用量】每日200毫升左右为宜。
【热量】约2260焦/克
【性味归经】性平，味甘。归心、肺、肾、胃经。

【主打营养素】
钙、镁

◎脱脂牛奶中不含脂肪，富含钙、镁等元素，对心脏活动具有重要的调节作用，能很好地保护心血管系统，减少血液中的胆固醇含量，可助老年人预防动脉硬化及心肌梗死。

营养成分表

营养素	含量（每100克）
蛋白质	2.9克
脂肪	0.2克
碳水化合物	4.8克
维生素A	24微克
维生素E	0.21毫克
钙	104毫克
钾	109毫克
铁	0.3毫克
锌	0.42毫克
硒	1.92微克

◎搭配宜忌

牛奶+木瓜 牛奶+火龙果	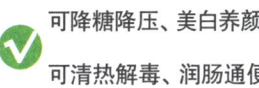	可降糖降压、美白养颜 可清热解毒、润肠通便
牛奶+橘子 牛奶+醋	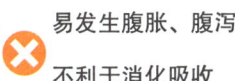	易发生腹胀、腹泻 不利于消化吸收

推荐食谱

牛奶黑米汁

|原料| 黑米100克，脱脂牛奶200毫升

|调料| 白糖适量

|做法| ❶黑米淘洗干净，泡软。❷将黑米放入豆浆机中，添水搅打煮熟成汁。❸滤出黑米汁，加入脱脂牛奶和白糖搅拌均匀即可。

|健康指南| 老年人饮用此饮品可强身健体，降低血压。脱脂牛奶含有丰富的维生素D、钙、铁等营养成分，不仅能强身健体，还有助于补钙补铁，可预防骨质疏松和缺铁性贫血。同时，脱脂牛奶胆固醇含量极少，其中富含的镁元素和钙元素能保护心血管系统。此外，黑米具有滋阴补肾、益气补血、降低血压的功效。

[老年人  吃什么？]

酸奶
SUAN NAI
【肉禽蛋乳类】

[别 名] 酸牛奶

【适用量】每日150毫升左右为宜。
【热量】约3014焦/克
【性味归经】性平，味酸、甘。归胃、大肠经。

【主打营养素】

钙

◎酸奶营养丰富，富含多种营养成分，其中所含的钙，有助于老年人抑制由于缺钙引起的骨质疏松症。而且在老年时期，每天喝酸奶可矫正由于偏食引起的营养缺乏。

营养成分表

营养素	含量（每100克）
蛋白质	2.5克
脂肪	2.7克
碳水化合物	9.3克
维生素A	26微克
维生素E	0.12毫克
钙	118毫克
钾	150毫克
铁	0.4毫克
锌	0.53毫克
硒	1.71微克

◎搭配宜忌

酸奶+猕猴桃 酸奶+苹果		促进肠道健康 开胃消食
酸奶+香肠 酸奶+菠菜		易引发癌症 易破坏酸奶的钙质

推荐食谱 山药苹果酸奶

|原料| 新鲜山药200克，苹果200克，酸奶150毫升

|调料| 冰糖少许

|做法| ①将山药削皮，用清水洗净，切成块备用。②苹果洗净，去皮，切成块。③将准备好的材料放入搅拌机内，倒入酸奶、冰糖搅打即可。

|健康指南| 此饮品酸甜可口，可以增强老年人的胃口。酸奶能促进消化液的分泌，增加胃酸分泌，因而能增强老年人的消化能力，促进食欲。山药和苹果均可补气健脾胃、涩肠止泻，并且能降低血压和血糖，对脾虚、经常腹泻的高血压老年患者有较好的食疗功效。

[老年人吃什么？]

草鱼
CAO YU
【水产类】

[别名] 混子、鲩鱼、白鲩

【适用量】每日50克左右为宜。
【热量】约4730焦/克
【性味归经】性温，味甘；无毒。归肝、胃经。

【主打营养素】
不饱和脂肪酸、锌
◎草鱼含有丰富的不饱和脂肪酸，对血液循环有利，是患有心血管病老年人的良好食物。草鱼还富含锌元素，有增强体质、美容养颜的功效。

营养成分表

营养素	含量（每100克）
蛋白质	16.6克
脂肪	5.2克
维生素A	11微克
维生素E	2.03毫克
钙	38毫克
钾	312毫克
镁	31毫克
铁	0.8毫克
锌	0.87毫克
硒	6.66微克

◎搭配宜忌

草鱼+冬瓜 ✓ 可祛风、平肝、降压
草鱼+豆腐　　可增强免疫力

草鱼+甘草 ✗ 会引起中毒
草鱼+西红柿　会抑制铜元素释放

推荐食谱 草鱼煨冬瓜

|原料| 冬瓜500克，草鱼250克
|调料| 姜10克，葱花2克，绍酒10毫升，盐、醋各5毫升
|做法| ①将草鱼去鳞、鳃和内脏，洗净切块；冬瓜洗净，去皮切块。②炒锅内加油烧沸，将草鱼放入锅内煎至金黄色，加冬瓜、盐、生姜、葱、绍酒、醋、水各适量炖煮。③煮沸后转小火炖至鱼肉熟烂即成。
|健康指南| 冬瓜有利尿、减肥、降脂的功效，而且其所含的热量极低；草鱼肉营养丰富，有补脾益气、利水消肿之效。将冬瓜搭配草鱼，有健脾祛湿、利尿通淋、降脂降压的功效，非常适合老年人食用。

[老年人 吃 什么？]

鲢鱼

LIAN YU

【水产类】

【适用量】每次50克为宜。
【热量】约4353焦/克
【性味归经】性温，味甘。归脾、胃经。

[别 名] 鲢、鲢子、边鱼

【主打营养素】
钙、镁、磷、铁、钾、硒
◎鲢鱼富含蛋白质、钙、镁、磷、铁、钾、硒等营养成分，既能健身，又可促进胰岛素的形成和分泌，加强胰岛素的功能，维持血糖水平，所以适合老年人食用。

营养成分表

营养素	含量（每100克）
蛋白质	17.8克
脂肪	3.6克
维生素A	20微克
维生素E	1.23毫克
钙	53毫克
钾	277毫克
镁	23毫克
铁	1.4毫克
锌	1.17毫克
硒	15.63微克

◎搭配宜忌

鲢鱼+豆腐 ✓ 可解毒美容
鲢鱼+萝卜 ✓ 可利水消肿

鲢鱼+西红柿 ✗ 不利于营养的吸收
鲢鱼+甘草 ✗ 会引起中毒

推荐食谱：古法蒸鲢鱼

|原料| 鲢鱼1条（约300克），黑木耳、黄花菜各10克

|调料| 葱花3克，酱油、香油、料酒、盐各适量

|做法| ①将鲢鱼收拾干净，用盐和料酒腌渍；黑木耳泡发后，洗净切条；黄花菜泡发，洗净。②把鲢鱼摆入盘中，放上黑木耳和黄花菜，撒上葱花，淋入适量酱油。③用大火蒸15分钟后取出，淋上香油即成。

|健康指南| 此菜具有降血糖、健脾利水、疏肝解郁的功效，老年人食用可预防血糖升高，有益身体健康。鲢鱼肉富含蛋白质、脂肪酸，有健脑的作用，可预防阿尔茨海默病。

[老年人吃什么？]

鲫鱼

JI YU

【水产类】

[别 名] 鲋鱼

【适用量】每次约50克为宜。
【热量】约4520焦/克
【性味归经】性平，味甘。归脾、胃、大肠经。

【主打营养素】

优质蛋白质、氨基酸、钙、铁、锌

◎ 鲫鱼肉中富含极高的蛋白质，而且易于被人体所吸收，氨基酸、钙、铁、锌的含量也很高，对老年人有补身体的作用。另外，老年人食用鲫鱼还可有效防治高血压、动脉硬化。

营养成分表

营养素	含量（每100克）
蛋白质	17.1克
脂肪	2.7克
维生素A	17微克
维生素E	0.68毫克
钙	79毫克
钾	290毫克
镁	41毫克
铁	1.3毫克
锌	1.94毫克
硒	14.31微克

推荐食谱 蒜蒸鲫鱼

|原料| 鲫鱼1条，肉片250克，蒜泥50克
|调料| 盐3克，味精、酱油、葱丝、葱片、姜片、姜丝、花生油、香油各适量
|做法| ①将鲫鱼收拾干净，抹上盐和味精腌渍入味，备用。②在腌好的鲫鱼上放好准备好的肉片和葱姜片，然后将其上笼蒸熟后取出，去掉肉片、葱姜片，加葱丝、姜丝，用热的花生油浇一下。③蒜泥加盐、酱油和香油调匀，跟鲫鱼一同上桌，蘸食即可。

|健康指南| 此菜味道鲜美，老年人食用可强身健体。鲫鱼能给人体提供优质蛋白，常吃有助于降血压和降血脂，对于预防心脑血管疾病有明显的功效。

◎搭配宜忌

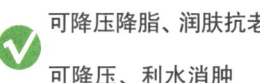

鲫鱼+木耳 ✓ 可降压降脂、润肤抗老
鲫鱼+红豆 可降压、利水消肿

鲫鱼+蜂蜜 ✗ 易中毒
鲫鱼+芥菜 会引起水肿

[老年人 吃 什么？]

鲤鱼

LI YU

【水产类】

[别 名] 白鲤、黄鲤、赤鲤

【适用量】每次80克为宜。
【热量】约4563焦/克
【性味归经】性平，味甘。入脾、肾、肺经。

【主打营养素】
镁、不饱和脂肪酸

◎鲤鱼中含有丰富的微量元素镁，可促进胰岛素的分泌，从而降低血糖。鲤鱼还含有大量的不饱和脂肪酸，具有降低胆固醇、防治心脑血管并发症的作用。

营养成分表

营养素	含量（每100克）
蛋白质	17.6克
脂肪	4.1克
维生素A	25微克
维生素E	1.27毫克
钙	50毫克
钾	33毫克
镁	33毫克
铁	1毫克
锌	2.08毫克
硒	15.38微克

◎搭配宜忌

鲤鱼+白菜 鲤鱼+黑豆	✓	可治水肿 可利水消肿
鲤鱼+甘草 鲤鱼+大枣	✗	易引起中毒 会引起腰腹疼痛

推荐食谱　核桃烧鲤鱼

|原料| 鲤鱼500克，核桃350克

|调料| 生姜片、葱段、酱油、味精各适量

|做法| ①鲤鱼杀好洗净，煎锅放油烧至七成热，放入鲤鱼煎成金黄色，捞起沥油。②将核桃仁下锅炸约2分钟。③另一锅内加清水，水沸时放入炸好的鲤鱼和核桃仁以小火慢炖，熟后加入生姜片、酱油、味精调味，撒上葱段，即可起锅。

|健康指南| 核桃中所含的维生素C和不饱和脂肪酸能降低胆固醇、稳定血压，软化血管；鲤鱼中所含不饱和脂肪酸也能很好地降低胆固醇和血脂，所以，老年人常食此菜对高血压、高血脂等疾病大有益处。

[老年人  吃什么？]

青鱼

QING YU

【水产类】

[别 名] 螺蛳鱼、乌青鱼、青根鱼

【适用量】每次80克为宜。
【热量】约4939焦/克
【性味归经】性平，味甘。归脾、胃经。

【主打营养素】

磷脂、钾、硒、钙、Ω-3脂肪酸

◎ 青鱼中含有磷脂和Ω-3脂肪酸，可减少三酰甘油，能有效预防糖尿病所并发的高脂血症。青鱼中还含有丰富的微量元素钾和硒，可促进胰岛素的分泌，调节血糖水平。

营养成分表

营养素	含量（每100克）
蛋白质	20.1克
脂肪	4.2克
维生素A	42微克
维生素E	0.81毫克
钙	31毫克
钾	325毫克
镁	32毫克
铁	0.09毫克
锌	0.96毫克
硒	37.69微克

◎ 搭配宜忌

青鱼+银耳	✓	可滋补身体
青鱼+苹果		可治疗腹泻
青鱼+李子	✗	会引起身体不适
青鱼+西红柿		会不利营养成分的吸收

推荐食谱 **鱼片豆腐汤**

|原料| 青鱼肉300克，豆腐150克

|调料| 盐、鸡精各适量，蚝油少许

|做法| ❶ 将青鱼肉洗净，切片；豆腐洗净，切块。❷ 油烧热，下入鱼肉片滑炒，倒入适量清水烧开，再加入豆腐煮至熟，调入适量的盐和鸡精调味。❸ 起锅装盘，加入少许蚝油即可。

|健康指南| 此菜有降糖降脂、健脾祛湿、提神健脑的功效，既可改善老年人体虚症状，又可预防心脑血管疾病的发生。由于青鱼还含丰富的硒、碘等微量元素，故有抗衰老、防癌的作用，所以老年人可常吃些青鱼。

[老年人  吃 什么？]

武昌鱼
WU CHANG YU
【水产类】

[别 名] 团头鲂、鳊鱼

【适用量】每次40克为宜。
【热量】约5651焦/克
【性味归经】性温，味甘。归脾、胃经。

【主打营养素】
不饱和脂肪酸、钙
◎武昌鱼中含有丰富的不饱和脂肪酸和钙元素，高钙的摄入可抵抗钠的有害作用，对降低血压、促进血液循环大有益处，是老年人预防高血压的良好食物。

营养成分表

营养素	含量（每100克）
蛋白质	18.3克
脂肪	6.3克
维生素A	28微克
维生素E	0.52毫克
钙	89毫克
钾	215毫克
镁	17毫克
铁	0.7毫克
锌	0.89毫克
硒	11.59微克

◎搭配之宜

武昌鱼+香菇	促进钙的吸收，降低血压
武昌鱼+豆腐 ✓	降压降脂、益胃健脾
武昌鱼+大蒜 ✓	开胃消食、杀菌、降压
武昌鱼+芹菜	降压利水、疏通血管

推荐食谱 清蒸武昌鱼

|原料| 武昌鱼800克，火腿片30克

|调料| 胡椒粉、盐各5克，料酒15毫升，姜片、葱丝各20克，新鲜鸡汤少许

|做法| ①将武昌鱼处理干净，在鱼身两侧切花刀，将鱼身抹上适量盐和料酒，腌渍片刻。②用油抹匀鱼身两面，将火腿片与姜片置鱼身上，装盘后，将鱼上笼蒸约15分钟。③锅中下入鸡汤烧沸，待鸡汤冒出香味时关火，将鸡汤淋在鱼身上，然后再撒上适量胡椒粉、葱丝即可食用。

|健康指南| 此菜对降低血压、促进血液循环大有益处，是老年人预防心脑血管性疾病的好食谱。

[老年人 吃 什么？]

鳝鱼
SHAN YU
【水产类】

[别 名] 黄鳝、长鱼

【适用量】每次100～150克为宜。
【热量】约3725焦/克
【性味归经】性温，味甘。入肝、脾、肾经。

【主打营养素】
不饱和脂肪酸、卵磷脂、维生素A

◎鳝鱼富含不饱和脂肪酸，有很强的抗氧化作用，能保护胰腺β-细胞。鳝鱼中还有一种天然的蛋白质，能改善糖代谢，有效调节血糖水平。另外，鳝鱼富含的维生素A，能改善老年人的视力。

营养成分表

营养素	含量（每100克）
蛋白质	18克
脂肪	1.4克
维生素A	50微克
维生素E	1.34毫克
钙	42毫克
钾	263毫克
镁	18毫克
铁	2.5毫克
锌	1.97毫克
硒	34.56微克

◎搭配宜忌

| 鳝鱼+青椒 | ✓ | 可降低血糖 |
| 鳝鱼+苹果 | | 可治疗腹泻 |

| 鳝鱼+菠菜 | ✗ | 易导致腹泻 |
| 鳝鱼+银杏 | | 会引起中毒 |

推荐食谱 苦瓜鳝片

|原料| 鳝鱼200克，苦瓜100克

|调料| 甜红椒5克，姜丝、蒜末各3克，盐、酱油、料酒各适量

|做法| ①将鳝鱼处理干净，剔骨切段，加盐、料酒腌渍；苦瓜洗净，去籽，切斜块；红椒洗净切块。②起锅，加入植物油，放入鳝鱼大火翻炒3分钟后盛出。③另起油锅，下姜丝、蒜末、甜红椒、苦瓜翻炒，五成熟时下鳝鱼翻炒至熟。④加盐、酱油调味即成。

|健康指南| 鳝鱼含有维生素B_1和维生素B_2及人体所需的多种氨基酸，可预防食物不消化引起的腹泻。将鳝鱼搭配苦瓜，老年人食用可预防血压、血糖上升。

[老年人 吃 什么？]

泥鳅

NI QIU

【水产类】

[别名] 蝤、鳅鱼

【适用量】每次100克左右为宜。

【热量】约4018焦/克

【性味归经】性温，味甘。入脾、肝经。

【主打营养素】

维生素、钙、铁、锌

◎泥鳅是鱼类中含钙最多的一种，而且维生素和铁、锌含量也高于普通鱼类，食用可强身健体，补血益气，预防骨质疏松症。另外，泥鳅的脂肪含量和胆固醇含量均极少，非常适合老年人食用。

营养成分表

营养素	含量（每100克）
蛋白质	17.9克
脂肪	2克
维生素A	14微克
维生素E	0.79毫克
钙	299毫克
钾	282毫克
镁	28毫克
铁	2.9毫克
锌	2.76毫克
硒	35.30微克

◎搭配宜忌

泥鳅+豆腐 ✓	可增强免疫力
泥鳅+黑木耳	可补气养血、健体强身
泥鳅+茼蒿 ✗	会降低营养
泥鳅+黄瓜	不利于营养吸收

推荐食谱：老黄瓜炖泥鳅

|原料| 泥鳅400克，老黄瓜100克

|调料| 盐3克，醋10毫升，酱油15毫升，香菜少许

|做法| ①泥鳅收拾干净，切段；老黄瓜洗净，去皮，切块；香菜洗净。②锅内注油烧热，放入泥鳅翻炒至变色，注入适量水，并放入黄瓜焖煮。③煮至熟后，加入盐、醋、酱油调味，撒上香菜即可。

|健康指南| 此汤中的泥鳅属高蛋白、低脂肪食物，胆固醇更少，还富含维生素A、维生素B_1以及铁、磷、钙等，有利于抗衰老。黄瓜所含的维生素P和钾有保护心血管的作用，对于患有高血压、高血脂、肥胖症以及糖尿病的老年人来说，是理想的食疗良蔬。

[老年人 吃 什么？]

螃蟹

PANG XIE

【水产类】

[别 名] 蟳毛蟹、梭子蟹、青蟹

【适用量】每次1只为宜。
【热量】约3977焦/克
【性味归经】性寒，味咸。归肝、胃经。

【主打营养素】

高蛋白
◎ 螃蟹是典型的高蛋白、低脂肪、低热量食物，且富含多种微量元素，可有效降低血压、血脂，对患有高血压、高血脂以及糖尿病疾病的老年人都有较好的食疗功效。

营养成分表

营养素	含量（每100克）
蛋白质	15.9克
脂肪	3.1克
维生素A	121微克
维生素E	4.56毫克
钙	280毫克
钾	208毫克
镁	65毫克
铁	2.5毫克
锌	5.5毫克
硒	90.96微克

◎ 搭配宜忌

螃蟹+洋葱	✓	可滋阴清热、活血瘀、降低血压
螃蟹+大蒜		能益精气、杀菌解毒、清理血管
螃蟹+香瓜	✗	益导致腹泻
螃蟹+土豆		形成结石

推荐食谱：蟹块煮南瓜

|原料| 螃蟹300克，南瓜250克

|调料| 盐、白糖各3克，蚝油、料酒各10毫升，高汤适量，姜、蒜各适量

|做法| ① 螃蟹收拾干净，斩件；南瓜洗净，去籽切块；姜洗净，切片；蒜去衣，然后拍碎备用。② 油锅烧热，放入姜、蒜爆香，下螃蟹大火翻炒片刻。③ 放入南瓜，淋上料酒略炒，加入高汤、盐、白糖、蚝油，盖上锅盖煮至收汁，即可装盘。

|健康指南| 此菜中的螃蟹可通经络，散瘀血，能有效扩张血管，增加冠脉血流量，老年人食用可预防高血压性动脉硬化、冠心病以及高血压性头痛、头晕等症。

[老年人  吃什么？]

金枪鱼

JIN QIANG YU

【水产类】

[别名] 鲔鱼、吞拿鱼

【适用量】每次50克为宜。
【热量】约4144焦/克
【性味归经】性平，味甘咸。归肝、肾经。

【主打营养素】

Ω-3不饱和脂肪酸、牛磺酸

◎金枪鱼中含有的Ω-3不饱和脂肪酸有助于改善胰岛功能，维持血糖的正常状态。金枪鱼还含有大量的牛磺酸，可降低血压和血液中的胆固醇，有助于老年人预防高血压和动脉硬化等。

营养成分表

营养素	含量（每100克）
蛋白质	23.5克
脂肪	0.6克
维生素A	未测定
维生素E	未测定
钙	12毫克
钾	260毫克
镁	33毫克
铁	1.6毫克
锌	1.1毫克
硒	80微克

◎搭配宜忌

金枪鱼+山药	可改善肠胃功能
金枪鱼+西红柿 ✓	营养美容
金枪鱼+樱桃	可健脾和胃
金枪鱼+黄瓜 ✗	不利于蛋白质的吸收

推荐食谱：金枪鱼卷

|原料| 米饭100克，金枪鱼200克，烤紫菜1张
|调料| 日本酱油、寿司醋各适量
|做法| ①将米饭与适量的寿司醋拌匀成寿司饭；金枪鱼解冻，切片。②将烤紫菜摊平，放上寿司饭，放入金枪鱼卷好，分切成6段。③配以日本酱油食用即可。

|健康指南| 此道金枪鱼卷味道鲜美，既可做点心也可当主食。金枪鱼肉低脂肪、低热量，含有丰富的优质蛋白质、DHA、EPA、牛磺酸，能减少血液中的脂肪，保护肝脏，降低胆固醇，并疏通血管，有效地防止动脉硬化，非常适合患有糖尿病、高血脂以及心脑血管疾病的老年人食用。

[老年人  吃什么？]

三文鱼
SAN WEN YU

【水产类】

[别名] 萨门鱼、大马哈鱼

【适用量】每次以80克左右为宜。
【热量】约5818焦/克
【性味归经】性平，味甘。归脾、胃经。

【主打营养素】

Ω-3不饱和脂肪酸
◎三文鱼中含有丰富的不饱和脂肪酸，能有效降低血脂和血胆固醇，防治心血管疾病。其中的Ω-3不饱和脂肪酸还可以改善老年人的胰岛功能，降低血糖，尤其适合肥胖型的老年人。

营养成分表

营养素	含量（每100克）
蛋白质	17.2克
脂肪	7.8克
维生素A	45微克
维生素E	0.78毫克
钙	13毫克
钾	361毫克
镁	36毫克
铁	0.3毫克
锌	1.11毫克
硒	29.47微克

◎搭配之宜

三文鱼+芥末	可除腥、补充营养
三文鱼+柠檬	有利于营养吸收
三文鱼+蘑菇酱	营养丰富
三文鱼+米饭	可降低胆固醇

推荐食谱 三文鱼寿司

|原料| 新鲜三文鱼肉200克，寿司米50克

|调料| 寿司醋适量

|做法| ①先将寿司米蒸熟，加入寿司醋，拌匀置凉，即成寿司饭。②将新鲜的三文鱼肉去净刺，切成若干大小适中的薄片；取适量寿司饭捏成梯形饭团，将鱼片置手掌上，放上饭团轻压，随后摆好既可食用。

|健康指南| 此道寿司味道可口，有一定的食疗功效，老年人常食可有效预防糖尿病，促进机体对钙的吸收，预防老年人骨质疏松。寿司中的三文鱼不但鲜甜美味，其营养价值也非常高，其富含的Ω-3不饱和脂肪酸可预防糖尿病性眼病。

[老年人  吃 什么?]

带鱼
DAI YU
【水产类】

[别 名] 裙带鱼、海刀鱼、牙带鱼

【适用量】每天80克左右。
【热量】约5316焦/克
【性味归经】性温，味甘。归肝、脾经。

【主打营养素】
维生素A、卵磷脂
◎带鱼中含有丰富的维生素A，维生素A有维护细胞功能的作用，可保持皮肤、骨骼、牙齿、毛发健康生长。另外，带鱼中卵磷脂含量丰富，对提高智力、增强记忆大有帮助，可预防阿尔茨海默病。

营养成分表

营养素	含量（每100克）
蛋白质	17.7克
脂肪	4.9克
维生素A	29微克
维生素E	0.82毫克
钙	28毫克
钾	280毫克
镁	43毫克
铁	1.2毫克
锌	0.7毫克
硒	36.57微克

◎搭配宜忌

带鱼+豆腐 ✓ 可补气养血
带鱼+牛奶 可健脑补肾、滋补强身

带鱼+南瓜 ✗ 会引起中毒
带鱼+菠菜 不利于营养的吸收

推荐食谱

家常烧带鱼

|原料| 带鱼800克

|调料| 盐5克，葱白10克，料酒15毫升，蒜20克，淀粉30克，香油少许

|做法| ①带鱼收拾干净，切块；葱白洗净，切段；蒜去皮，切片备用。②带鱼加盐、料酒腌渍5分钟，再抹一些淀粉，下油锅中炸至金黄色。③加入水，烧熟后，加入葱白、蒜片炒匀，以水淀粉勾芡，淋上香油即可。

|健康指南| 红烧带鱼色泽深黄，味道鲜美，鱼肉软嫩。且其营养十分丰富，富含优质蛋白质、不饱和脂肪酸、钙、磷、镁及多种维生素。老年人吃此菜有滋补身体、和中开胃及养肝补血的功效。

[老年人 吃 什么？]

鳕鱼
XUE YU
【水产类】

[别 名] 大头青、大口鱼、大头鱼

【适用量】每次80克为宜。
【热量】约3684焦/克
【性味归经】性平，味甘。归肝、胃经。

【主打营养素】
不饱和脂肪酸EPA和DHA
◎鳕鱼中富含不饱和脂肪酸ＥＰＡ和ＤＨＡ，能够降低糖尿病老年患者血液中的总胆固醇、低密度脂蛋白、三酰甘油的含量，可预防心脑血管疾病的发病率。

营养成分表

营养素	含量（每100克）
蛋白质	20.4克
脂肪	0.5克
维生素A	14微克
维生素E	未测定
钙	42毫克
钾	321毫克
镁	84毫克
铁	0.5毫克
锌	0.86毫克
硒	24.8微克

◎搭配宜忌

鳕鱼+咖喱 鳕鱼+辣椒	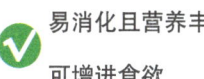	易消化且营养丰富 可增进食欲
鳕鱼+香肠 鳕鱼+洋葱	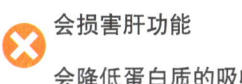	会损害肝功能 会降低蛋白质的吸收

推荐食谱：枸杞蒸鳕鱼

|原料| 鳕鱼300克，枸杞10克

|调料| 葱、姜各3克，盐、味精、植物油各适量

|做法| ①将枸杞洗净；葱洗净，切成葱花；姜洗净切片。②鳕鱼收拾干净后用适量盐、味精腌渍8分钟。③将鳕鱼装盘，铺上枸杞、姜片，上锅蒸8分钟至熟，撒上适量葱花，浇上热油即可。

|健康指南| 此菜具有降血糖、养心润肺、清肝明目的功效，老年人经常食用，可改善阴虚口渴的症状。成菜中的鳕鱼鱼肉营养丰富，因其含有丰富的镁元素，对心血管系统有很好的保护作用。

[老年人 吃 什么?]

平鱼
PING YU
【水产类】

[别 名] 鲳鱼

【适用量】每日100克左右为宜。
【热量】约586焦/克
【性味归经】性平，味甘。归胃经。

【主打营养素】
不饱和脂肪酸、硒、铁
◎平鱼含有丰富的不饱和脂肪酸，有降低胆固醇的功效，还含有丰富的微量元素硒和铁，对冠状动脉硬化等心血管疾病有预防作用，并能延缓机体衰老。

营养成分表

营养素	含量（每100克）
蛋白质	18.5克
脂肪	7.3克
维生素A	24微克
维生素E	1.26毫克
钙	46毫克
钾	328毫克
镁	39毫克
铁	1.1毫克
锌	0.8毫克
硒	27.21微克

◎搭配宜忌

平鱼+大蒜	去腥增鲜
平鱼+西洋菜 ✓	美容
平鱼+猪肉	促进儿童生长发育
平鱼+羊肉 ✗	不利于身体健康

推荐食谱 烤平鱼

|原料| 平鱼400克，生菜适量

|调料| 盐、辣椒面各3克，料酒10毫升

|做法| ①生菜洗净，入盘垫底；平鱼收拾干净，在鱼身两面各划上几刀，加盐、辣椒面、料酒腌渍。②烤架上刷上一层油，放上平鱼，移入烤炉用中火烤。③翻面，再烤至熟，取出置于生菜上即可。

|健康指南| 此菜香酥可口，老年人常食有助于延缓机体衰老。平鱼含有丰富的不饱和脂肪酸以及微量元素硒和铁，有降低胆固醇的功效，对冠状动脉硬化等心血管疾病有预防作用，适合患有高血脂以及冠心病等疾病的老年人食用。

[老年人 吃 什么？]

海虾
HAI XIA
【水产类】

[别 名] 虾、长须公、虎头公

【适用量】每日30克左右为宜。
【热量】约3307焦/克
【性味归经】性温，味甘、咸。归脾、肾经。

【主打营养素】
镁、钙

◎海虾富含的镁对心脏活动具有重要的调节作用，能很好地保护心血管系统，减少血液中胆固醇含量，有利于预防高血压及心肌梗死。海虾还富含钙，有助于老年人的骨骼和牙齿健康。

营养成分表

营养素	含量（每100克）
蛋白质	16.8克
脂肪	0.6克
维生素A	未测定
维生素E	2.79毫克
钙	146毫克
钾	228毫克
镁	46毫克
铁	3毫克
锌	1.44毫克
硒	56.41微克

◎搭配宜忌

海虾+白菜 海虾+西蓝花 ✓	可降压，增强机体免疫力 可补脾和胃、降压、防癌
海虾+猪肉 海虾+南瓜 ✗	会导致胃肠不良反应 易引发腹泻

推荐食谱 西红柿青豆虾仁

|原料| 虾仁300克，西红柿250克，青豆50克

|调料| 葱末、姜末各15克，盐、味精各3克，料酒5毫升，白糖、淀粉各5克，鸡蛋清40克

|做法| ①虾仁洗净，加盐、料酒、鸡蛋清、淀粉拌匀上浆。②西红柿入沸水中烫一下，剥皮，切丁；青豆洗净，入锅煮熟。③烧油锅，加葱末、姜末炒香，再放入西红柿丁炒匀，加盐、味精、白糖、虾仁炒熟，用淀粉勾一层薄芡，放入青豆炒匀，淋明油即成。

|健康指南| 此菜中的虾仁富含蛋白质、钙、镁、锌等营养成分，可为老年人提供全面丰富的营养，不仅可以强筋壮骨，还能降低血压。

[老年人  吃 什么？]

银鱼
YIN YU
【水产类】

[别 名] 面条鱼、银条鱼、大银鱼

【适用量】每次４０克为宜。
【热量】约4395焦/克
【性味归经】味甘，性平。归脾、胃经。

【主打营养素】
蛋白质

◎银鱼富含极高的蛋白质，易于被人体吸收，且脂肪含量极低，对降低胆固醇和血液黏稠度，预防高血脂、心脑血管疾病有明显的作用，老年人可以适量食用。

营养成分表

营养素	含量（每100克）
蛋白质	17.2克
脂肪	4克
维生素A	未测定
维生素E	1.86毫克
钙	46毫克
钾	246毫克
镁	25毫克
铁	0.9毫克
锌	0.16毫克
硒	9.54微克

◎搭配宜忌

银鱼+蕨菜　减肥、降压、补虚、健胃
银鱼+冬瓜 ✓ 降压降脂、清热利尿
银鱼+木耳　保护血管、益胃润肠
银鱼+甘草 ✗ 对身体不利

推荐食谱　银鱼干炒南瓜

|原料| 银鱼干150克，南瓜350克

|调料| 盐、姜末、蒜末、葱末各适量

|做法| ❶银鱼干冲洗干净，用水泡发；南瓜去皮去瓤，洗净切块，摊平放入微波炉中，高火5分钟煮熟，备用。❷热锅温油，倒入发好的银鱼干，加入姜末、蒜末，轻轻翻炒2分钟。❸最后加入煮好的南瓜块，大火翻炒2分钟，加盐、葱末调味出锅。

|健康指南| 银鱼的脂肪由不饱和脂肪酸组成，因此银鱼脂肪是液态的，容易被消化吸收。而且银鱼所含钙、磷等营养素也比畜肉含量高。因此，老年人食用银鱼既能补充优质蛋白，增强体力，又能补钙。

[老年人 吃 什么？]

章鱼
ZHANG YU

【水产类】

[别 名] 小八梢鱼、真蛸、望潮

【适用量】每次60克为宜。
【热量】约565焦/克
【性味归经】性寒，味甘、咸。归脾、肝经。

【主打营养素】

牛磺酸

◎ 章鱼富含牛磺酸，能双向调节血压，对于高血压、低血压、动脉硬化、脑血栓等病症有很好的食疗功效。此外，常食章鱼，还能增强老年人的体质，对降低血脂也大有益处。

营养成分表

营养素	含量（每100克）
蛋白质	17.4克
脂肪	1.6克
维生素A	35微克
维生素E	1.68毫克
钙	44毫克
钾	447毫克
镁	42毫克
铁	0.6毫克
锌	2.38毫克
硒	27.30微克

◎搭配宜忌

章鱼+木耳 章鱼+猪蹄	✓	清热润肠、降低血压 补充营养、美容养颜
章鱼+柿子 章鱼+甘草	✗	会导致腹泻 会引起中毒

推荐食谱 章鱼海带汤

|原料| 章鱼150克，胡萝卜75克，海带片45克
|调料| 精盐少许，味精3克，高汤适量
|做法| ❶将章鱼收拾干净，切块；胡萝卜去皮清洗干净，切片；海带片清洗干净，备用。❷净锅上火倒入高汤，大火烧开。❸高汤煮沸后，下入章鱼、海带片、胡萝卜片烧开，调入精盐、味精，煲至熟即可。

|健康指南| 海带中含有的甘露醇有利尿消肿的作用，可防治肾功能衰竭、老年性水肿等。章鱼可抑制血液中的胆固醇含量，缓解疲劳，恢复视力，改善肝脏功能。此汤味道香甜鲜美，有健脾开胃、养阴生津、补虚润肤的功效，老年人平常可以多饮用此汤。

[老年人  吃 什么?]

甲鱼

JIA YU

【水产类】

[别 名] 鳖、团鱼、王八

【适用量】每次80克左右为宜。
【热量】约4939焦/克
【性味归经】性平，味甘。归肝经。

【主打营养素】

蛋白质、镁

◎甲鱼中含有优质蛋白，可增强老年人的免疫力。甲鱼中还含有丰富的镁元素，可促进胰岛素分泌，从而使血糖下降。老年人食用甲鱼有助于控制血糖。

营养成分表

营养素	含量（每100克）
蛋白质	17.8克
脂肪	4.3克
维生素A	139微克
维生素E	1.88毫克
钙	70毫克
钾	196毫克
镁	15毫克
铁	2.8毫克
锌	2.31毫克
硒	15.19微克

◎搭配宜忌

甲鱼+山药 ✓ 可补脾胃、滋肝肾
甲鱼+乌鸡 ✓ 可治更年期综合征

甲鱼+柑橘 ✗ 会影响蛋白质吸收
甲鱼+柿饼 ✗ 会引起消化不良

推荐食谱：甲鱼海带汤

|原料| 甲鱼300克，海带200克，红枣、枸杞各10克

|调料| 姜片5克，葱段10克，高汤250毫升，味精2克，胡椒粉、盐各3克

|做法| ①将甲鱼宰杀后，去除内脏再洗净；海带洗净，切成条；红枣和枸杞分别洗净。
②锅里加入高汤，将姜片、葱段、甲鱼、红枣、枸杞、海带一起放进锅里炖煮至肉熟。
③最后加入盐、味精、胡椒粉调味即可。

|健康指南| 此汤有滋阴生津、软坚散结、养血补虚等功效，老年人食用可降低血糖，改善口渴多饮、多尿、皮肤干燥瘙痒等阴虚症状，还可养血益气，增强患者体质。

[老年人 吃 什么？]

牡蛎

MU LI

【水产类】

【适用量】每次2~3个为宜。
【热量】约3050焦/克
【性味归经】性凉，味咸、涩。归肝、心、肾经。

[别 名] 蛎黄、蚝白、青蚵、生蚝

【主打营养素】

铬、锌、镁、铁、钾等矿物质

◎牡蛎中富含铬、锌、镁、铁、钾等矿物质，能促进胰岛素分泌，有效调节血糖水平，同时，也能为老年人补充丰富的矿物质，是不可多得的佳品。

营养成分表

营养素	含量（每100克）
蛋白质	5.3克
脂肪	2.1克
维生素A	27微克
维生素E	0.81毫克
钙	131毫克
钾	200毫克
镁	65毫克
铁	7.1毫克
锌	9.39毫克
硒	86.64微克

◎搭配宜忌

牡蛎+猪肉		可滋阴润阳、润肠通便
牡蛎+百合		可润肺调中
牡蛎+柿子		会引起肠胃不适
牡蛎+糖		会导致胸闷、气短

推荐食谱：牡蛎豆腐羹

|原料| 牡蛎肉150克，豆腐100克，鸡蛋1个，韭菜50克

|调料| 花生油20毫升，盐少许，葱段2克，香油2毫升，高汤适量

|做法| ①将牡蛎肉泥沙洗净；豆腐洗净均匀切成细丝；韭菜洗净，切末；鸡蛋打入碗中，拌匀。②净锅上火倒入花生油，将葱炝香。③倒入高汤，下入牡蛎肉、豆腐丝，调入盐煲至入味，再下入韭菜末、鸡蛋，淋入香油即可。

|健康指南| 此羹中牡蛎含有的氨基乙牛磺酸能够降低人体血压和血液中的胆固醇含量，老年人食用可预防动脉硬化。

[老年人  吃什么？]

海参

HAI SHEN

【水产类】

[别名] 刺参、海鼠

【适用量】每次40克左右为宜。

【热量】约3265焦/克

【性味归经】性温，味咸。归心、肾经。

【主打营养素】

酸性黏多糖、海参皂苷、硫酸软骨素

◎海参含有酸性黏多糖和海参皂苷等，可激活胰岛B细胞的活性，降低血糖。海参含有硫酸软骨素，有助于人体生长发育，能够延缓肌肉衰老，增强机体的免疫力。

营养成分表

营养素	含量（每100克）
蛋白质	16.5克
脂肪	0.2克
维生素A	未检出
维生素E	未测定
钙	285毫克
钾	43毫克
镁	149毫克
铁	13.2毫克
锌	0.63毫克
硒	63.93微克

◎搭配宜忌

海参+豆腐 ✓ 可健脑益智、降压降糖
海参+菠菜 ✓ 可补血补铁、生津润燥

海参+葡萄 ✗ 会引起腹痛、恶心
海参+醋 ✗ 会影响口感

推荐食谱

葱熘海参

|原料| 海参300克，大葱100克，黄瓜、柠檬各适量

|调料| 盐、酱油、绍酒、红油、水淀粉各适量

|做法| ①将海参收拾干净，切条；大葱洗净，切段；黄瓜、柠檬均洗净，切片。②烧油锅，放入海参翻炒片刻，放入大葱，加盐、酱油、绍酒、红油调味，炒至断生，用水淀粉勾芡，装盘。③将黄瓜片、柠檬片摆盘即可。

|健康指南| 此菜酸甜可口，可提高老年人的食欲。海参具有补肾壮阳、调节血管张力的作用，对腰膝酸软、高血压患者有很好的食疗功效。

[老年人  吃 什么？]

海蜇

HAI ZHE

【水产类】

[别 名] 水母

【适用量】每日40克左右为宜。
【热量】约1381焦/克
【性味归经】性平，味咸。归肝、肾经。

【主打营养素】

甘露聚糖、胶质、矿物质、微量元素

◎ 海蜇中的甘露聚糖及胶质可防治动脉粥样硬化；海蜇中富含的多种矿物质和微量元素，可有效降低血脂，老年人常食能预防高血压性高脂血症的发生。

营养成分表

营养素	含量（每100克）
蛋白质	3.7克
脂肪	0.3克
维生素A	未测定
维生素E	2.13毫克
钙	150毫克
钾	160毫克
镁	124毫克
铁	4.8毫克
锌	0.55毫克
硒	15.54微克

◎搭配之宜

海蜇+马蹄	生津润燥、降压降脂
海蜇+黑木耳	降低血压、预防心脑血管疾病
海蜇+冬瓜 ✓	清热、润肠、降压
海蜇+豆腐	清热、降脂、改善气血不足

推荐食谱 薏米黄瓜拌海蜇

|原料| 海蜇300克，黄瓜200克，薏米50克，甜红椒1个

|调料| 盐、味精各3克，香油20毫升，生姜10克

|做法| ❶海蜇洗净，切成丝；黄瓜洗净切丝；薏米洗净，泡发后捞出沥干；甜红椒、生姜均洗净切丝。❷锅洗净，置于火上，加入适量清水烧沸，下入海蜇丝稍焯后捞出，沥干；再将薏米放入锅中加适量清水煮熟，捞出。❸将海蜇、薏米和黄瓜装入碗内，再加入甜红椒和所有调味料拌匀即可。

|健康指南| 海蜇含有类似于乙酰胆碱的物质，能够扩张血管、降低血压；黄瓜富含维生素P，能降低血液中胆固醇的含量。老年人常吃此菜，可有效地控制血压。

[老年人 吃 什么?]

扇贝
SHAN BEI
【水产类】

[别 名] 海扇

【适用量】每次5个左右。
【热量】约2512焦/克
【性味归经】性平，味甘、咸。归脾经。

【主打营养素】
维生素B12、硒
◎扇贝富含维生素B12，而维生素B12能维持神经系统的正常功能。扇贝中还含有丰富的硒元素，能促进细胞对糖的摄取，具有类似胰岛素的功能，可调节糖代谢。

营养成分表

营养素	含量（每100克）
蛋白质	11.1克
脂肪	0.6克
维生素A	未检出
维生素E	11.85毫克
钙	142毫克
钾	122毫克
镁	39毫克
铁	7.2毫克
锌	11.69毫克
硒	20.22微克

◎搭配宜忌

扇贝+瓠瓜　可滋阴润燥
扇贝+瘦肉 ✓ 可滋阴补肾
扇贝+大蒜　可降胆固醇

扇贝+香肠 ✗ 会生成有害物质

推荐食谱　蒜蓉蒸扇贝

|原料| 扇贝200克，粉丝30克，蒜蓉50克

|调料| 红椒丁、葱丝、盐、味精各适量，番茄酱少许

|做法| ①扇贝洗净，剖开外壳，留一半壳；粉丝泡发后，剪成小段。②将留在贝壳中的贝肉洗净，去肚、线、沙等杂质，剖两三刀，放置在贝壳上，再撒上粉丝，上笼屉，蒸2分钟。③烧油锅，下蒜蓉、葱丝和红椒丁，煸出香味，放入盐、味精再翻炒至熟后淋到扇贝上，可加少许番茄酱调味。

|健康指南| 扇贝能降血糖，老年人食用，不仅可改善口干多饮的症状，还能抑制胆固醇合成，加速胆固醇排泄。

[老年人 吃 什么?]

河蚌

HE BANG

【水产类】

[别 名] 河歪、河蛤蜊、鸟贝

【适用量】每次5个左右为宜。

【热量】约2260焦/克

【性味归经】味甘咸，性寒。归肝、肾经。

【主打营养素】

热量低、钙

◎ 河蚌含有的热量极低，十分适合老年人食用。河蚌中还含有大量的钙，钙有促进胰岛素分泌的作用，并且可以强壮筋骨，预防骨质疏松症。

营养成分表

营养素	含量（每100克）
蛋白质	10.9克
脂肪	0.8克
维生素A	243微克
维生素E	1.36毫克
钙	248毫克
钾	17毫克
镁	16毫克
铁	26.6毫克
锌	6.23毫克
硒	20.24微克

◎搭配之宜

河蚌+西蓝花	可防癌抗癌
河蚌+豆腐	可滋阴解毒
河蚌+姜汁 ✓	可清热降脂
河蚌+鸭肉	可补虚养身

推荐食谱 芦笋木耳炒河蚌

|原料| 河蚌肉300克，芦笋100克，黑木耳10克，胡萝卜50克

|调料| 盐、味精各2克，高汤适量

|做法| ❶将河蚌肉洗净，切成薄片；芦笋洗净，斜切成小段，焯烫；黑木耳泡发去蒂，洗净，撕成小片；胡萝卜洗净，斜切成片。❷烧油锅，放入河蚌滑炒，然后加入芦笋、黑木耳、胡萝卜煸炒，再烹入高汤继续翻炒至熟。❸加入盐、味精调味即可。

|健康指南| 此菜具有滋阴解渴、生津利尿、降低血脂、血糖、血压的功效，适合患有糖尿病、高血脂以及心脑血管性疾病的老年人食用。

[老年人  吃 什么？]

蛤蜊

GE LI

【水产类】

[别 名] 海蛤、文蛤、沙蛤

【适用量】每日120克左右为宜。
【热量】约2595焦/克
【性味归经】性寒，味咸。归胃经。

【主打营养素】
代尔太7-胆固醇、24-亚甲基胆固醇

◎蛤蜊肉含有具有降低血清胆固醇作用的代尔太7-胆固醇和24-亚甲基胆固醇，它们兼有抑制胆固醇在肝脏合成和加速排泄胆固醇，从而使体内胆固醇下降的独特作用。

营养成分表

营养素	含量（每100克）
蛋白质	10.1克
脂肪	1.1克
维生素A	21微克
维生素E	2.41毫克
钙	133毫克
钾	140毫克
镁	78毫克
铁	10.9毫克
锌	2.38毫克
硒	54.31微克

◎搭配宜忌

蛤蜊+豆腐 蛤蜊+绿豆芽	✓	补气养血、美容养颜 清热解暑、利水消肿
蛤蜊+芹菜 蛤蜊+柑橘	✗	破坏维生素C 引起中毒

推荐食谱

蛤蜊拌菠菜

|原料| 菠菜400克，蛤蜊200克

|调料| 料酒15毫升，盐4克，鸡精1克

|做法| ❶将菠菜洗净，切成长度相等的段，焯水，沥干装盘待用。❷蛤蜊收拾干净，加盐和料酒腌渍，入油锅中翻炒至熟。❸加盐和鸡精调味，起锅倒在菠菜上即可。

|健康指南| 此菜清香爽口，营养丰富。蛤蜊是高蛋白、高微量元素、高铁、高钙、少脂肪，其所含的牛磺酸，可以帮助胆汁合成，有助于胆固醇代谢，能抗痉挛，抑制焦虑。菠菜中含有丰富的维生素C、钙、磷及一定量的铁、维生素E等有益成分，能供给老年人身体所需的多种营养物质。

[老年人  吃 什么？]

干贝
GAN BEI
【水产类】

[别 名] 江瑶柱、角带子、江珧柱

【适用量】每日50克为宜。
【热量】约11051焦/克
【性味归经】性平，味甘、咸。归脾经。

【主打营养素】
蛋白质、碳水化合物、钙、铁、锌、钾

◎ 干贝富含蛋白质、碳水化合物、钙、锌等多种营养素，有增强免疫力，强身健体，保证老年人健康以及维持身体热量的作用。此外，干贝含有的钾还有降低胆固醇的作用。

营养成分表

营养素	含量（每100克）
蛋白质	55.6克
脂肪	2.4克
维生素A	11微克
维生素E	1.53毫克
钙	77毫克
钾	969毫克
镁	106毫克
铁	5.6毫克
锌	5.05毫克
硒	76.35微克

◎ 搭配宜忌

干贝+瓠瓜	滋阴润燥、降压降脂
干贝+海带 ✓	清热滋阴、软坚散结、降糖降压
干贝+瘦肉	滋阴补肾
干贝+香肠 ✗	生成有害物质

推荐食谱 干贝蒸萝卜

|原料| 白萝卜100克，干贝30克

|调料| 盐4克

|做法| ❶干贝泡软，备用。❷白萝卜削皮洗净，切成圈段，中间挖一小洞，将干贝一一塞入，装于盘中，将盐均匀地撒在上面。❸将盘移入蒸锅中，将干贝和白萝卜蒸至熟，续焖一会儿即可。

|健康指南| 干贝是一种高蛋白、低脂肪的食物，可滋阴补肾、调中下气，老年人常食有助于降血压、降胆固醇，有效预防心脑血管疾病的发生。白萝卜富含的钾，也能有效预防高血压，老年人常食可降低血脂，软化血管，预防高血脂、冠心病等疾病。

[老年人 吃 什么？]

虾皮
XIA PI
【水产类】

[别 名] 毛虾

【适用量】每次30克左右为宜。
【热量】约6404焦/克
【性味归经】性温，味甘、咸。归胃、肾、肝经。

【主打营养素】
钙
◎虾皮富含蛋白质和矿物质，尤其富含钙，有"钙库"之称。研究结果表明，血压的高低与钙的含量呈负相关，所以提高钙的摄取量就能控制血压，还有助于降低血液中的胆固醇。

营养成分表

营养素	含量（每100克）
蛋白质	30.7克
脂肪	2.2克
维生素A	19微克
维生素E	0.92毫克
钙	991毫克
钾	617毫克
镁	265毫克
铁	6.7毫克
锌	1.93毫克
硒	74.43微克

◎搭配宜忌

虾皮+韭菜花	✓	降压明目，可预防眼睛干燥、夜盲症
虾皮+大葱		益气、下乳、开胃
虾皮+苦瓜	✗	易引起食物中毒
虾皮+浓茶		易引起结石

推荐食谱 虾皮西葫芦

|原料| 西葫芦300克，虾皮100克

|调料| 盐3克，酱油适量

|做法| ①将西葫芦用清水洗净，切片备用；虾皮洗净。②锅洗净，置于火上，加入适量清水烧沸，放入西葫芦焯烫片刻，捞起，沥干水备用；锅中加油烧热，放入虾皮炸至金黄色，捞起。③锅中留少量油，将西葫芦和虾皮一起倒入锅中，翻炒，再调入酱油和盐，炒匀，即可。

|健康指南| 此菜富含蛋白质、钙、镁等营养成分，有促进骨骼和牙齿健康，控制血压、血脂的作用。成菜中的虾皮富含的钙可预防老年人骨质疏松。

[老年人  吃 什么？]

海带
HAI DAI

【水产类】

[别 名] 昆布、江白菜

【适用量】每日15～20克为宜。
【热量】约502焦/克
【性味归经】性寒，味咸。归肝、胃、肾三经。

【主打营养素】

钙

◎海带中钙的含量极为丰富，而钙可降低人体对胆固醇的吸收，并能降低血压。海带还含有丰富的钾，而钾有平衡钠摄入过多的作用，并有扩张外周血管的作用。因此，海带对患有心血管疾病的老年人有很好的食疗功效。

营养成分表

营养素	含量（每100克）
蛋白质	1.2克
脂肪	0.1克
维生素A	未测定
维生素E	1.85毫克
钙	46毫克
钾	246毫克
镁	25毫克
铁	0.9毫克
锌	0.16毫克
硒	9.54微克

◎搭配宜忌

海带+木耳 海带+冬瓜	✓	排毒素、降血压、保护血管 可降血压、降血脂
海带+白酒 海带+咖啡	✗	会引起消化不良 会降低机体对铁的吸收

推荐食谱

猪骨海带汤

|原料| 猪排骨600克，海带150克

|调料| 葱、生姜、大蒜、盐、味精、香油各适量

|做法| ❶将猪排骨洗净，斩块，入沸水氽烫，捞出沥净血水。❷海带泡发，洗净，切成块；葱、姜、大蒜均洗净，葱切成段，生姜、大蒜切成片。❸净锅置火上，放入适量清水，将排骨块煮开；加入海带、葱段、生姜片，烧沸，撇去浮沫，改小火煮至熟烂；加入蒜片、盐、味精、香油，拌匀即可。

|健康指南| 此汤可降低血脂，还可预防骨质疏松症，老年人食用有益身体健康。此汤还有软坚散结、止咳化痰的功效。

[老年人  吃什么？]

海藻

HAI ZAO

【水产类】

[别 名] 大叶藻、海根菜、海草

【适用量】每次30克左右为宜。

【热量】约502焦/克

【性味归经】性寒，味苦、咸。归肺、脾、肾经。

【主打营养素】

海藻纤维

◎ 海藻中富含海藻纤维。适度增加海藻纤维的摄取量可以降低血压、血液胆固醇及血糖量，对心脏、血管有利，可预防各种心脑血管性疾病，还能预防癌症发生。

营养成分表

营养素	含量（每100克）
蛋白质	5.4克
脂肪	0.1克
维生素A	未测定
维生素E	18.84毫克
钙	167毫克
钾	141毫克
镁	15毫克
铁	2毫克
锌	0.16毫克
硒	15.19微克

◎ 搭配之宜

海藻+黑木耳	可降血压、保护血管
海藻+银耳	可滋阴养颜、降压降脂
海藻+海带 ✓	可治疗甲状腺肿大
海藻+紫菜	可治疗甲状腺肿大

推荐食谱 凉拌海藻丝

|原料| 海藻350克，红椒圈适量

|调料| 盐、味精各3克，香油适量

|做法| ①将海藻洗净，切丝。②海藻与适量的红椒圈（红椒圈的分量可按照个人口味调整）一同放入开水锅中焯水后捞出，调入盐、味精拌匀，再淋入适量香油即可。

|健康指南| 海藻富含多种食物纤维，可降低血压、血液胆固醇及血糖含量，并能预防便秘及癌症的发生。此外，海藻中还富含碘，可防治甲状腺肿大。因此，患有高血压、糖尿病、高血脂、甲状腺肿大的老年人皆可食用此菜。

[老年人  吃什么？]

螺旋藻
LUO XUAN ZAO
【水产类】

[别 名] 蓝细菌

【适用量】每日80～100克为宜。
【热量】约14902焦/克
【性味归经】性凉，味甘、苦。归心、肝、肾经。

【主打营养素】
多种维生素、多种微量元素
◎螺旋藻富含多种维生素，如B族维生素、维生素C、维生素E等，还富含多种微量元素，如钙、镁、锌、硒等，可有效降低血糖、血压、血脂，预防心脑血管疾病的发生。

营养成分表

营养素	含量（每100克）
蛋白质	64.7克
脂肪	3.1克
碳水化合物	18.2克
膳食纤维	未测定
维生素A	未测定
维生素C	未测定
钙	未测定
铁	未测定
锌	未测定
硒	未测定

◎搭配之宜

螺旋藻+海带	可治疗甲状腺肿大
螺旋藻+海带	可治疗甲状腺肿大
螺旋藻+芦荟	可滋阴养颜、降糖降脂
螺旋藻+银耳	可滋阴养颜、降糖降脂

推荐食谱 **养颜螺旋藻**

|原料| 螺旋藻200克，红椒10克

|调料| 姜5克，盐、味精、醋各适量

|做法| ❶将螺旋藻清洗干净；姜洗净切丝；红椒洗净，去籽切丝。❷将螺旋藻过沸水后，泡入冰水中约5分钟，捞出沥干水分，装入盘中，放入姜丝、红椒丝及盐、味精、醋等拌匀即可。

|健康指南| 此菜具有美容养颜、降糖降脂、补血护心、保肝益肾、延缓衰老等功效，对治疗糖尿病、高血压、高血脂、脂肪肝、缺铁性贫血、胰腺炎、应激性溃疡，抑制肾损害以及皮肤粗糙暗黑都有良好的疗效。

[老年人  吃什么？]

淡菜

DAN CAI

【水产类】

[别 名] 珠菜、红蛤、壳菜

【适用量】每日30～50克为宜。
【热量】约3349焦/克
【性味归经】性温，味咸。归脾、肾经。

【主打营养素】

代尔太7—胆固醇、24—亚甲基胆固醇

◎淡菜含有一种具有降低血清胆固醇作用的代尔太7—胆固醇和24—亚甲基胆固醇，它们兼有抑制胆固醇合成和加速胆固醇排泄的独特作用，功效比常用的降胆固醇的药物更强。

营养成分表

营养素	含量（每100克）
蛋白质	11.4克
脂肪	1.7克
维生素A	73微克
维生素E	14.02毫克
钙	63毫克
钾	160毫克
镁	56毫克
铁	6.7毫克
锌	2.47毫克
硒	57.77微克

◎搭配之宜

淡菜+荠菜	可滋阴润燥、降低血压
淡菜+鲫鱼	可健脾利水、消肿
淡菜+百合 ✓	可润肺止咳、生津止渴，还可降血压
淡菜+猪蹄	可滋阴益气、美容养颜

推荐食谱：党参苁蓉黑豆淡菜汤

|原料| 党参、肉苁蓉、淡菜各20克，黑豆50克

|调料| 生姜、盐各适量

|做法| ①将党参、肉苁蓉、淡菜及生姜分别洗净，沥干水备用。②黑豆洗净泡发，入锅炒至裂开。③所有材料放入砂锅内，加适量清水，大火烧沸后转小火煲2小时，加盐调味即可。

|健康指南| 此汤营养丰富，有补肝肾、降血压、养气血等功效，尤其适合体质虚弱、气血不足的老年人以及高血压、动脉硬化、耳鸣眩晕、肾虚之腰痛、阳痿、盗汗、小便余沥等患者食用。

[老年人  吃什么？]

紫菜

ZI CAI

【水产类】

[别 名] 紫英、索菜、灯塔菜

【适用量】每次15克为宜。
【热量】约8665焦/克
【性味归经】性寒，味甘、咸。归肺经。

【主打营养素】

钙、铁、碳水化合物

◎ 紫菜中富含的钙、铁，可增强免疫力，预防贫血，使老年人骨骼和牙齿得到保健。而紫菜含有的碳水化合物，可维持心脏和神经系统正常活动，能为机体提供热量，且有保肝解毒的作用。

营养成分表

营养素	含量（每100克）
蛋白质	26.7克
脂肪	1.1克
维生素A	228微克
维生素E	1.82毫克
钙	264毫克
钾	1796毫克
镁	105毫克
铁	54.9毫克
锌	2.47毫克
硒	7.22微克

◎ 搭配宜忌

紫菜+猪肉 ✓ 可化痰软坚、滋阴润燥
紫菜+鸡蛋   可补充维生素B12和钙质

紫菜+花菜 ✗ 会影响钙的吸收
紫菜+柿子   不利于消化

推荐食谱 紫菜蛋花汤

|原料| 紫菜20克，鸡蛋2个，鸡汤1000毫升
|调料| 盐、鸡精、胡椒粉、糖、姜片各适量
|做法| ❶紫菜洗净泡发，捞出。❷将鸡汤倒入锅中，加入少许盐、糖、姜片，待汤煮沸时放入紫菜。❸最后将鸡蛋打成蛋花，倒入锅中，搅散，加入鸡精、胡椒粉即可。

|健康指南| 此汤味道鲜美，有清热利尿、生津止渴、降低血压的功效，老年人平常可食用。汤中紫菜中的镁元素含量比其他食物都高，能够降低血清胆固醇的含量，同时，紫菜中所含食物纤维卟啉，可促进排钠，预防高血压，所以，紫菜非常适合老年人用来防治高血压、高脂血症。

[老年人 吃 什么？]

苹果

PING GUO

【水果、干果类】

[别 名] 滔婆、柰、柰子

【适用量】每日一个为宜。
【热量】约2177焦/克
【性味归经】性平，味甘、微酸。归脾、肺经。

【主打营养素】

铬、钾、苹果酸

◎苹果含有丰富的铬，能提高糖尿病人对胰岛素的敏感性；苹果中所含的钾，有降低血压，防治心脑血管并发症的作用；苹果酸可以稳定血糖，预防老年性糖尿病。

营养成分表

营养素	含量（每100克）
蛋白质	0.2克
脂肪	0.2克
碳水化合物	13.5克
膳食纤维	1.2克
维生素A	3微克
维生素C	4毫克
钙	4毫克
铁	0.6毫克
锌	0.19毫克
硒	0.12微克

◎搭配宜忌

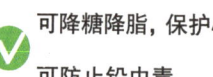

苹果+洋葱　可降糖降脂，保护心脏
苹果+香蕉　可防止铅中毒

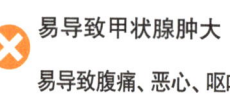

苹果+白萝卜　易导致甲状腺肿大
苹果+海鲜　易导致腹痛、恶心、呕吐

推荐食谱 芹菜苹果汁

|原料| 芹菜80克，苹果50克，胡萝卜60克
|调料| 蜂蜜少许
|做法| ①将芹菜洗净，切成段。②将苹果洗净，去皮去核，切成块；胡萝卜洗净，切成块。③将所有的原材料倒入榨汁机内，搅打成汁，加入蜂蜜即可。

|健康指南| 芹菜中含有酸性的降压成分，有明显的降压作用，同时它还含有利尿成分，可消除体内的水钠潴留；胡萝卜能有效改善微血管循环，降低血脂，增加冠状动脉血流量，具有降压、强心、降血糖等作用；苹果也富含钾，可降低血压，预防便秘。因此，此饮品非常适合老年人饮用。

[老年人  吃 什么？]

梨

LI

【水果、干果类】

[别 名] 沙梨、白梨

【适用量】每日1个为宜。
【热量】约1842焦/克
【性味归经】性凉，味甘。归肺、胃经。

【主打营养素】

维生素B₁、果胶

◎梨所含的维生素B₁能增加血管弹性、保护心脏、减轻疲劳。维生素B₂及叶酸能增强心肌活力、降低血压。另外，梨中的果胶含量很高，老年人食用有助于消化、通利大便。

营养成分表

营养素	含量（每100克）
蛋白质	0.4克
脂肪	0.2克
碳水化合物	13.3克
膳食纤维	3.1克
维生素A	6微克
维生素C	6毫克
钙	9毫克
铁	0.5毫克
锌	0.46毫克
硒	1.14微克

◎搭配宜忌

梨+银耳 梨+核桃	✓	润肺止咳、降压降脂 清热解毒、润肠通便
梨+白萝卜 梨+鹅肉	✗	易诱发甲状腺肿大 会增加肾的负担

推荐食谱

贡梨酸奶

|原料| 贡梨1个，柠檬半个

|调料| 酸奶200毫升

|做法| ❶将贡梨用清水冲洗干净，去皮去籽，切成块状，备用。❷柠檬用清水洗净，切片备用。❸将洗切好的贡梨和柠檬及酸奶放入搅拌机内搅打成汁即可。

|健康指南| 此饮品具有增加血管弹性、降低血压的作用，老年人可以适量食用。其中贡梨所含的B族维生素有保护心脏、减轻疲劳、降低血压、保持身体健康之功效；柠檬富含维生素C和维生素P，能有效降低血压，增强血管的弹性；酸奶所含有的钙可促进骨骼健康。

[老年人  吃 什么？]

葡萄

PU TAO

【水果、干果类】

[别 名] 草龙珠、山葫芦、蒲桃

【适用量】每日100克左右为宜。

【热量】约1800焦/克

【性味归经】性平，味甘、酸。归肺、脾、肾经。

【主打营养素】

碳水化合物、维生素C、铁、钾

◎ 葡萄所含的碳水化合物、维生素C和铁较为丰富，能为人体提供能量，其中所含的维生素C可促进人体对铁质的吸收，有效预防老年人缺铁性贫血。葡萄还富含钾，能有效降低血压。

营养成分表

营养素	含量（每100克）
蛋白质	0.5克
脂肪	0.2克
碳水化合物	10.3克
膳食纤维	0.4克
维生素A	8微克
维生素C	25毫克
钙	5毫克
铁	0.4毫克
锌	0.18毫克
硒	0.2微克

◎ 搭配宜忌

葡萄+枸杞子 葡萄+薏米		降低血压、补血养颜 健脾利湿
葡萄+开水 葡萄+白萝卜		引起腹胀 导致甲状腺肿大

推荐食谱：葡萄苹果汁

|原料| 红葡萄150克，红色去皮的苹果1个

|调料| 碎冰适量

|做法| ❶红葡萄洗净，切片；苹果切几片作装饰用。❷把剩余苹果切块，与葡萄一起榨汁。❸碎冰倒在成品上，装饰苹果片。

|健康指南| 此饮品中葡萄与苹果均能降低人体血清胆固醇水平，并且富含能保护心血管的维生素C，不仅可以降低血脂，还能有助于预防冠心病、动脉硬化等并发症的发生。此外，葡萄还含有大量的天然糖、维生素、微量元素和有机酸，能促进老年人身体的新陈代谢，对血管和神经系统健康极为有益。

[老年人  吃 什么？]

西瓜
XI GUA
【水果、干果类】

[别 名] 寒瓜、夏瓜

【适用量】每天150~200克为宜。
【热量】约1046焦/克
【性味归经】性寒，味甘。归心、胃、膀胱经。

【主打营养素】
酶类、维生素C、有机酸、钾

◎西瓜富含酶类、维生素C以及有机酸等营养成分，有平衡血糖的作用，老年人可以适量食用西瓜。另外，西瓜富含钾以及多种可降脂降压的成分，能有效平衡血脂，调节心脏功能。

营养成分表

营养素	含量（每100克）
蛋白质	0.6克
脂肪	0.1克
碳水化合物	5.8克
膳食纤维	0.3克
维生素A	75微克
维生素C	6毫克
钙	8毫克
铁	0.3毫克
锌	0.17毫克
硒	9.54微克

◎搭配宜忌

西瓜+冬瓜 ✓ 可治疗暑热烦渴、尿浊等症
西瓜+鳝鱼   可补虚损、祛风湿

西瓜+海虾 ✗ 会引起呕吐、腹泻等反应
西瓜+鱼肉   会降低锌的吸收

推荐食谱 解暑西瓜汤

|原料| 西瓜250克，苹果100克

|调料| 白糖50克，水淀粉10毫升

|做法| ❶将西瓜、苹果洗净，去皮，切成丁。❷净锅上火倒入水，调入白糖烧沸。❸加入西瓜、苹果，用水淀粉勾芡即可。

|健康指南| 此饮品有清热解暑、降脂降压等功效。西瓜味道甘甜多汁，清爽解渴，是盛夏的佳果，为"瓜中之王"。西瓜中几乎不含胆固醇和脂肪，并具有清热利尿、泻火解毒、降脂降压的功效，在夏季老年人可以适量食用。苹果富含果胶和膳食纤维，不仅可以促进肠道蠕动，防治便秘，还可减少肠道内脂肪和胆固醇的堆积。

[老年人吃什么？]

橘子
JU ZI
【水果、干果类】

[别 名] 蜜橘、福橘、大红袍

【适用量】每日两个为宜。
【热量】约1800焦/克
【性味归经】性温，味甘酸。归肺、胃经。

【主打营养素】
维生素A、维生素C

◎橘子富含维生素A，能保证老年人皮肤、胃肠道和肺部的健康。橘子还富含维生素C，而维生素C是提高老年人身体免疫力，参与维持人体正常代谢的重要营养物质，有益于老年人健康。

营养成分表

营养素	含量（每100克）
蛋白质	0.8克
脂肪	0.1克
碳水化合物	10.2克
膳食纤维	0.5克
维生素A	82微克
维生素C	35毫克
钙	24毫克
铁	0.2毫克
锌	0.08毫克
硒	0.3微克

◎搭配宜忌

| 橘子+生姜 | ✓ | 可预防感冒 |
| 橘子+玉米 | | 可降低血脂 |

| 橘子+白萝卜 | ✗ | 易引发甲状腺肿大 |
| 橘子+发菜 | | 影响胃肠消化 |

推荐食谱：西芹橘子哈密瓜汁

|原料| 西芹、橘子各100克，哈密瓜200克，西红柿50克

|调料| 蜂蜜少许

|做法| ①将哈密瓜切块；橘子去皮、籽；西芹洗净，切小段；西红柿洗净，切薄片备用。②将所有材料放入榨汁机中，加入冷开水榨汁。③最后加入蜂蜜调味即可。

|健康指南| 西芹中含有丰富的挥发油、甘露醇等，能促进肠道胆固醇的排泄，减少人体对脂肪的吸收。橘子、西红柿均富含丰富的维生素C，可有效降低血脂、软化血管，对高血脂以及心脑血管疾病的老年患者大有益处。所以，老年人平时可以多饮用此饮品。

[老年人 吃 什么？]

橙子

CHENG ZI

【水果、干果类】

[别 名] 黄果、香橙、金球

【适用量】每日1~2个为宜。
【热量】约1967焦/克
【性味归经】性凉，味甘、酸。归肺、脾、胃经。

【主打营养素】

维生素C、胡萝卜素

◎橙子含有大量维生素C和胡萝卜素，可以抑制致癌物质的形成，降低胆固醇和血脂，还能软化和保护血管，促进血液循环。

营养成分表

营养素	含量（每100克）
蛋白质	0.8克
脂肪	0.2克
碳水化合物	11.1克
膳食纤维	0.6克
维生素A	27微克
维生素C	33毫克
钙	20毫克
铁	0.4毫克
锌	0.14毫克
硒	0.31微克

◎搭配宜忌

橙子+蜂蜜	✓	可治胃气不和、呕逆少食
橙子+玉米		促进维生素的吸收，降低血压
橙子+黄瓜	✗	破坏维生素C
橙子+虾		会产生毒素

推荐食谱 韭菜香瓜柳橙汁

|原料| 韭菜70克，香瓜80克，柳橙1个，柠檬1个

|做法| ①柠檬洗净，切块；柳橙去皮和籽；香瓜去皮、去瓤，切块。②韭菜洗净，折小段后备用。③将柠檬、柳橙、韭菜和香瓜放入榨汁机里榨成汁即可。

|健康指南| 橙子所含纤维素和果胶物质，可促进肠道蠕动，有利于清肠通便，降低肠道对脂肪的吸收率，排除体内有害物质。香瓜富含钾和膳食纤维，可有效降低血中胆固醇，有效降低血压；柠檬也可降压降脂。所以患有高脂血症、高血压、动脉硬化的老年人食用此饮品可改善全身症状。

[老年人什么？]

柠檬

NING MENG

【水果、干果类】

[别 名] 益母果、柠果、黎檬

【适用量】每次100～200克为宜。
【热量】约1465焦/克
【性味归经】性微温，味甘、酸。归肺、胃经。

【主打营养素】

维生素C、维生素P

◎柠檬富含维生素C和维生素P，能缓解钙离子促血液凝固的作用，有效降低血脂和血压，增强血管的弹性和韧性，有助预防和治疗老年人动脉硬化、心肌梗死等心血管疾病。

营养成分表

营养素	含量（每100克）
蛋白质	1.1克
脂肪	1.2克
碳水化合物	6.2克
膳食纤维	1.3克
维生素A	未测定
维生素C	22毫克
钙	101毫克
铁	0.8毫克
锌	0.65毫克
硒	0.5微克

◎搭配宜忌

柠檬+香菇 ✓	可活血化瘀、降压降脂
柠檬+马蹄 ✓	可生津解渴、利尿通淋
柠檬+牛奶 ✗	会影响蛋白质的吸收
柠檬+山楂 ✗	会影响肠胃消化功能

推荐食谱 菠菜柠檬橘汁

|原料| 菠菜200克，橘子1个，苹果20克，柠檬半个

|调料| 蜂蜜2大匙

|做法| ①将菠菜洗净，择去黄叶，切小段。②橘子剥皮，撕成瓣；苹果去皮去核，切成小块；柠檬去皮，切小块。③将所有材料放入榨汁机内，加冷开水搅打2分钟，加适量蜂蜜调匀。

|健康指南| 柠檬含柠檬酸、苹果酸等有机酸和橙皮苷、柚皮苷等黄酮苷，还含有维生素C、钙、磷、铁等，可防治心血管疾病。橘子富含维生素C和维生素P，能增强血管弹性和韧性。菠菜和苹果都具有降低血压、软化血管、预防便秘的作用，非常适合老年人食用。

[老年人 吃 什么？]

草莓
CAO MEI

【水果、干果类】

[别 名] 洋莓果、红莓

【适用量】每日80~100克为宜。
【热量】约1256焦/克
【性味归经】性凉，味甘、酸。归肺、脾经。

【主打营养素】
果胶、纤维素
◎草莓中富含果胶及纤维素，可加强胃肠蠕动，加速肠道内胆固醇的排泄，还能改善便秘，对防治高血脂、高血压、动脉硬化以及冠心病均有较好的疗效。

营养成分表

营养素	含量（每100克）
蛋白质	1克
脂肪	0.2克
碳水化合物	7.1克
膳食纤维	1.1克
维生素A	5微克
维生素C	47毫克
钙	18毫克
铁	1.8毫克
锌	0.14毫克
硒	0.7微克

◎搭配宜忌

草莓+蜂蜜 ✓ 可补虚养血
草莓+牛奶 有利于吸收维生素B₁₂

草莓+黄瓜 ✗ 会破坏维生素C
草莓+樱桃 容易上火

推荐食谱 草莓豆浆蜂蜜汁

|原料| 草莓180克，豆浆180毫升

|调料| 蜂蜜适量

|做法| ❶草莓洗净，去蒂。❷在果汁机内放入豆浆、蜂蜜，搅拌20秒。❸将草莓放入，搅拌30秒即可。

|健康指南| 老年人食用此饮品对高血压、动脉硬化、冠心病有较好的食疗功效，同时，还可提高身体免疫力、延缓衰老。饮品中的草莓酸甜可口，是一种色香味俱佳的水果。它含有丰富的维生素和矿物质，还含有葡萄糖、果糖、柠檬酸、苹果酸、胡萝卜素、核黄素等，这些营养素对老年人的健康很有益。

[老年人  吃 什么？]

香蕉

XIANG JIAO

【水果、干果类】

[别 名] 蕉果、甘蕉

【适用量】每日1~2根为宜。
【热量】约1046焦/克
【性味归经】性寒，味甘。归脾、胃、大肠经。

【主打营养素】
膳食纤维、维生素C
◎香蕉中富含大量的膳食纤维和维生素C，可促进胃肠蠕动，减少肠道对胆固醇的吸收，有效防治便秘，另外其中富含的钾，有利水减肥、降压的作用，适合老年人食用。

营养成分表

营养素	含量（每100克）
蛋白质	1.4克
脂肪	0.2克
碳水化合物	22克
膳食纤维	1.2克
维生素A	10微克
维生素C	8毫克
钙	7毫克
铁	0.4毫克
锌	0.18毫克
硒	0.87微克

◎搭配宜忌

香蕉+西瓜皮 ✓ 可治疗高血压
香蕉+芝麻 ✓ 补益心脾、养心安神

香蕉+菠萝 ✗ 增加血钾浓度，引起高血钾症
香蕉+西瓜 ✗ 引起腹泻

推荐食谱 香蕉燕麦牛奶

| 原料 | 香蕉1根，燕麦80克，牛奶200毫升

| 做法 | ①将香蕉去皮，切成小段。②燕麦洗净。③将香蕉、燕麦、牛奶放入榨汁机内，搅打成汁即可。

| 健康指南 | 香蕉中富含大量的膳食纤维和维生素C，可促进胃肠蠕动，预防便秘；牛奶富含蛋白质和钙，老年人食用可以增强身体免疫力，促进骨骼和牙齿的健康；燕麦中含有极其丰富的亚油酸，对脂肪肝、糖尿病、水肿、便秘等也有辅助疗效，对老年人增强体力、延年益寿也大有裨益。老年人常食用此品，有益身体健康。

[老年人  吃 什么？]

蓝莓
LAN MEI

【水果、干果类】

[别 名] 笃斯、越橘、都柿

【适用量】每日一个为宜。
【热量】约2386焦/克
【性味归经】性平，味甘、酸。归心、肝经。

【主打营养素】

花青素

◎蓝莓中含有丰富的花青素，有很好的抗动脉硬化和血栓形成的作用，对于预防高血脂所引起的心脑血管并发症有积极的意义，老年人可以适量食用。

营养成分表

营养素	含量（每100克）
蛋白质	0.74克
脂肪	0.33克
碳水化合物	14.49克
膳食纤维	2.4克
维生素A	81微克
维生素C	2.7毫克
钙	220毫克
铁	7.6毫克
锌	2.1毫克
硒	2毫克

◎搭配之宜

蓝莓+山楂	可降压降脂、消食健胃
蓝莓+牛奶 ✓	可壮骨、提高免疫力
蓝莓+草莓	可美容养颜、补血养心
蓝莓+柚子	可滋阴润肺、止咳化痰

推荐食谱

清新蓝莓汁

|原料| 蓝莓300克

|做法| ①蓝莓洗净，对半切开。②蓝莓放入搅拌机中，倒入适量冷开水，搅打均匀即可。

|健康指南| 本品具有降低胆固醇，防止动脉粥样硬化，促进心血管健康，增强心脏功能，预防癌症和心脏病的作用，适合老年人食用。蓝莓的果胶含量很高，能有效降低胆固醇，防止动脉粥样硬化，促进心血管健康；蓝莓还富含维生素C，有增强心脏功能，预防癌症和心脏病的功效，能防止脑神经衰老，增进脑力。

[老年人  什么？]

红枣
HONG ZAO
【水果、干果类】

[别 名] 大枣、大红枣、姜枣

【适用量】每日3~5个为宜。
【热量】约5107焦/克（鲜红枣）；约11051焦/克（干红枣）
【性味归经】性温，味甘。归心、脾、肝经。

【主打营养素】
维生素A、维生素C、钙、铁
◎红枣富含维生素A、维生素C、钙、铁等营养素，有补脾和胃、补血益气的作用，对脾胃虚弱、气血不足的老年人有很好的补益效果。

营养成分表

营养素	含量（每100克）
蛋白质	1.1克
脂肪	0.3克
碳水化合物	30.5克
膳食纤维	1.9克
维生素A	40微克
维生素C	243毫克
钙	22毫克
铁	1.2毫克
锌	1.52毫克
硒	0.8微克

◎搭配宜忌

红枣+黑木耳 红枣+板栗 ✓	既补血又降血脂 可健脾益气、补肾强筋
红枣+黄瓜 红枣+虾米 ✗	破坏维生素C 引起身体不适

推荐食谱 红枣鸡汤

|原料| 红枣5枚，鸡肉250克，核桃仁100克
|调料| 盐少许

|做法| ①将红枣、核桃仁用清水洗净；鸡肉洗净，切成小块。②将砂锅洗净，加适量清水置于火上，放入核桃仁、红枣、鸡肉，以大火烧开。③去浮沫，改用小火炖1小时，放入盐调味即可。

|健康指南| 红枣富含维生素C，可有效降低血中胆固醇，软化血管；红枣还富含钙和铁，对防治骨质疏松及贫血有重要作用。核桃仁富含不饱和脂肪酸，可防治动脉硬化和冠心病等。此汤有补肾益智、益气养血、润肠通便的作用，适合老年人食用。

[老年人  吃 什么？]

桑葚

SANG SHEN

【水果、干果类】

[别 名] 桑粒、桑果

【适用量】每天50克左右为宜。

【热量】约3977焦/克

【性味归经】性寒，味甘。归心、肝、肾经。

【主打营养素】

铁、维生素C、多种矿物质

◎桑葚含有丰富的铁、维生素C、有机酸，这些成分可降低血糖、血压、血脂，预防高血压、高脂血症，同时，还有健脾胃、助消化的作用，老年人可以适量食用。

营养成分表

营养素	含量（每100克）
蛋白质	1.7克
脂肪	0.4克
碳水化合物	13.8克
膳食纤维	4.1克
维生素A	5微克
维生素C	未测定
钙	37毫克
铁	0.4毫克
锌	0.26毫克
硒	5.65微克

推荐食谱 桑葚青梅杨桃汁

|原料| 桑葚100克，青梅40克，杨桃50克

|做法| ❶将桑葚洗净；青梅洗净，去皮；杨桃洗净后切块。❷将所有原材料放入果汁机中搅打成汁即可饮用。

|健康指南| 此饮具有滋阴血、补肝肾、助消化、降血脂和血压的功效。饮品中的桑葚含有大量的水分、碳水化合物、多种维生素、胡萝卜素及人体必需的微量元素等，能有效地扩充人体的血容量，且补而不腻，适宜于高血压患者食疗。而且常吃桑葚能显著提高免疫力，具有延缓衰老、美容养颜的功效，非常适合老年人食用。

◎搭配宜忌

桑葚+枸杞子 桑葚+首乌 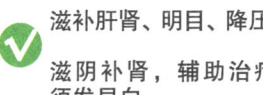	滋补肝肾、明目、降压 滋阴补肾，辅助治疗须发早白
桑葚+鸭蛋 桑葚+螃蟹 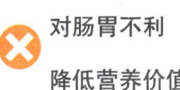	对肠胃不利 降低营养价值

[老年人  吃 什么？]

猕猴桃
MI HOU TAO
【水果、干果类】

[别 名] 狐狸桃、洋桃、藤梨

【适用量】每天1~2个为宜。
【热量】约2344焦/克
【性味归经】性寒，味甘、酸。归胃、膀胱经。

【主打营养素】

果胶、维生素C、肌醇

◎猕猴桃含有丰富的果胶和维生素C，可降低血中胆固醇浓度，老年人常食能预防高血脂以及心脑血管疾病。猕猴桃还含有一种天然糖醇类物质——肌醇，对调节脂肪代谢、降低血脂也有较好的疗效。

营养成分表

营养素	含量（每100克）
蛋白质	0.8克
脂肪	0.6克
碳水化合物	14.5克
膳食纤维	2.6克
维生素A	22微克
维生素C	62毫克
钙	27毫克
铁	1.2毫克
锌	0.57毫克
硒	0.28微克

◎搭配宜忌

猕猴桃+橙子		可预防关节磨损
猕猴桃+薏米		可抑制癌细胞
猕猴桃+牛奶	✗	会出现腹痛、腹泻等不良反应
猕猴桃+胡萝卜		会破坏维生素C

推荐食谱 包菜猕猴桃柠檬汁

|原料| 包菜150克，猕猴桃2个，柠檬半个

|做法| ①将包菜放进清水中彻底洗干净，卷成卷。②猕猴桃洗净，去皮，切成块；柠檬洗净，切片。③将所有材料放入榨汁机中榨汁即可。

|健康指南| 鲜猕猴桃中维生素C的含量在水果中是最高的，它还含有丰富的蛋白质、碳水化合物、多种氨基酸和矿物质等元素，都为人体所必需，而且它果实鲜美，风味独特，酸甜适口，营养丰富，可以很好地提高老年人的食欲。另外，包菜中含有酸性的降压成分，有明显的降压作用。所以，此饮非常适合老年人食用。

[老年人 吃 什么？]

菠萝
BO LUO

【水果、干果类】

[别 名] 凤梨、番梨、露兜子

【适用量】每日100克为宜。
【热量】约1716焦/克
【性味归经】性平，味甘。归脾、胃经。

【主打营养素】
钾、维生素C

◎菠萝中富含的钾，能促进体内钠盐的排出，可有效降低血压，对患有高血压的老年人有较好的食疗功效。菠萝所含的维生素C也相当丰富，可有效降低胆固醇和血脂，保护血管。

营养成分表

营养素	含量（每100克）
蛋白质	0.5克
脂肪	0.1克
碳水化合物	10.8克
膳食纤维	1.3克
维生素A	3微克
维生素C	18毫克
钙	12毫克
铁	0.6毫克
锌	0.14毫克
硒	0.24微克

◎搭配宜忌

菠萝+淡盐水 菠萝+黄瓜	✓	可下火、预防过敏 可降压降脂、利尿
菠萝+白萝卜 菠萝+鸡蛋	✗	会破坏维生素C 会导致消化不良

推荐食谱：莴笋菠萝汁

|原料| 莴笋200克，菠萝45克

|调料| 蜂蜜2汤匙

|做法| ❶将莴笋用清水冲洗干净，切成细丝备用。❷菠萝去皮，洗净，切小块。❸将莴笋、菠萝、蜂蜜倒入果汁机内，加300毫升水搅打成汁即可。

|健康指南| 此饮有消食、降血脂的功效，老年人食用有较好的食疗功效。菠萝和莴笋都富含钾和维生素C，可有效降低胆固醇和血脂，保护血管。另外，菠萝中含有一种叫"菠萝朊酶"的物质，能分解蛋白质。老年人在食肉类或油腻食物后，吃些菠萝对身体大有好处。

[老年人 吃 什么？]

山楂
SHAN ZHA
【水果、干果类】

[别 名] 山里红、酸楂

【适用量】每天3~4个。
【热量】约3977焦/克
【性味归经】性微温，味酸、甘。归脾、胃、肝经。

【主打营养素】
有机酸、降脂酶

◎ 山楂含有多种有机酸，并含降脂酶，能增强蛋白酶的作用，促进肉食消化，有助于胆固醇转化，所以，对于吃肉或油腻物后感到饱胀的人，吃些山楂制品有消食的作用，为老年人的保健食品。

营养成分表

营养素	含量（每100克）
蛋白质	0.5克
脂肪	0.6克
碳水化合物	25.1克
膳食纤维	3.1克
维生素A	17微克
维生素C	53毫克
钙	52毫克
铁	0.9毫克
锌	0.28毫克
硒	1.22微克

◎ 搭配宜忌

山楂+芹菜	✓	可健胃消食
山楂+菊花		可降压降脂、清肝明目
山楂+海鲜	✗	会引起便秘、腹痛、恶心等症
山楂+牛奶		会影响消化功能

推荐食谱 山楂苹果羹

|原料| 山楂干20克，苹果50克，大米100克
|调料| 冰糖5克，葱花少许
|做法| ❶大米淘洗干净，用清水浸泡；苹果洗净切小块；山楂干用温水稍泡后洗净。❷锅置火上，放入大米，加水煮至八成熟。❸再放入苹果、山楂干煮至米烂，放入冰糖熬融化后调匀，撒上葱花便可。

|健康指南| 此品具有健脾消食、涩肠止泻、美白养颜、降压降脂等功效，适合胃肠胀气、脾虚泄泻、高血脂等症的老年人食用。另外，老年人应注意不要空腹食用山楂。因为空腹食用，会使胃酸猛增，对胃黏膜造成不良刺激，使胃发胀、泛酸。

[老年人 吃 什么？]

桂圆
GUI YUAN
【水果、干果类】

[别 名] 益智、龙眼

【适用量】每日40克左右为宜。
【热量】约2972焦/克
【性味归经】性温，味甘。归心、脾经。

【主打营养素】
维生素C、钾
◎桂圆富含维生素C，可促进胃肠蠕动，减少肠道对胆固醇的吸收，有效防治老年人便秘；桂圆还富含钾，有利水减肥、降压的作用，适合患有高血脂、高血压的老年人食用。

营养成分表

营养素	含量（每100克）
蛋白质	1.2克
脂肪	0.1克
碳水化合物	16.6克
膳食纤维	0.4克
维生素A	3微克
维生素C	43毫克
钙	6毫克
铁	0.2毫克
锌	0.4毫克
硒	0.83微克

◎搭配之宜

桂圆+莲子	养心安神、降低血脂
桂圆+山药 ✓	健脾胃、益心肺
桂圆+鸡蛋	治血虚引起的头晕、头痛
桂圆+人参	补气养血、改善体虚

推荐食谱 桂圆山药红枣汤

|原料| 桂圆肉100克，新鲜山药150克，红枣6枚

|调料| 冰糖适量

|做法| ❶山药削皮洗净，切小块；红枣洗净；煮锅内加3碗水煮开，加入山药块煮沸，再下红枣。❷待山药熟透、红枣松软，将桂圆肉剥散加入汤中，待桂圆之香甜味渗入汤中就可熄火，加冰糖提味即成。

|健康指南| 桂圆富含的维生素P，对老年人而言，有保护血管、防止血管硬化和脆性的作用。此汤具有健脾益气、补血养心等功效，适合气血两虚的老年人食用，可改善面色萎黄、神疲乏力、头晕目眩等症状。

[老年人 吃 什么？]

石榴

SHI LIU

【水果、干果类】

【适用量】每日40克为宜。
【热量】约2637焦/克
【性味归经】性温，味甘、酸、涩。归肺、肾、大肠经。

[别 名] 甜石榴、安石榴、海榴

【主打营养素】

维生素C

◎石榴中含有丰富的维生素C，而维生素C可以保护细胞，提高人体的免疫力，而且维生素C还可以促进铁的吸收，可以预防老年人缺铁性贫血。

营养成分表

营养素	含量（每100克）
蛋白质	1.4克
脂肪	0.2克
碳水化合物	18.7克
膳食纤维	4.8克
维生素A	未测定
维生素C	9毫克
钙	9毫克
铁	0.3毫克
锌	0.19毫克
硒	未测定

◎搭配宜忌

石榴+冰糖	✓	可生津止渴、镇静安神
石榴+苹果		可治疗小儿腹泻
石榴+土豆	✗	会引起食物中毒
石榴+带鱼		会导致头晕、恶心、腹痛、腹泻

推荐食谱 石榴苹果汁

|原料| 石榴、苹果、柠檬各1个

|做法| ①剥开石榴的皮，取出果实；将苹果清洗干净，去核，切块。②将苹果、石榴、柠檬放进榨汁机，榨汁即可。

|健康指南| 石榴含有多种人体所需的营养成分，果实中含有维生素C、B族维生素、有机酸、糖类等，可以增强人体免疫力。苹果含丰富的锌，锌是构成核酸及蛋白质不可或缺的营养素，多吃苹果可以增强记忆力；此外，苹果中还含有丰富的膳食纤维，有促进消化，缓解便秘的功效。将石榴、苹果搭配柠檬，此饮酸甜适中，富含营养，是老年人的良选。

[老年人 吃 什么？]

火龙果
HUO LONG GUO
【水果、干果类】

[别 名] 青龙果、红龙果

【适用量】每日半个为宜。
【热量】约2135焦/克
【性味归经】性凉，味甘。归胃、大肠经。

【主打营养素】
维生素C、铁
◎ 火龙果富含美白皮肤、防黑斑的维生素C，同时，火龙果中的含铁量比一般的水果要高，而铁是制造血红蛋白及其他铁质物质不可缺少的元素，所以，摄入适量的铁质还可以预防老年人贫血。

营养成分表

营养素	含量（每100克）
蛋白质	0.62克
脂肪	0.17克
碳水化合物	13.91克
膳食纤维	1.21克
维生素A	未测定
维生素C	5.22毫克
钙	6.3毫克
铁	0.55毫克
锌	未测定
硒	未测定

◎搭配宜忌

| 火龙果+虾 火龙果+枸杞 | | 能消热祛燥、增进食欲 可补血养颜 |
| 火龙果+白萝卜 火龙果+黄瓜 | | 会诱发甲状腺肿大 会破坏维生素C |

推荐食谱 **香蕉火龙果汁**

|原料| 火龙果半个，香蕉1根
|调料| 优酪乳200毫升
|做法| ① 将火龙果去皮，切块（火龙果最好切小一些）。② 将香蕉去皮，切块。③ 将准备好的材料放入榨汁机内，加入优酪乳，搅打成汁即可。

|健康指南| 此饮有预防便秘、增加骨质密度、降血糖、降血压、帮助细胞膜形成、预防贫血、降低胆固醇、美白皮肤防黑斑的作用，对高血压有食疗效果。其中火龙果果肉中芝麻状的种子更有促进肠胃消化的功能，食用能预防老年人便秘。

[老年人 吃 什么？]

芒果

MANG GUO

【水果、干果类】

[别 名] 檬果、望果、忙果

【适用量】每日80克左右为宜。

【热量】约1339焦/克

【性味归经】性平，味甘。归胃、小肠经。

【主打营养素】

维生素C、矿物质

◎芒果含有丰富的维生素C、矿物质等，除了具有防癌的功效外，同时也具有降低血液中的血脂和胆固醇水平，保护血管，预防高血压和动脉硬化的作用，适合老年人食用。

营养成分表

营养素	含量（每100克）
蛋白质	0.6克
脂肪	0.2克
碳水化合物	8.3克
膳食纤维	1.3克
维生素A	150微克
维生素C	23毫克
钙	微量
铁	0.2毫克
锌	0.09毫克
硒	1.44微克

◎搭配宜忌

芒果+蜂蜜 芒果+西红柿 ✓	预防晕车、晕船、呕吐 降低血压、美容养颜
芒果+大蒜 芒果+竹笋 ✗	易引起皮肤发黄 会破坏营养成分

推荐食谱：草莓芒果芹菜汁

|原料| 草莓、芹菜各80克，芒果3个

|做法| ①将草莓洗净，去蒂；芒果去皮，剥下果肉；芹菜洗净切小段。②榨汁机中放入草莓和芹菜榨汁。③把榨出来的果菜汁和芒果放入搅拌杯中拌匀即可。

|健康指南| 此饮富含多种维生素和膳食纤维，老年人食用，不仅可降低血压，保护血管，还能预防便秘。其中的芒果有明显的抗氧化和保护脑神经元的作用，能延缓细胞衰老，提高脑功能。此外，芒果中还含有大量的膳食纤维，可以促进排便、预防便秘，适合高血压伴便秘的老年患者食用。

[老年人 吃 什么？]

桃子
TAO ZI
【水果、干果类】

[别 名] 佛桃、水蜜桃

【适用量】每日1个为宜。
【热量】约2009焦/克
【性味归经】性温，味甘、酸。归肝、大肠经。

【主打营养素】
膳食纤维、有机酸
◎ 桃子中富含膳食纤维，膳食纤维能占据胃的空间，加速胃肠道的蠕动，预防老年人便秘。桃还富含有机酸，能促进消化液的分泌，增强老年人的食欲。

营养成分表

营养素	含量（每100克）
蛋白质	0.9克
脂肪	0.1克
碳水化合物	12.2克
膳食纤维	1.3克
维生素A	3微克
维生素C	7毫克
钙	6毫克
铁	0.8毫克
锌	0.34毫克
硒	0.24微克

◎ 搭配宜忌

| 桃子+莴笋 ✓ | 可增强营养、降低血压 |
| 桃子+牛奶 | 可滋养皮肤 |

| 桃子+蟹肉 ✗ | 会影响蛋白质的吸收 |
| 桃子+白酒 | 会导致头晕、呕吐、心跳加快 |

推荐食谱 **胡萝卜蜜桃饮**

|原料| 桃子1个，胡萝卜30克，牛奶100毫升，1/4个量柠檬汁

|调料| 蜂蜜适量

|做法| ① 胡萝卜洗净，去皮；桃子洗净去皮，去核。② 将胡萝卜、桃子切适当大小的块，与柠檬汁、牛奶一起放入榨汁机内搅打成汁，滤出果肉。③ 用蜂蜜调味即可。

|健康指南| 此饮酸甜可口，有利尿通便、降低血压的功效。其中的桃子味道鲜美、营养丰富，是人们最为喜欢的鲜果之一，其含有的钾元素可以帮助体内排出多余的盐分，有辅助降低血压的作用；胡萝卜、牛奶有增强机体免疫力的作用，适合老年人食用。

[老年人 吃 什么？]

杨桃
YANG TAO

【水果、干果类】

[别　名] 三廉、阳桃、羊桃

【适用量】每日一个为宜。
【热量】约1214焦/克
【性味归经】性寒，味甘、酸。归肺、胃、膀胱经。

【主打营养素】

碳水化合物、维生素、酸性物质

◎ 杨桃中碳水化合物、维生素及有机酸含量丰富，能迅速补充人体的水分，生津止渴，消除疲劳感；杨桃中还含有大量草酸、柠檬酸、苹果酸，能提高胃液的酸度，促进食物的消化，所以老年人可以食用。

营养成分表

营养素	含量（每100克）
蛋白质	0.6克
脂肪	0.2克
碳水化合物	7.4克
膳食纤维	1.2克
维生素A	3微克
维生素C	7毫克
钙	4毫克
铁	0.4毫克
锌	0.39毫克
硒	0.83微克

◎ 搭配之宜

杨桃+红醋	可消食化积
杨桃+绿豆 ✓	可消暑利水
杨桃+柚子	可清热解渴
杨桃+橙子	可滋阴润肺

推荐食谱　杨桃柳橙汁

|原料| 杨桃2个（约300克），柳橙1个（约150克），柠檬汁少许

|调料| 蜂蜜少许

|做法| ①杨桃洗净，切块置锅中。②锅内放半锅水，煮开后转小火熬煮4分钟，放凉。③柳橙清洗干净，切块，榨汁。④将杨桃倒入杯中，加入柳橙汁、柠檬汁和蜂蜜一起调匀即可。

|健康指南| 此饮可以降低高血压，对老年人原发性高血压有防治作用。杨桃能减少机体对脂肪的吸收，预防肥胖，还有降低血脂、胆固醇的作用。柳橙中所含的丰富的维生素C、维生素P，能增加老年人机体抵抗力，增加毛细血管的弹性，降低血中胆固醇含量。

[老年人 吃 什么？]

柿子
SHI ZI
【水果、干果类】

[别 名] 大盖柿、红柿

【适用量】每日1个为宜。
【热量】约2972焦/克
【性味归经】性寒，味甘、涩。归心、肺、脾经。

【主打营养素】
钾、黄酮苷

◎柿子属高钾低钠食物，老年人常食可降低血压、保护血管。柿子还含有一种叫黄酮苷的成分也可降低血压，并能增加冠状动脉流量，维持正常的心肌功能，有效预防心脑血管疾病。

营养成分表

营养素	含量（每100克）
蛋白质	0.4克
脂肪	0.1克
碳水化合物	18.5克
膳食纤维	1.4克
维生素A	20微克
维生素C	30毫克
钙	9毫克
铁	0.2毫克
锌	0.08毫克
硒	0.24微克

◎搭配宜忌

柿子+黑木耳
柿子+黑豆 滋阴润肠、降低血压
可辅助治疗尿血

柿子+白萝卜
柿子+酸菜 降低营养价值
易导致结石症

推荐食谱 芹菜柿子饮

|原料| 芹菜85克，柿子半个，柠檬1/4个
|调料| 酸奶半杯

|做法| ①将芹菜去叶洗净，切小块；柿子去皮，洗后均以适当大小切块；柠檬去皮，备用。②将芹菜块、柿子块、柠檬放入榨汁机一起搅打成汁。③最后加入酸奶即可。

|健康指南| 此饮老年人食用，有降低血压、软化血管、活血消炎、改善心血管功能的作用。其中的柿子有降低血压、预防动脉硬化之功效。柿子中维生素C和胡萝卜素的含量也较高，老年人食用柿子，对身体健康很有帮助。另外，柿子富含果胶，有良好的润肠通便作用，能够很好地缓解便秘。

[老年人  吃 什么？]

无花果

WU HUA GUO

【水果、干果类】

【适用量】每日50克左右为宜。

【热量】约2470焦/克

【性味归经】性平，味甘。归胃、大肠经。

[别 名] 奶浆果、天生子蜜果

【主打营养素】

氨基酸、有机酸

◎无花果富含多种氨基酸、有机酸等营养成分，有清热解毒、增强机体免疫力的作用，还能帮助人体消化食物，促进老年人的食欲。

营养成分表

营养素	含量（每100克）
蛋白质	1.5克
脂肪	0.1克
碳水化合物	16克
膳食纤维	3克
维生素A	5微克
维生素C	2毫克
钙	67毫克
铁	0.1毫克
锌	1.42毫克
硒	0.67微克

◎搭配宜忌

无花果+板栗		可强腰健骨、消除疲劳
无花果+梨		可润肺止咳、降低血脂
无花果+螃蟹	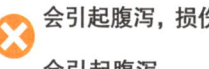	会引起腹泻，损伤肠胃
无花果+蛤蜊		会引起腹泻

推荐食谱 无花果生鱼汤

|原料| 生鱼1条，无花果10克，马蹄50克，海底椰10克

|调料| 盐4克，味精5克

|做法| ①海底椰、无花果、马蹄洗净；生鱼宰杀洗净后切成小段。②煎锅上火，油烧热，下入生鱼段煎熟。③下入无花果、马蹄和海底椰，加适量清水炖40分钟，调入盐和味精即可。

|健康指南| 此汤由无花果与生鱼、马蹄、海底椰共煮而成，具有补气润肺、增强免疫力的作用，适于气血不足、抵抗力弱的老年人食用。

[老年人  吃什么？]

李子
LI ZI

【水果、干果类】

[别　名] 嘉庆子、李实、嘉应子

【适用量】每日60克左右为宜。
【热量】约1507焦/克
【性味归经】性凉，味甘、酸。归肝、肾经。

【主打营养素】
B族维生素、钙

◎李子富含B族维生素、钙等成分，这些成分都参与着体内糖分的代谢，其中所含的钙，能保证骨骼健康，有效预防老年人骨质疏松。李子还富含钾，可起到辅助降低血压的作用。

营养成分表

营养素	含量（每100克）
蛋白质	0.7克
脂肪	0.2克
碳水化合物	8.7克
膳食纤维	0.9克
维生素A	25微克
维生素C	5毫克
钙	8毫克
铁	0.6毫克
锌	0.14毫克
硒	0.23微克

◎搭配宜忌

李子+香蕉 ✓ 可美容养颜
李子+绿茶　　可清热利尿、降糖降压

李子+鸡肉 ✗ 会引起腹泻
李子+青鱼　　会导致消化不良

推荐食谱：李子柠檬汁

|原料| 新鲜李子2个，柠檬1/4个

|做法| ①李子用清水洗净，削皮，去核，备用。②柠檬洗净，切开，去皮，和李子一起放入榨汁机。③再将冷开水倒入榨汁机，盖上杯盖，充分搅匀，滤掉果渣，倒入杯中即可。

|健康指南| 此饮有润肠助消化的作用，因为李子含有大量膳食纤维，不仅不增加肠胃消化负担，还能帮助排毒，而且其富含钾、铁、钙、维生素A、B族维生素，有预防贫血、消除疲劳的作用。同时，此饮还能促进胃酸和胃消化酶的分泌，有增加肠胃蠕动的作用。老年人吃些李子可以促进消化、预防便秘。

[老年人  吃什么？]

木瓜
MU GUA
【水果、干果类】

[别名] 瓜海棠、木梨、木李

【适用量】每日1个为宜。
【热量】约1130焦/克
【性味归经】性温，味甘。归心、肺、肝经。

【主打营养素】
维生素C、齐墩果酸

◎木瓜富含维生素C，在强化免疫力、抗氧化、减少光伤害、抑制细菌性突变等方面有一定的效果。木瓜中富含的齐墩果酸，能有效地降低血脂，软化血管，预防动脉粥样硬化，适合老年人食用。

营养成分表

营养素	含量（每100克）
蛋白质	0.4克
脂肪	0.1克
碳水化合物	7克
膳食纤维	0.8克
维生素A	145微克
维生素C	43毫克
钙	17毫克
铁	0.2毫克
锌	0.25毫克
硒	1.8微克

推荐食谱 黄瓜木瓜柠檬汁

|原料| 木瓜400克，黄瓜2根（约400克），柠檬半个

|做法| ①将黄瓜洗净，切成块；木瓜洗净，去皮，去瓤，切块；柠檬洗净，切成小片。②将所有材料放入榨汁机中榨出果汁即可。

|健康指南| 此饮有清热利尿、生津止渴、降糖降脂的功效，糖尿病、高血脂、心脏病老年患者可经常食用，还可缓解口干舌燥、便秘、小便短赤等症。饮品中的木瓜含有蛋白酶，能帮助蛋白质分解，可用于消化不良、胃炎等症。木瓜还有祛湿的作用，对于老年人肥胖水肿、肢节麻木、屈伸不利等症有较好的作用。

◎搭配宜忌

木瓜+牛奶 木瓜+带鱼	可消除疲劳、润肤养颜 可补气、养血
木瓜+虾 木瓜+南瓜	易生成有毒元素 会降低营养价值

[老年人 吃 什么？]

番石榴

FAN SHI LIU

【水果、干果类】

[别 名] 芭乐、鸡屎果

【适用量】每日1个为宜。
【热量】约1716焦/克
【性味归经】性平，味甘、涩。归脾、胃、大肠经。

【主打营养素】

维生素C、B族维生素

◎番石榴富含多种维生素，且含高蛋白质，这些成分在体内参与糖的代谢，有利于体内多余糖分的分解，对患有糖尿病、高血压、冠心病的老年人有良好的食疗功效。

营养成分表

营养素	含量（每100克）
蛋白质	1.1克
脂肪	0.4克
碳水化合物	14.2克
膳食纤维	5.9克
维生素A	未测定
维生素C	68毫克
钙	13毫克
铁	0.2毫克
锌	0.21毫克
硒	1.62微克

推荐食谱 **金橘番石榴鲜果汁**

|原料| 番石榴半个，金橘8个，苹果1个

|做法| ❶将番石榴洗净，切块；金橘洗净、切开；苹果洗净、切块。❷将番石榴、金橘、苹果一起放入榨汁机中，加入冷开水，一起搅打成果泥状，滤出果汁即可。

|健康指南| 此饮具有清热解毒、涩肠止泻的功效，适合患有糖尿病的老年人食用。饮品中的番石榴营养价值高，它含有蛋白质、脂肪、糖类、多种维生素、钙、磷、铁等营养物质，尤以维生素C含量丰富，有清热排脓、凉血止血、健脾消积、涩肠止泻的作用，可增加老年人的食欲，辅助治疗咽喉炎、发烧、腹泻、恶性瘤化脓等症。

◎搭配之宜

番石榴+石榴	可涩肠止泻，还能降糖降脂
番石榴+马齿苋	可治疗阴虚燥热型糖尿病
番石榴+生姜 ✓	可治疮痈经久不愈
番石榴+山药	可健脾止泻、降低血糖

[老年人吃什么？]

莲子

LIAN ZI

【水果、干果类】

[别 名] 莲肉、白莲子、湘莲子

【适用量】每日20克（干品）为宜。

【热量】约1439.9焦/克（干品）

【性味归经】鲜品性平，味甘、涩；干品性温，味甘、涩。归心、脾、肾经。

【主打营养素】

棉籽糖、钙、磷、钾

◎ 莲子中所含的棉籽糖，对于老年人有很好的滋补作用。莲子还富含钙、磷、钾，有安神、养血的作用。老年人食用莲子，还可为骨骼和牙齿提供丰富的钙，预防骨质疏松症。

营养成分表

营养素	含量（每100克）
蛋白质	17.2克
脂肪	2克
碳水化合物	67.2克
膳食纤维	3克
维生素A	未测定
维生素C	5毫克
钙	97毫克
铁	3.6毫克
锌	2.78毫克
硒	3.36微克

◎搭配宜忌

莲子+鸭肉	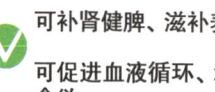	可补肾健脾、滋补养阴
莲子+红枣		可促进血液循环、增进食欲
莲子+螃蟹	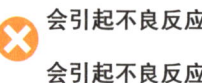	会引起不良反应
莲子+龟肉		会引起不良反应

推荐食谱 参片莲子汤

原料 人参片、红枣各10克，莲子40克

调料 冰糖10克

做法 ①红枣洗净、去核；莲子洗净；人参洗净，备用。②莲子、红枣、人参片放入炖盅，加水盖满材料（约11分钟），移入蒸笼，转中火蒸煮1小时。③加入冰糖续蒸20分钟，取出即可食用。

健康指南 此汤能起到扩张血管从而降低血压的作用。人参和莲子还有强心和抗心律不齐的作用；而红枣有降压、补血的功效。因此，患有高血压的老年人常服本品既可降低血压，还能补血养心、帮助睡眠。

[老年人  什么？]

花生

HUA SHENG

【水果、干果类】

[别 名] 长生果、长寿果、落花生

【适用量】每日40克为宜。

【热量】约12474焦/克（生花生）

【性味归经】性平，味甘。归脾、肺经。

【主打营养素】

维生素E、锌、不饱和脂肪酸

◎花生含有维生素E和一定量的锌，能起到增强记忆，抗衰老，延缓脑功能衰退，滋润皮肤的作用。花生中的不饱和脂肪酸有降低胆固醇的作用，对老年人防治动脉硬化、高血压和冠心病有食疗功效。

营养成分表

营养素	含量（每100克）
蛋白质	12克
脂肪	25克
碳水化合物	13克
膳食纤维	7.7克
维生素A	2微克
维生素C	14毫克
钙	8毫克
铁	3.4毫克
锌	1.79毫克
硒	4.5微克

◎搭配宜忌

花生+红葡萄酒 花生+醋	✓	保护心脏、畅通血管 增食欲、降血压
花生+螃蟹 花生+黄瓜	✗	导致肠胃不适、腹泻 导致腹泻

推荐食谱 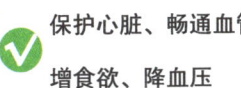 莲子红枣花生汤

|原料| 莲子100克，花生50克，红枣5枚

|调料| 冰糖55克

|做法| ①将莲子、花生、红枣分别用清水洗净备用。②锅上火倒入水，下入莲子、花生、红枣炖熟。③撇去浮沫，调入冰糖即可。

|健康指南| 此汤具有清心安神、益肾固精、降脂润肠等功效，适合心烦失眠、便秘的老年人食用。炖煮后的花生，具有不温不火、口感潮润、入口好烂、易于消化的特点，尤其适合老年人食用。另外，食用花生时可将花生连红衣一起与红枣配合使用，此品既可补虚，又能止血，最宜身体虚弱的老年人食用。

[老年人 吃 什么？]

核桃

HE TAO

【水果、干果类】

【适用量】每日4颗为宜。
【热量】约26245焦/克
【性味归经】性温，味甘。归肺、肾经。

[别 名] 胡桃仁、核仁、胡桃肉

【主打营养素】

蛋白质、不饱和脂肪酸、维生素C

◎核桃中富含蛋白质和不饱和脂肪酸，能滋养脑细胞，增强脑功能，预防阿尔茨海默病；所含的维生素C能软化血管。

营养成分表

营养素	含量（每100克）
蛋白质	14.9克
脂肪	58.8克
碳水化合物	9.1克
膳食纤维	9.5克
维生素A	5微克
维生素C	1毫克
钙	56毫克
铁	2.7毫克
锌	2.17毫克
硒	4.67微克

◎搭配宜忌

核桃+红枣		可美容养颜
核桃+黑芝麻		可补肝益肾、乌发润肤
核桃+黄豆		会引发腹痛、腹胀、消化不良
核桃+野鸡肉		会导致血热

推荐食谱 蜜枣核桃仁枸杞汤

|原料| 蜜枣125克，核桃仁100克，枸杞20克

|调料| 白糖适量

|做法| ①将蜜枣去核洗净；核桃仁用开水泡开，捞出沥干水；枸杞洗净备用。②锅中加水烧开，将蜜枣、核桃仁、枸杞放入锅中煲20分钟。③最后放入白糖即可。

|健康指南| 此汤有养肝补肾、濡目聪耳、降脂降压等功效，适合老年人饮用。核桃在国内享有"长寿果"、"万岁子"、"养人之宝"的美称，其含有人体不可缺少的微量元素锌、锰、铬等，对人体极为有益。另外，核桃还具有增强细胞活力，促进造血，增强免疫力等功效。

[老年人  吃什么？]

杏仁
XING REN
【水果、干果类】

[别 名] 杏核仁、杏子、木落子

【适用量】每日10～20克（甜杏仁）为宜。
【热量】约23524焦/克
【性味归经】性微温，味甘、酸。归肺经。

【主打营养素】
蛋白质、钙、不饱和脂肪酸、维生素E

◎ 杏仁富含蛋白质、钙、不饱和脂肪酸和维生素E，有降低血糖和胆固醇的作用，此外，杏仁中所含的苦杏仁苷可保护血管，维持正常血压水平，尤其适合老年人食用。

营养成分表

营养素	含量（每100克）
蛋白质	22.5克
脂肪	45.4克
碳水化合物	15.9克
膳食纤维	8克
维生素A	未测定
维生素C	26毫克
钙	97毫克
铁	2.2毫克
锌	4.3毫克
硒	15.65微克

◎搭配宜忌

| 杏仁+桔梗
杏仁+大米 ✓ | 止咳、降气、祛痰
治疗痔疮、便血 |
| 杏仁+小米
杏仁+板栗 ✗ | 引起呕吐、腹泻
引起胃胀、胃痛 |

推荐食谱：杏仁哈密瓜汁

|原料| 杏仁30克，哈密瓜300克

|做法| ❶哈密瓜用水洗净，去皮后切成块。

❷将杏仁、哈密瓜倒入榨汁机，加少量开水榨成汁即可。

|健康指南| 此饮具有润肺止咳、生津止渴、润肠降脂的功效，适合肺虚咳嗽、暑热烦渴、口干咽燥的老年人以及高血脂、便秘等患者食用。饮品中的杏仁含不饱和脂肪酸，能降低胆固醇，预防动脉硬化、心脏病。另外，杏仁还富含钙、镁等对人体有益的微量元素，常食对老年人的骨骼健康极为有利。

[老年人什么？]

板栗
BAN LI
【水果、干果类】

[别 名] 毛栗、瑰栗、凤栗

【适用量】每日5个为宜。
【热量】约7744焦/克
【性味归经】性温，味甘、平。归脾、胃、肾经。

【主打营养素】
不饱和脂肪酸、维生素、矿物质

◎板栗含有丰富的不饱和脂肪酸、多种维生素和钙、磷、铁等多种矿物质，有助于老年人预防和辅助治疗高血压、冠心病、动脉硬化等心血管疾病。

营养成分表

营养素	含量（每100克）
蛋白质	4.2克
脂肪	0.7克
碳水化合物	42.2克
膳食纤维	1.7克
维生素A	32微克
维生素C	24毫克
钙	17毫克
铁	1.1毫克
锌	0.57毫克
硒	1.13微克

◎搭配宜忌

板栗+大米 可健脾补肾
板栗+鸡肉 可补肾虚、益脾胃

板栗+杏仁 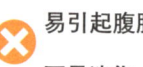 易引起腹胀
板栗+羊肉 不易消化，易引起呕吐

推荐食谱 板栗饭

|原料| 去壳生板栗20克（约6个），胚芽米60克

|调料| 盐适量

|做法| ①胚芽米洗净。②板栗洗净泡水，并剥去外层薄膜。③将板栗放入胚芽米中浸泡约30分钟，再置入饭锅中煮熟即可。

|健康指南| 板栗中所含的丰富的不饱和脂肪酸和维生素、矿物质，能防治原发性高血压、冠心病、动脉硬化、骨质疏松等疾病，是抗衰老、延年益寿的滋补佳品。老年人食用这道饭，对身体极为有利。由于板栗不太容易消化，尤其是熟板栗，所以老年人每次食用不宜过多。

[老年人  吃 什么？]

腰果

YAO GUO

【水果、干果类】

[别 名] 肾果、树花生、鸡腰果

【适用量】每日30克为宜。
【热量】约21850焦/克
【性味归经】性平，味甘。归脾、胃、肾经。

【主打营养素】

膳食纤维、钙、镁、铁
◎腰果富含膳食纤维以及钙、镁、铁等微量元素，有降低血糖和胆固醇的作用。此外，腰果有保护血管，维持正常血压水平的功效。因腰果还富含钙，能防治糖尿病性骨质疏松症，所以老年人可以适量食用。

营养成分表

营养素	含量（每100克）
蛋白质	17.3克
脂肪	36.7克
碳水化合物	38克
膳食纤维	3.6克
维生素A	8微克
维生素C	未检出
钙	26毫克
铁	4.8毫克
锌	4.3毫克
硒	34微克

◎搭配宜忌

腰果+莲子 ✓ 可养心安神、降压降糖
腰果+茯苓 可补润五脏、安神

腰果+虾仁 ✗ 导致高血钾症
腰果+鸡蛋 会引起腹痛腹泻

推荐食谱 **腰果蹄筋**

|原料| 腰果50克，猪蹄筋200克

|调料| 葱花15克，盐、味精各3克

|做法| ❶猪蹄筋洗净，切碎末，入开水锅中，加入盐、味精，煮至黏稠状取出，放入冰箱冷冻。❷将冷冻后的猪蹄筋切成块状，摆入盘中。❸最后撒上腰果、葱花即可。

|健康指南| 腰果中的脂肪成分主要是不饱和脂肪酸，有软化血管的作用，对保护血管、防治心血管疾病大有益处。将腰果搭配猪蹄筋一同烹饪，有补脑益智、安神助眠、保护血管等作用，老年人常食对神经衰弱、失眠头晕以及心脑血管疾病大有益处。

[老年人  吃 什么？]

南瓜子
NAN GUA ZI

【水果、干果类】

[别名] 南瓜仁、白瓜子、金瓜米

【适用量】每次60克为宜。
【热量】约24027焦/克
【性味归经】性平，味甘。归大肠经。

【主打营养素】
蛋白质、脂肪、维生素E、矿物质

◎南瓜子含有丰富的蛋白质、脂肪，以及钙、铁、锌等矿物质，有滋养作用，老年人食用可为身体提供所需的营养。此外，南瓜子含有的维生素E，可防止色素沉着。

营养成分表

营养素	含量（每100克）
蛋白质	36克
脂肪	46.1克
碳水化合物	7.9克
膳食纤维	4.1克
维生素A	未测定
维生素C	未测定
钙	37毫克
铁	6.5毫克
锌	7.12毫克
硒	27.03微克

◎搭配宜忌

南瓜子+花生 南瓜子+蜂蜜		可改善小儿营养不良 治蛔虫病
南瓜子+咖啡 南瓜子+羊肉		影响铁的吸收 会引起腹胀、胸闷

推荐食谱 凉拌玉米瓜仁

|原料| 玉米粒100克，南瓜子仁30克，枸杞10克

|调料| 香油4毫升，盐适量

|做法| ①将玉米粒洗干净，沥干水；南瓜子仁、枸杞洗净。②将南瓜子仁、枸杞与玉米粒一起入沸水中焯熟，捞出，沥干水后，加入香油、适量盐，拌均匀即可。

|健康指南| 此菜有良好的降糖、降压作用，患有糖尿病、高血压的老年人可经常食用。成菜中的南瓜子富含脂肪、蛋白质、B族维生素、维生素C以及尿酶、南瓜子氨酸等，老年人经常吃南瓜子，可有效降低血糖。

[老年人 吃 什么？]

葵花子

KUI HUA ZI

【水果、干果类】

[别 名] 天葵子、向日葵子、瓜子

【适用量】每日40克为宜。
【热量】约25366焦/克
【性味归经】性平，味甘。归心、大肠经。

【主打营养素】

维生素E、钙、硒

◎葵花子含有丰富的维生素E以及钙、硒等微量元素，可有效降低血糖，并有助于预防动脉硬化、冠心病，还能预防老年性骨质疏松症，非常适合老年人食用。

营养成分表

营养素	含量（每100克）
蛋白质	19.1克
脂肪	53.4克
碳水化合物	16.7克
膳食纤维	4.5克
维生素A	未测定
维生素C	未测定
钙	115毫克
铁	2.9毫克
锌	0.5毫克
硒	5.78微克

◎搭配宜忌

葵花子+芹菜	✓	可降低血压、通便润肠
葵花子+老母鸡		可补虚益气、养心安神
葵花子+黄瓜	✗	易导致腹泻
葵花子+羊肉		易引起腹胀、胸闷

推荐食谱 葵花子鱼

|原料| 草鱼1条，葵花子10克，干淀粉500克

|调料| 番茄酱50毫升，白糖30克，白醋30毫升，盐少许

|做法| ❶将草鱼洗净，再将鱼头和鱼身斩断，于鱼身的背部开刀，取出鱼脊骨，将鱼肉改成"象眼"形花刀，拍上干淀粉。❷锅烧油，将拌有干淀粉的去骨鱼和鱼头放入锅中炸至金黄捞出。❸番茄酱、白糖、白醋、盐调成番茄汁，和葵花子一同淋于鱼上即可。

|健康指南| 葵花子中的亚油酸有助于降低人体的血液胆固醇水平；草鱼对降低血压、加速血液循环有很好的食疗效果，所以老年人食用此菜，有益于保护心血管健康。

[老年人  吃 什么？]

西瓜子
XI GUA ZI
【水果、干果类】

[别 名] 瓜子、寒瓜子

【适用量】每日25克为宜。

【热量】约23985焦/克（炒西瓜子）

【性味归经】性寒，味甘。归肺、胃、大肠经。

【主打营养素】
不饱和脂肪酸、膳食纤维
◎西瓜子富含丰富的不饱和脂肪酸和膳食纤维，有降低血压、血糖的功效，并有助于预防动脉硬化、冠心病、脑出血，尤为适合患有高血压、糖尿病以及心脑血管疾病的老年人食用。

营养成分表

营养素	含量（每100克）
蛋白质	32.7克
脂肪	44.8克
碳水化合物	14.2克
膳食纤维	4.5克
维生素A	未测定
维生素C	未检出
钙	28毫克
铁	8.2毫克
锌	6.67毫克
硒	23.44微克

◎搭配之宜

西瓜子+银耳	可健脾养胃
西瓜子+莲子 ✓	可降低血压、血糖
西瓜子+甘草	可防治慢性咳喘、气管炎

推荐食谱 花生瓜子芦荟粥

|原料| 大米60克，芦荟、花生米、西瓜子各20克

|调料| 盐、味精各适量

|做法| ❶将大米淘洗干净；芦荟洗净，切小片；花生米、西瓜子洗净泡发。❷锅置火上，注入适量清水后，放入大米、花生米、西瓜子煮至熟时，放入芦荟。❸用小火煮至成粥，调入盐、味精入味，即可食用。

|健康指南| 此粥能补肾益气、润肠通便，还能降脂降糖、美容瘦身。另外，老年人食用花生好处多，最突出的好处就是能养胃，因为花生中富含膳食纤维，能促进胃肠蠕动，减少脂肪和糖分在体内代谢的时间。

[老年人 吃 什么？]

松子
SONG ZI
【水果、干果类】

[别　名] 海松子、红果松

【适用量】每日25克为宜。
【热量】约25910焦/克（炒松子）
【性味归经】性平，味甘。归肝、肺、大肠经。

【主打营养素】
不饱和脂肪酸
◎松子中的脂肪成分是油酸、亚油酸等不饱和脂肪酸，具有防治动脉硬化的作用。另外，松子还有防止胆固醇增高以及预防高血脂及心血管疾病的作用。因此，老年人可以适量食用松子。

营养成分表

营养素	含量（每100克）
蛋白质	14.1克
脂肪	58.5克
碳水化合物	12.2克
膳食纤维	12.4克
维生素A	5微克
维生素C	未检出
钙	161毫克
铁	5.2毫克
锌	5.49毫克
硒	0.62微克

◎搭配宜忌

松子+兔肉 ✓ 预防心脏病、脑卒中
松子+杏仁 ✓ 补脑益智，润肺、通便
松子+羊肉 ✗ 易引起腹胀、胸闷

推荐食谱 香蕉松仁双米粥

|原料| 糙米、糯米各50克，香蕉30克，低脂牛奶30毫升，胡萝卜丁、豌豆各20克，松仁10克

|调料| 红糖6克，葱少许

|做法| ①糙米、糯米洗净，浸泡1小时；香蕉去皮，切片；松仁洗净；葱洗净，切花。②锅置火上，注入水，放糙米、糯米、豌豆、胡萝卜丁煮至米粒开花后，加入香蕉、松仁同煮。③再加入牛奶煮至粥成，调入红糖入味，撒上葱花即可。

|健康指南| 松子中的脂肪成分是油酸、亚油酸等不饱和脂肪酸，具有防治动脉硬化的作用。此粥可润肠通便、降低血脂、益气补虚，非常适合老年人食用。

[老年人 吃 什么？]

榛子
ZHEN ZI
【水果、干果类】

[别　名] 山板栗、榛子、尖栗

【适用量】每日30克左右为宜。

【热量】约22687焦/克（干品）

【性味归经】性平，味甘。归脾、胃、肾经。

【主打营养素】
维生素E、矿物质
◎榛子富含的维生素E，能有效地延缓衰老，防治血管硬化，润泽肌肤，还富含钙、磷、铁等多种矿物质成分，老年人经常食用有助于增强身体抵抗力。

营养成分表

营养素	含量（每100克）
蛋白质	20克
脂肪	44.8克
碳水化合物	14.7克
膳食纤维	9.6克
维生素A	8微克
维生素C	未测定
钙	104毫克
铁	6.4毫克
锌	5.83毫克
硒	0.78微克

◎搭配宜忌

榛子+丝瓜	可降低血脂
榛子+粳米 ✓	健脾开胃、增强免疫力
榛子+核桃	增强体力、美颜抗衰
榛子+牛奶 ✗	会影响营养吸收

推荐食谱 桂圆榛子粥

|原料| 榛子、桂圆肉、玉竹各20克，大米90克
|调料| 白糖20克
|做法| ①榛子去壳去皮，洗净，切碎；桂圆肉、玉竹洗净；大米泡发洗净。②锅置火上，注入清水，放入大米，用大火煮至米粒开花。③放入榛子、桂圆肉、玉竹，用中火煮至熟，放入白糖调味即可。

|健康指南| 榛子本身有一种天然的香气，具有开胃的功效，丰富的纤维素还有助消化和防治便秘的作用；榛子中还含有一种抗癌化学成分紫杉酚，可防癌抗癌。用榛子、桂圆肉、玉竹熬煮的粥有壮阳益气、补益心脾、养血安神等多种功效，适合老年人食用。

[老年人  吃 什么？]

玉米

YU MI

【五谷粮豆类】

[别 名] 苞谷、包谷、珍珠米

【适用量】每日100克左右为宜。

【热量】约4437焦/克

【性味归经】性平，味甘。归脾、肺经。

【主打营养素】

膳食纤维、谷胱甘肽、镁

◎玉米富含丰富的不饱和脂肪酸和膳食纤维，有利于老年人降低餐后血糖水平。玉米中含有一种特殊的抗癌物质——谷胱甘肽，它进入人体后可与多种致癌物质结合，使致癌物失去致癌性。

营养成分表

营养素	含量（每100克）
蛋白质	4克
脂肪	1.2克
碳水化合物	22.8克
膳食纤维	2.9克
维生素A	17微克
维生素C	16毫克
钙	14毫克
铁	2.4毫克
锌	0.9毫克
硒	3.52微克

◎搭配宜忌

玉米+木瓜	✓	可预防冠心病和糖尿病
玉米+鸡蛋		可防止胆固醇过高
玉米+田螺	✗	会引起中毒
玉米+红薯		会造成腹胀

推荐食谱

西芹拌玉米

|原料| 西芹350克，玉米粒200克

|调料| 香油20毫升，盐4克，鸡精2克，醋适量

|做法| ❶将西芹洗净，切成小块；玉米粒洗净备用。❷将西芹和玉米粒放入沸水锅中氽水，捞出沥干，装盘。❸加入香油、醋、盐和鸡精，搅拌均匀即可。

|健康指南| 玉米含有维生素E及钙、硒等微量元素，具有降低血清胆固醇含量，预防高血脂、高血压、冠心病等作用；西芹含有丰富的膳食纤维，能促进肠胃蠕动，减少胆固醇和脂肪在肠道内蓄积的时间，还能有效预防便秘。老年人常食此菜对高血脂、高血压等病大有好处。

[老年人 吃 什么？]

小米

XIAO MI

【五谷粮豆类】

[别 名] 粟米、谷子、黏米

【适用量】每天食用50克左右为宜。

【热量】约14985焦/克

【性味归经】性凉，味甘、咸。陈者性寒，味苦。归脾、肾经。

【主打营养素】

钙、铁、锌、硒、镁、磷、维生素B_1

◎小米含有丰富的微量元素，能有效调节血糖。小米中含有的维生素B_1，对老年人的手、足、视觉神经有保护作用。此外，小米还有缓解神经紧张、压力等功效。

营养成分表

营养素	含量（每100克）
蛋白质	9克
脂肪	3.1克
碳水化合物	75.1克
膳食纤维	1.6克
维生素A	17微克
维生素E	3.63毫克
钙	41毫克
铁	5.1毫克
锌	1.87毫克
硒	4.74微克

◎搭配宜忌

小米+洋葱　　可生津止渴、降脂降糖
小米+苦瓜 ✓　可清热解暑
小米+黄豆　　可健脾和胃、益气宽中

小米+杏仁 ✗　会使人呕吐、泄泻

推荐食谱

小米南瓜羹

|原料| 小米90克，干玉米碎粒40克，南瓜30克
|调料| 盐少许

|做法| ①将小米洗净，备用；南瓜洗净，切成碎粒，入沸水中煮熟，取出捣成糊。②将小米、洗净的玉米碎粒、南瓜糊同放入电饭煲内，加清水煲至黏稠时倒出盛入碗内。③加盐调味即可食用。

|健康指南| 小米中含有一般粮食中不含的胡萝卜素，特别是它的维生素B_1含量居所有粮食之首，所含的铁量很高，磷也很丰富，有补血、健脑的作用。将小米搭配玉米碎、南瓜一同煲煮，营养更加全面，非常适合老年人滋补身体，还可预防缺铁性贫血。

[老年人 吃 什么？]

糙米

CAO MI

【五谷粮豆类】

[别 名] 胚芽米、玄米

【适用量】每餐100克左右为宜。
【热量】约15237焦/克
【性味归经】性温，味甘。归脾、胃经。

【主打营养素】

膳食纤维

◎糙米中的膳食纤维含量较为丰富，不仅能促进肠胃蠕动，缓解便秘，还能与胆汁中的胆固醇结合，促进胆固醇的排出，进而帮助患有高脂血症的老年人降低血脂。

营养成分表

营养素	含量（每100克）
蛋白质	7.9克
脂肪	2.6克
碳水化合物	75.6克
膳食纤维	1.2克
维生素A	0.8微克
维生素E	0.5毫克
钙	6毫克
镁	127毫克
铁	2.6毫克
锌	2.1毫克

◎搭配宜忌

糙米+枸杞　　补肾养阴、明目养血
糙米+荠菜  利尿止血、健脾补虚
糙米+大豆　　缓解更年期综合征
糙米+牛奶 使营养素流失

推荐食谱 山药糙米鸡

|原料| 鸡半只，山药10克，松子1汤匙，红枣5个，糙米半碗

|调料| 葱花3克，盐适量

|做法| 1 将鸡收拾干净，氽烫去血水，切块备用；山药去皮，洗净，切块；松子、红枣、糙米均洗净。2 烧开一小锅水，再放入鸡块、山药、红枣、糙米，大火煮5分钟后以小火慢炖约30分钟，再撒入松子、葱花，调入盐即可。

|健康指南| 此菜含有丰富的不饱和脂肪酸、维生素E等，有降低胆固醇含量、防治动脉硬化的作用，适合患有高血脂、冠心病的老年人食用。

[老年人  吃什么？]

黑米

HEI MI

【五谷粮豆类】

[别名] 血糯米

【适用量】每天食用50克左右为宜。
【热量】约13939焦/克
【性味归经】性平，味甘。归脾、胃经。

【主打营养素】

膳食纤维、维生素B_1

◎黑米含有丰富的膳食纤维，可促进肠胃蠕动，预防老年人便秘。黑米中含有的维生素B_1能很好地保护老年人的手、足、视觉神经。

营养成分表

营养素	含量（每100克）
蛋白质	9.4克
脂肪	2.5克
碳水化合物	72.2克
膳食纤维	3.9克
维生素A	未测定
维生素E	0.22毫克
钙	12毫克
铁	1.6毫克
锌	3.8毫克
硒	3.2微克

◎搭配之宜

黑米+牛奶	可益气、养血、生津、健脾胃
黑米+莲子	可补肝益肾、丰肌润发
黑米+红豆 ✓	可气血双补
黑米+绿豆	可健脾胃、祛暑热

推荐食谱 红豆黑米粥

|原料| 黑米50克，红豆30克，猪腰10克，花生米10克，萝卜20克

|调料| 盐、葱花各适量

|做法| ①花生米洗净；黑米、红豆洗净后泡1小时；萝卜洗净切块；猪腰洗干净，切成腰花。②将泡好的黑米、红豆、猪腰同入锅，加水煮沸，下入花生米、萝卜，中火熬煮半小时。③等黑米、红豆煮至开花，加入盐调味，撒上葱花即可。

|健康指南| 黑米与豆类、花生一起熬粥，能使黑米中的脂溶性维生素E更好地被人体消化吸收。另外，此粥有补肾健脑、益肝明目、滋阴养血的作用，适合老年人食用。

[老年人  吃什么？]

燕麦

YAN MAI

【五谷粮豆类】

[别 名] 野麦、雀麦

【适用量】每日40克左右为宜。
【热量】约15362焦/克
【性味归经】性温，味甘。归脾、心经。

【主打营养素】

蛋白质、维生素、氨基酸、矿物质

◎燕麦富含蛋白质、多种维生素和人体必需的8种氨基酸，营养丰富，老年人食用具有滋养的作用。另外，燕麦中含有的钙、磷、铁、锌等矿物质有促进伤口愈合、预防贫血的作用。

营养成分表

营养素	含量（每100克）
蛋白质	15克
脂肪	6.7克
碳水化合物	61.6克
膳食纤维	5.3克
维生素A	420微克
维生素E	3.07毫克
钙	186毫克
铁	7毫克
锌	2.59毫克
硒	4.31微克

◎搭配宜忌

燕麦+南瓜	✓	可降低血糖
燕麦+小麦		减肥、降血糖、降血压
燕麦+红薯	✗	会导致胃痉挛、胀气
燕麦+白糖		产生胀气

推荐食谱：燕麦猪血粥

|原料| 燕麦150克，猪血块100克

|调料| 米酒少许

|做法| ①将猪血块洗净切成小块；燕麦洗净。②再将燕麦、猪血块放入锅中煮1小时。③待粥成后，加入米酒调味即可。

|健康指南| 燕麦的蛋白质含量较丰富，而且其氨基酸的组成比例合理，因此蛋白质的利用率高。另外，燕麦中含有的钙、磷、铁、锌等矿物质有预防贫血的功效，且是补钙的佳品，可有效预防老年人骨质疏松。老年人喝这道粥可起到滋补身体、增强自身免疫力的作用。

[老年人  吃 什么？]

荞麦
QIAO MAI
【五谷粮豆类】

[别 名] 苦荞麦、金荞麦

【适用量】每天食用60克左右为宜。
【热量】约13562焦/克
【性味归经】性寒，味甘、平。归脾、胃、大肠经。

【主打营养素】
膳食纤维、黄酮、镁、铬
◎ 荞麦含有丰富的黄酮、镁、铬等元素，具有降低血糖的作用。富含的膳食纤维一方面能改善葡萄糖耐受量，帮助人体代谢葡萄糖，另一方面能促进肠胃蠕动，预防老年人便秘。

营养成分表

营养素	含量（每100克）
蛋白质	9.3克
脂肪	2.3克
碳水化合物	66.5克
膳食纤维	6.5克
维生素A	3微克
维生素E	4.4毫克
钙	47毫克
铁	6.7毫克
锌	3.62毫克
硒	2.45微克

◎ 搭配宜忌

荞麦+韭菜　可降低血糖
荞麦+瘦肉 ✓　止咳、平喘
荞麦+莱菔子　消食降气

荞麦+野鸡肉 ✗　会导致营养成分流失

推荐食谱　荞麦凉面

|原料| 荞麦面150克，熟牛肉、胡萝卜、花菜各30克，香干20克

|调料| 植物油4毫升，盐、淀粉、卤汁各适量

|做法| ❶熟牛肉切片；胡萝卜、香干均洗净切片；花菜洗净切朵。❷锅中注入植物油烧热，放入胡萝卜、香干、花菜炒香，加入卤汁烧开，调入盐，用淀粉勾芡。❸荞麦面入沸水中煮熟，捞出过凉水后装盘，摆上炒好的胡萝卜、香干、花菜，放上熟牛肉即可。

|健康指南| 此面清淡爽口，适合肠胃不舒服的老年人食用。荞麦面是理想的健康食品，对高血压、冠心病、糖尿病、癌症患者有特殊的保健作用。

[老年人 吃 什么？]

莜麦

YOU MAI

【五谷粮豆类】

[别 名] 油麦、玉麦、铃铛麦

【适用量】每天食用40克左右为宜。
【热量】约15320焦/克
【性味归经】性平，味甘。归脾、胃、肾经。

【主打营养素】

钾、镁、锌、氨基酸

◎莜麦所含有的钾、镁、锌等元素，可促进胰岛素的生成和分泌，老年人食用有利血糖的平衡。它还富含蛋白质、多种维生素和人体必需的8种氨基酸，营养丰富，具有抗疲劳的作用。

营养成分表

营养素	含量（每100克）
蛋白质	12.2克
脂肪	7.2克
碳水化合物	67.8克
膳食纤维	4.6克
维生素E	7.96毫克
钙	27毫克
镁	146毫克
铁	13.6毫克
锌	2.21毫克
硒	0.5微克

◎搭配之宜

莜麦+绿豆	可降低血糖
莜麦+鱼子	降脂、降糖
莜麦+冬菇 ✓	防癌、抗衰老
莜麦+黄豆	预防贫血

推荐食谱 凉拌莜麦面

|原料| 莜麦面100克，黄瓜、胡萝卜各50克

|调料| 植物油4毫升，花生酱、生抽各适量

|做法| ❶将黄瓜、胡萝卜洗净，均切成丝。❷锅中注水烧开，放入莜麦面煮熟，捞出沥水，调入花生酱、植物油、生抽拌匀。❸将切好的黄瓜、胡萝卜盖在面条上即可。

|健康指南| 莜麦含有丰富的营养，可充分地补充身体所需营养，搭配黄瓜、胡萝卜一起食用，有提高人体免疫力、促进机体的新陈代谢、延年益寿、抗衰老的功效，尤其适合老年人食用。另外，黄瓜中含有的丙醇二酸还有降低胆固醇含量的作用，老年人常吃此面，还可健脾开胃、降低血糖。

[老年人吃什么？]

大麦
DA MAI

【适用量】每天食用50克左右为宜。
【热量】约12851焦/克
【性味归经】性凉，味甘。归脾、胃经。

【五谷粮豆类】

[别 名] 稞麦、饭麦、赤膊麦

【主打营养素】

膳食纤维、钙、镁、铁、锌、硒

◎大麦中含有丰富的膳食纤维，可润肠通便，减缓血糖上升的速度。大麦中还含有丰富的钙，以及镁、铁、锌、硒等微量元素，可有效调节血糖，并防止老年人骨质疏松。

营养成分表

营养素	含量（每100克）
蛋白质	10.2克
脂肪	1.4克
碳水化合物	63.4克
膳食纤维	9.9克
维生素E	1.23毫克
钙	66毫克
镁	158毫克
铁	6.4毫克
锌	4.36毫克
硒	9.8微克

◎搭配宜忌

大麦+姜汁	可利小便、解毒
大麦+豌豆 ✓	有助于降低血糖
大麦+红枣	有助于促进营养吸收
大麦+牛奶 ✗	会生成有害物质

推荐食谱：大麦茶

|原料| 大麦250克

|调料| 白糖适量

|做法| ❶将大麦去掉外壳，用清水洗净，晾干，然后放进锅中，用小火炒黄炒酥。❷将炒好的大麦放入杯中，加入适量白糖，倒入开水冲泡即可。

|健康指南| 大麦有解除五脏之热、暖胃生津、养精血、抗乏力、防衰老的作用，是老年人居家养生的健康食物。用大麦制成的茶饮，茶味甘美清香，营养丰富，风味独特，具有助消化、清热解毒、缓解便秘等多种功效，且不含茶碱、咖啡因等对人体不利的成分，非常适合老年人饮用。

[老年人  什么？]

薏米

YI MI

【五谷粮豆类】

[别 名] 六谷米、药玉米、薏苡仁

【适用量】每天食用60克左右为宜。
【热量】约14943焦/克
【性味归经】性凉，味甘、淡。归脾、胃、肺经。

【主打营养素】

维生素B₂、薏米酯、谷固醇、氨基酸、膳食纤维

◎薏米富含的维生素B₂、薏米酯、谷固醇、氨基酸具有降低血糖的作用。薏米中含有的膳食纤维，可促进排便，缓解老年人便秘。此外，老年人多食薏米还能美容健肤。

营养成分表

营养素	含量（每100克）
蛋白质	12.8克
脂肪	3.3克
碳水化合物	71.1克
膳食纤维	2克
维生素B₂	0.15毫克
维生素E	2.08毫克
钙	42毫克
铁	3.6毫克
锌	1.68毫克
硒	3.07微克

◎搭配宜忌

薏米+香菇	✓	可防癌抗癌
薏米+腐竹		可降低胆固醇含量
薏米+红豆	✗	会引起呕吐、泄泻
薏米+杏仁		会引起呕吐、泄泻

推荐食谱：薏米白果粥

|原料| 薏米60克，大米50克，白果10克，枸杞5克

|调料| 盐、葱各适量

|做法| ①大米洗净；薏米泡发洗净；白果洗净，捣碎；枸杞洗净；葱洗净，切花。②锅洗净，置于火上，倒入清水，放入大米、薏米、白果、枸杞，以大火煮至米粒开花。③煮至浓稠状时，调入盐拌匀，撒上葱花即可食用。

|健康指南| 薏米熬粥时加入适量白果，有健脾除湿、清热排毒的功效。老年人食用此粥，不仅有利血糖平衡，还可增强机体的抵抗力。

[老年人  吃 什么？]

黄豆

HUANG DOU

【五谷粮豆类】

[别 名] 大豆、黄大豆

【适用量】每天食用30克左右为宜。

【热量】约15027焦/克

【性味归经】性平，味甘。归脾、大肠经。

【主打营养素】

铁、钙、蛋白质

◎黄豆含有丰富的铁，易吸收，可预防缺铁性贫血，对老年人尤为重要；黄豆还富含钙和蛋白质，可强身健体，预防骨质疏松。另外，老年人食用黄豆还有利于降低胆固醇含量。

营养成分表

营养素	含量（每100克）
蛋白质	35克
脂肪	16克
碳水化合物	34.2克
膳食纤维	7.7克
维生素A	37微克
维生素E	18.9毫克
钙	191毫克
铁	8.2毫克
锌	3.34毫克
硒	6.16微克

◎搭配宜忌

黄豆+胡萝卜	✓	有助于骨骼发育
黄豆+红枣		有补血、降血脂的功效
黄豆+虾皮	✗	会影响钙的消化吸收
黄豆+核桃		会导致腹胀、消化不良

推荐食谱 **泡嫩黄豆**

|原料| 黄豆1000克，干红辣椒100克，盐水6000克，片糖100克，白酒25克，醪糟50克

|调料| 盐300克，食用碱25克，香料包1个（花椒、八角、小茴香、桂皮各10克）

|做法| ① 黄豆洗净，放入含有碱的开水锅中烫至不能再发芽，捞起，用沸水漂洗后晾凉，用清水泡4天取出，沥干水分。② 将盐水、红糖、干红辣椒、白酒、醪糟汁和盐一并放入坛中，搅拌，使片糖和盐融化。③ 放入黄豆及香料包，盖上坛盖，泡制1个月左右即成。

|健康指南| 黄豆中含有一种特殊成分——异黄酮，能降低血压和胆固醇，而且少量白酒和醪糟具有软化血管、降低血压，预防动脉硬化的作用。

[老年人 吃 什么？]

黑豆
HEI DOU
【五谷粮豆类】

[别 名] 乌豆、黑大豆

【适用量】每天食用40克左右为宜。
【热量】约15948焦/克
【性味归经】性平，味甘。归心、肝、肾经。

【主打营养素】
不饱和脂肪酸、膳食纤维、维生素E

◎黑豆中所含有的不饱和脂肪酸可以有效降低胆固醇含量。黑豆中还含有大量的膳食纤维，可防治便秘。其含有的丰富的维生素E，有明目、乌发的作用。所以，老年人可以常食黑豆。

营养成分表

营养素	含量（每100克）
蛋白质	36克
脂肪	15.9克
碳水化合物	33.6克
膳食纤维	10.2克
维生素A	5微克
维生素E	17.36毫克
钙	224毫克
铁	7毫克
锌	4.18毫克
硒	6.79微克

◎搭配宜忌

黑豆+牛奶	✓	有利于维生素B₁₂的吸收
黑豆+谷类		营养丰富
黑豆+柿子	✗	易产生结石
黑豆+蓖麻子		对身体不利

推荐食谱：黑豆牛蒡炖鸡汤

|原料| 黑豆、牛蒡各300克，鸡腿400克
|调料| 盐4克
|做法| ①黑豆淘净，以清水浸泡30分钟。②牛蒡削皮，洗净切块；鸡腿洗净，剁块，汆水后捞出。③黑豆、牛蒡先下锅，加6碗水煮沸，转小火炖15分钟，再下鸡块续炖30分钟，待肉熟烂，加盐调味即成。

|健康指南| 此汤中的黑豆含有丰富的维生素A，有补肾强身、活血利水、解毒、润肤的功效，特别适合肾虚体弱的老年人食用。老年人常食用此汤，对肾虚体弱、腰痛膝软、颜面水肿、风湿痹痛、关节不利、痈肿疮毒等问题还有良好的防治作用。

[老年人  吃 什么？]

绿豆

LÜ DOU

【五谷粮豆类】

[别 名] 青小豆

【适用量】每天食用40克左右为宜。

【热量】约13227焦/克

【性味归经】性凉，味甘。归心、胃经。

【主打营养素】

蛋白质、磷脂、碳水化合物、钙

◎绿豆中所含蛋白质、磷脂均有兴奋神经、增进食欲的功能，为机体许多重要脏器增加必需的营养成分。绿豆还富含碳水化合物和钙，能保证老年人身体消耗热量的供给以及促进筋骨的强壮。

营养成分表

营养素	含量（每100克）
蛋白质	21.6克
脂肪	0.8克
碳水化合物	62克
膳食纤维	6.4克
维生素A	22微克
维生素E	10.95毫克
钙	81毫克
铁	6.5毫克
锌	2.18毫克
硒	4.28微克

推荐食谱 山药绿豆汤

|原料| 新鲜紫山药140克，绿豆100克

|调料| 砂糖10克

|做法| ①绿豆泡水至膨胀，沥干水分后放入锅中，加入清水，以大火煮沸，再转小火续煮40分钟至绿豆完全软烂，加入砂糖搅拌至溶化后熄火。②山药去皮洗净切小丁。③另外准备一锅滚水，放入山药丁煮熟后捞起，与绿豆汤混合即可食用。

|健康指南| 本品中的山药含有大量的黏液蛋白、维生素及微量元素，能有效阻止血脂在血管壁的沉淀，绿豆有清热解暑，利尿消肿，降低血脂、血压的作用，所以本品为高血压、高血脂、高胆固醇血症、糖尿病、动脉硬化及冠心病患者的药膳佳肴。

◎搭配宜忌

绿豆+大米 ✓ 有利于消化吸收
绿豆+百合 可解渴润燥、降压降糖

绿豆+狗肉 ✗ 会引起中毒
绿豆+榛子 容易导致腹泻

[老年人 吃 什么？]

花豆
HUA DOU
【五谷粮豆类】

[别 名] 红花菜豆、大红豆、福豆

【适用量】每天食用30克左右为宜。

【热量】约13269焦/克

【性味归经】性平，味甘、酸。归脾、胃、肾经。

【主打营养素】
氨基酸、维生素、矿物质

◎ 花豆中的氨基酸种类多达17种，是糖尿病老年患者较好的补益食品。花豆中含有丰富的维生素和钙、锌、硒等矿物质，具有调节血糖、增强食欲、健脾壮肾的作用。

营养成分表

营养素	含量（每100克）
蛋白质	19.1克
脂肪	1.3克
碳水化合物	57.2克
膳食纤维	5.5克
维生素A	72微克
维生素E	6.13毫克
钙	38毫克
铁	0.3毫克
锌	1.27毫克
硒	19.05微克

◎搭配之宜

花豆+鸡肉	可健脾补肾
花豆+猪脚	可补肾壮阳
花豆+排骨 ✓	可开胃消食
花豆+灵芝	可增强免疫力

推荐食谱：花豆炒虾仁

|原料| 花豆100克，虾仁50克

|调料| 盐5克，味精1克，葱4克

|做法| ① 将葱洗净，切段；花豆洗净，放进清水里泡发至涨大；虾仁洗净。② 锅置火上，加入适量油烧热后下入虾仁拌炒，炒至虾仁变色出锅。③ 另起锅炒香花豆，然后加入虾仁，调入盐、味精、葱段，炒匀即可。

|健康指南| 花豆是高淀粉、高蛋白质、低脂肪、维生素和矿物质含量丰富的保健食品，长期食用，有健脾壮肾、增强食欲、抗风湿的作用。将其与虾仁共炒，可增强免疫力，有降糖降压的功效，尤其适合患有高血压、糖尿病的老年人食用。

[老年人吃什么？]

【适用量】每次食用30克左右为宜。
【热量】约12934焦/克
【性味归经】性平，味甘、酸。归心、小肠经。

红豆
HONG DOU
【五谷粮豆类】

[别 名] 赤小豆、红小豆

【主打营养素】

膳食纤维、碳水化合物、维生素E、铁、锌

◎红豆中含有丰富的膳食纤维，可以促进排便，防治老年人便秘。红豆中还含有大量的碳水化合物、维生素E、铁、锌等营养素，有提供热量、降低胆固醇含量、预防贫血等作用。

营养成分表

营养素	含量（每100克）
蛋白质	20.2克
脂肪	0.6克
碳水化合物	63.4克
膳食纤维	7.7克
维生素A	13微克
维生素E	14.36毫克
钙	74毫克
铁	7.4毫克
锌	2.2毫克
硒	3.8微克

推荐食谱：南瓜红豆炒百合

|原料| 南瓜200克，红豆、百合各150克

|调料| 盐3克，鸡精2克，白糖适量

|做法| ❶南瓜去皮及瓤，洗净切菱形块。❷红豆泡发洗净；百合洗净备用。❸热锅注入油，放入南瓜、红豆、百合一起炒，加盐、鸡精、白糖调味，炒至断生，装盘即可。

|健康指南| 红豆富含蛋白质、脂肪、B族维生素和钾、铁、磷等矿物质，秋冬季怕冷、易疲倦、面无血色的老年人，应经常食用红豆食品，以补血、促进血液循环、增强体力和抗病能力。将红豆搭配南瓜、百合烹饪，老年人食用可止咳润肺。

◎搭配宜忌

红豆+南瓜 ✓ 可润肤、止咳、减肥

红豆+粳米 ✓ 可益脾胃、通乳汁

红豆+羊肚 ✗ 可导致水肿、腹痛、腹泻

[老年人  吃 什么？]

芸豆
YUN DOU
【五谷粮豆类】

[别 名] 菜豆、刀豆

【适用量】每天食用20克左右。
【热量】约1046焦/克
【性味归经】性平，味甘。归脾、胃经。

【主打营养素】
钾、镁
◎芸豆含有丰富的钾和镁，能降低血脂并提高人体免疫力，尤其适合患有高血脂、心脏病、动脉硬化、低血钾症的老年患者食用。

营养成分表

营养素	含量（每100克）
蛋白质	0.8克
脂肪	0.1克
碳水化合物	7.4克
膳食纤维	2.1克
维生素A	40微克
维生素E	0.07毫克
钙	88毫克
铁	1毫克
锌	1.04毫克
硒	0.23微克

◎搭配宜忌

芸豆+冰糖　　治百日咳和咳喘
芸豆+蜂蜜 　治百日咳和咳喘
芸豆+生姜+红糖　治畏寒呃逆
芸豆+土豆 　容易引起高血钾症

推荐食谱：蜜汁芸豆

|原料| 芸豆300克，甜红椒少许
|调料| 盐3克，姜5克，蜂蜜适量
|做法| ❶芸豆洗净备用；甜红椒去蒂，洗净，切圈；姜去皮，洗净，切条。❷锅入水烧开，加入盐，放入芸豆煮至熟透，将甜红椒、姜过一下水，一起捞出沥干，装盘，淋入蜂蜜，搅拌一下即可食用。

|健康指南| 此菜有温中下气、降逆止呃、补肾强腰、强身健体等功效，老年人常食用有益于身体健康。成菜中的芸豆富含蛋白质、氨基酸、维生素、膳食纤维等营养成分及钙、铁等多种矿物质，老年人食用可以提高身体免疫力，抑制肿瘤细胞的发展。

[老年人  吃什么？]

豌豆
WAN DOU
【五谷粮豆类】

[别 名] 青豆、麻豆、寒豆

【适用量】每日40克左右为宜。
【热量】约13102焦/克
【性味归经】性温，味甘。归脾、胃、大肠经。

【主打营养素】
蛋白质、膳食纤维
◎豌豆中蛋白质含量丰富，可以提高机体的抗病能力。豌豆还富含膳食纤维，能有效促进胃肠蠕动，防止脂肪在体内积聚，加速胆固醇和脂肪随大便排出体外，既可有效预防老年人便秘，还能有效降低胆固醇含量。

营养成分表

营养素	含量（每100克）
蛋白质	20.3克
脂肪	1.1克
碳水化合物	65.8克
膳食纤维	10.4克
维生素A	42微克
维生素E	8.47毫克
钙	97毫克
铁	4.9毫克
锌	2.35毫克
硒	1.69微克

◎搭配宜忌

豌豆+玉米 ✓ 补充蛋白质、降低血压
豌豆+蘑菇   预防心脑血管疾病

豌豆+醋   ✗ 易引起人体消化不良
豌豆+菠菜   会影响钙的吸收

推荐食谱 **豌豆炒香菇**

|原料| 香菇50克，银杏肉50克，豌豆30克
|调料| 盐、味精、酱油、高汤、白糖、水淀粉、香油、花生油各适量
|做法| ①香菇泡发后去掉杂质，用清水洗净，沥干水分；豌豆洗净；银杏肉洗净，下油锅略炸。②炒锅烧热，放入花生油，投入香菇、银杏肉和豌豆，略煸炒。③加盐、白糖、高汤、酱油、味精，用旺火烧沸后改小火，炖至入味，再用水淀粉勾芡，淋上香油即成。
|健康指南| 此菜滑爽适口，可促进老年人的食欲。成菜中的豌豆含有的膳食纤维，能促进大肠蠕动，预防老年人便秘。

[老年人 吃 什么？]

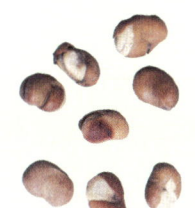

蚕豆
CAN DOU
【五谷粮豆类】

[别 名] 胡豆、马齿豆、南豆

【适用量】每日40克左右为宜。
【热量】约14023焦/克
【性味归经】性平，味甘。归脾、胃经。

【主打营养素】
蛋白质、氨基酸
◎蚕豆富含蛋白质，且不含胆固醇，可提高食品营养价值。蚕豆中的维生素C可延缓动脉硬化；蚕豆皮中的膳食纤维有促进肠蠕动的作用，老年人常食可预防高血脂、便秘、冠心病等症。

营养成分表

营养素	含量（每100克）
蛋白质	21.6克
脂肪	1克
碳水化合物	61.5克
膳食纤维	1.7克
维生素A	未测定
维生素E	2毫克
钙	31毫克
铁	8.2毫克
锌	3.42毫克
硒	1.3微克

◎搭配宜忌

蚕豆+白菜 ✓	可利尿、清肺、润肠、降压
蚕豆+枸杞	可清肝祛火、降压明目
蚕豆+田螺 ✗	容易引起肠绞痛
蚕豆+牡蛎	会引起腹泻或中毒

推荐食谱 **湘味蚕豆炒瘦肉**

|原料| 蚕豆250克，瘦肉200克，胡萝卜50克

|调料| 盐3克，鸡精2克，醋、水淀粉各适量

|做法| ① 蚕豆去皮，洗净备用；瘦肉洗净，切片；胡萝卜洗净，切片。② 热锅放油，放入瘦肉略炒，再放入蚕豆、胡萝卜一起炒，加盐、鸡精、醋调味。③ 待熟，用水淀粉勾芡，装盘即可。

|健康指南| 此菜鲜香味美，有开胃消食、润肠通便、降低血压、增强免疫力的功效，并且蚕豆和瘦肉都能有效补充人体所需的蛋白质；胡萝卜富含多种维生素以及矿物质，老年人常食可改善微血管功能，降低血压。

[老年人 吃 什么？]

豆角

DOU JIAO

【五谷粮豆类】

[别　名] 角豆、带豆、裙带豆

【适用量】每天食用40克左右为宜。
【热量】约1256焦/克
【性味归经】性平，味甘。归脾、胃经。

【主打营养素】
维生素B_3、维生素C

◎豆角中含有较多的维生素B_3，维生素B_3是天然的血糖调节剂，对患有糖尿病的老年人尤为有益。豆角中还含有大量的维生素C，能促进抗体的合成，提高机体抗病毒的能力。

营养成分表

营养素	含量（每100克）
蛋白质	2.7克
脂肪	0.2克
碳水化合物	5.8克
膳食纤维	1.8克
维生素A	20微克
维生素C	18毫克
钙	42毫克
铁	1毫克
锌	0.94毫克
硒	1.4微克

◎搭配宜忌

豆角+香菇 豆角+虾皮	✓	可益气补虚 可健胃补肾、理中益气
豆角+茶 豆角+牛奶	✗	会影响消化、导致便秘 会生成有害物质

推荐食谱　姜汁豆角

|原料| 豆角400克，老姜50克

|调料| 醋15毫升，盐10克，味精1克，香油10毫升，糖少许

|做法| ①豆角清洗干净，切成约5厘米长的段，待用。②将切好的豆角入沸水中烫熟，捞起沥干水分。③将老姜洗净，切细，捣烂，用纱布包好挤汁，和调味料一起调匀，浇在豆角上，整理成型即可。

|健康指南| 此菜姜汁浓郁、口感清爽，对于胃口不好的老年人有很好的开胃效果。成菜中豆角含有蛋白质、磷、钙、铁、维生素A、维生素C及膳食纤维等，能维持正常的消化腺分泌和胃肠道蠕动的功能。

[老年人 吃 什么？]

扁豆

BIAN DOU

【五谷粮豆类】

[别 名] 菜豆、季豆

【适用量】每天食用40克左右为宜。
【热量】约1549焦/克
【性味归经】性平，味甘。归脾、胃经。

【主打营养素】

膳食纤维、维生素C、B族维生素

◎ 扁豆中含有丰富的膳食纤维，可促进排便，延缓餐后血糖的上升速度。扁豆中富含的维生素C，有增强免疫力、清除胆固醇、防治动脉硬化的功效。老年人食用扁豆有益身体健康。

营养成分表

营养素	含量（每100克）
蛋白质	2.7克
脂肪	0.2克
碳水化合物	8.2克
膳食纤维	2.1克
维生素A	25微克
维生素C	13毫克
钙	38毫克
铁	1.9毫克
锌	0.72毫克
硒	0.94微克

◎ 搭配宜忌

扁豆+鸡肉 扁豆+猪肉	✓	可填精补髓、活血调经 可补中益气、健脾胃
扁豆+蛤蜊 扁豆+橘子	✗	会导致腹痛 会导致高血钾症

推荐食谱 蒜香扁豆

|原料| 扁豆350克，蒜泥50克

|调料| 盐、味精各适量

|做法| ① 扁豆洗净，去掉筋，整条截一刀，入沸水中稍焯。② 锅内放入少许油烧热，下入蒜泥煸香。③ 加入扁豆同炒，放入盐、味精炒至断生即可。

|健康指南| 此菜味道鲜美、色泽诱人，有开胃消食的功效。成菜中的扁豆营养成分相当丰富，包括蛋白质、脂肪、碳水化合物、钙、磷、铁及维生素A、维生素B_1、维生素B_2、维生素C等，有健脾、益气的作用，适合食欲不佳的老年人食用。

[老年人  吃什么？]

毛豆

MAO DOU

【五谷粮豆类】

[别 名] 菜用大豆

【适用量】每次80克左右为宜。
【热量】约5149焦/克
【性味归经】性平，味甘。归脾、大肠经。

【主打营养素】

膳食纤维、钙、铁、锌

◎毛豆中含有丰富的膳食纤维，能起到降血脂和降低血液中胆固醇水平的作用，还可以改善便秘症状。毛豆还富含钙、铁、锌，是保证老年人身体健康的必需营养素。

营养成分表

营养素	含量（每100克）
蛋白质	13.1克
脂肪	5克
碳水化合物	10.5克
膳食纤维	4克
维生素A	22微克
维生素C	27毫克
钙	135毫克
铁	3.5毫克
锌	1.73毫克
硒	2.48微克

◎搭配宜忌

毛豆+香菇 毛豆+花生	✓	可益气补虚、健脾和胃 可健脑益智
毛豆+鱼 毛豆+牛肝	✗	会破坏维生素B_1 会破坏人体对维生素C的吸收

推荐食谱：毛豆核桃仁

|原料| 毛豆350克，核桃仁200克

|调料| 盐3克，鸡精2克，香油15毫升，蒜蓉适量

|做法| ①将毛豆洗净，沥干待用；核桃仁洗净，焯水待用。②锅置火上，注油烧热，下入蒜蓉炒香，倒入毛豆滑炒，再加入核桃仁翻炒至熟。③最后加入盐和鸡精调味，起锅装盘，淋上适量香油即可。

|健康指南| 毛豆可有效降低血脂，预防动脉硬化；核桃仁含有丰富的不饱和脂肪酸，可清除血管壁上的胆固醇和脂肪，有效降低血脂。此菜还富含卵磷脂，老年人常食还能预防阿尔茨海默病。

[老年人  吃 什么？]

黑芝麻
HEI ZHI MA

【五谷粮豆类】

[别 名] 胡麻

【适用量】每日20～30克为宜。

【热量】约22227焦/克（黑芝麻）

【性味归经】性平，味甘。归肝、肾、肺、脾经。

【主打营养素】
矿物质、维生素A、维生素D

◎黑芝麻富含矿物质，如钙、镁、铁等，有助于骨骼健康，可补血益气。此外，黑芝麻还含有脂溶性维生素A、维生素D等，对老年人有补中健身、和血脉及破积血等作用。

营养成分表

营养素	含量（每100克）
蛋白质	19.1克
脂肪	46.1克
碳水化合物	10克
膳食纤维	14克
维生素A	未测定
维生素E	50.4毫克
钙	780毫克
铁	22.7毫克
锌	6.13毫克
硒	4.7微克

◎搭配之宜

芝麻+海带	美容、抗衰老
芝麻+核桃	改善睡眠
芝麻+桑葚 ✓	降血脂
芝麻+冰糖	润肺、生津

推荐食谱 黑芝麻果仁粥

|原料| 熟黑芝麻10克，核桃仁、杏仁各15克，大米1杯

|调料| 冰糖适量

|做法| ❶将杏仁洗净；核桃仁去皮；大米洗净后，用水浸泡1个小时。❷锅置火上，放入清水与大米，大火煮开后转小火，熬煮20分钟。❸加入核桃仁、杏仁、冰糖，继续用小火熬煮30分钟，粥煮好后加入黑芝麻即可。

|健康指南| 此粥浓香味美，可以增进老年人的食欲。粥中的核桃仁和黑芝麻富含亚油酸等不饱和脂肪酸，有降低胆固醇含量的作用，并且其含有的维生素E，可有效地保护心血管，防止动脉硬化。

[老年人  吃 什么？]

豆腐
DOU FU
【豆制品类】

[别 名] 水豆腐、老豆腐

【适用量】每天食用50克左右为宜。
【热量】约3390焦/克
【性味归经】性凉，味甘。归脾、胃、大肠经。

【主打营养素】
大豆蛋白、大豆卵磷脂
◎ 豆腐中含有的大豆蛋白属于完全蛋白，含有人体必需的8种氨基酸，且比例也接近人体需要，是老年人补充营养的很好的食物之一。豆腐富含的大豆卵磷脂有益于神经、血管、大脑的发育生长。

营养成分表

营养素	含量（每100克）
蛋白质	8.1克
脂肪	3.7克
碳水化合物	3.8克
膳食纤维	0.4克
维生素E	2.71毫克
钙	164毫克
镁	27毫克
铁	1.9毫克
锌	1.11毫克
硒	2.3微克

◎搭配宜忌

豆腐+鱼 豆腐+西红柿		可补钙 可补脾健胃
豆腐+蜂蜜 豆腐+鸡蛋		会引起腹泻 会影响蛋白质吸收

推荐食谱 豆腐鱼头汤

|原料| 鲢鱼头半个，豆腐200克，清汤适量

|调料| 盐6克，葱段、姜片各2克，香油、香菜末各少许

|做法| ① 先将鲢鱼头收拾干净，斩大块；豆腐洗净，切块备用。② 净锅上火倒入清汤，调入盐、葱段、姜片，下入鲢鱼头、豆腐煲至熟，淋入香油，撒入少许香菜末即可。

|健康指南| 豆腐和鱼头都是高蛋白、低脂肪和多维生素的食品，二者均含有丰富的健脑物质，特别是鱼头营养丰富，除了含蛋白质、脂肪、钙、磷、铁、维生素B_1外，还含有鱼肉中所缺乏的卵磷脂，可健脑益智，增强记忆力，预防阿尔茨海默病。

[老年人  吃什么？]

香干

XIANG GAN

【豆制品类】

[别 名] 豆腐干、豆干

【适用量】每餐40克左右为宜。

【热量】约6321焦/克

【性味归经】性平，味咸、香。归肺、脾、胃经。

【主打营养素】

矿物质

◎ 香干含有多种矿物质，可补充钙质，能有效降低血压，还能防止老年人因缺钙引起的骨质疏松，促进骨骼发育，对老年人的骨骼健康极为有利。

营养成分表

营养素	含量（每100克）
蛋白质	15.8克
脂肪	7.8克
碳水化合物	4.3克
膳食纤维	0.8克
维生素A	7微克
维生素E	15.85毫克
钙	299毫克
铁	5.7毫克
锌	1.59毫克
硒	3.15微克

◎搭配宜忌

香干+韭黄	可降低血压，预防心脑血管疾病
香干+韭菜 ✓	润肠通便、补肾壮阳
香干+金针菇	降压、抗癌、润肠
香干+野鸭 ✗	会引起消化不良

推荐食谱 香干芹菜

|原料| 香干3块，芹菜150克，辣椒1个

|调料| 盐、味精、植物油各适量

|做法| ❶芹菜折洗干净，切段；香干洗净，切块；辣椒洗净切段。❷锅洗净，置于火上，注入适量的清水烧沸，再将香干放入沸水中浸烫数分钟，捞起，沥干水分备用。❸锅洗净，置于火上，倒入适量植物油烧热，放入准备好的芹菜、香干和辣椒，调入盐和味精，炒至断生，装盘即可。

|健康指南| 香干含有的大豆蛋白酶水解后产生的多肽，具有抗氧化、降血压的作用。芹菜有明显的降压作用，所以老年人食用此菜可以预防高血压。

[老年人 吃 什么？]

腐竹

FU ZHU

【豆制品类】

[别 名] 腐皮、豆腐皮

【适用量】每日30克（干腐竹）左右为宜。
【热量】约19213焦/克
【性味归经】性平，味甘。归肺经。

【主打营养素】

卵磷脂、铁

◎腐竹含有的卵磷脂可除掉附在血管壁上的胆固醇，防止血管硬化，预防心血管疾病，保护心脏。腐竹还含有丰富的铁，而且易被人体吸收，对老年人缺铁性贫血有一定疗效。

营养成分表

营养素	含量（每100克）
蛋白质	44.6克
脂肪	21.7克
碳水化合物	21.3克
膳食纤维	1克
维生素E	27.84毫克
钙	77毫克
镁	71毫克
铁	16.5毫克
锌	3.69毫克
硒	6.65微克

◎ 搭配宜忌

腐竹+猪肝	✓	促进人体对维生素B₁₂的吸收
腐竹+蜂蜜	✗	影响消化吸收
腐竹+橙子		影响消化吸收

推荐食谱 腐竹木耳瘦肉汤

|原料| 猪瘦肉100克，腐竹50克，木耳30克

|调料| 花生油20毫升，盐、酱油各适量，味精3克，香油3毫升，葱段5克

|做法| ①将猪瘦肉洗净，切丝，余水；腐竹用温水泡开，切小段；木耳泡发，洗净，撕成小块备用。②净锅上火倒入花生油，将葱段爆香，倒入水，下入肉丝、腐竹、木耳，调入盐、味精、酱油烧沸，淋入香油即可。

|健康指南| 此汤清淡适口、营养丰富，老年人可以常食用。汤中的腐竹富含优质大豆蛋白，营养价值高，能补脑益智、增强身体免疫力；木耳含有抗肿瘤活性物质，能增强机体免疫力，经常食用可防癌抗癌。

[老年人 吃 什么？]

大蒜
DA SUAN
【调料、饮品类】

[别 名] 葫、葫蒜

【适用量】每日3～4瓣为宜。
【热量】约5274焦/克
【性味归经】性平，味甘。归肺、脾经。

【主打营养素】

大蒜素

◎大蒜中所含的大蒜素具有降血脂及预防冠心病和动脉硬化的作用，还有预防体内瘀血的作用，可用于防止血栓形成，减少心脑血管栓塞，适合患有高血脂的老年人食用。

营养成分表

营养素	含量（每100克）
蛋白质	4.5克
脂肪	0.2克
碳水化合物	26.5克
膳食纤维	1.1克
维生素A	5微克
维生素E	1.07毫克
钙	39毫克
铁	1.2毫克
锌	0.88毫克
硒	3.09微克

◎搭配宜忌

大蒜+黄瓜 ✓	可促进脂肪和胆固醇的代谢
大蒜+醋	可治疗痢疾、肠炎
大蒜+芒果 ✗	会导致肠胃不适
大蒜+鲫鱼	会导致肠胃不适

推荐食谱

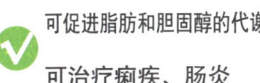

大蒜炒马蹄

|原料| 马蹄200克，大蒜100克

|调料| 盐、味精各适量

|做法| ①将马蹄去皮，洗净，切片，放入沸水中焯一下，沥干水分；大蒜洗净，切碎。②锅置火上，加油烧热后，放入马蹄片急速煸炒。③放入大蒜，加盐、味精煸炒几下即可。

|健康指南| 此菜清脆爽口，有降压、降脂的作用，患有高血压、高血脂的老年人可常食用。成菜中的大蒜还有预防体内瘀血以及杀菌的作用，可以在一定程度上预防流感、细菌性痢疾，防止伤口感染，治疗感染性疾病和驱虫。

[老年人 吃 什么？]

生姜
SHENG JIANG
【调料、饮品类】

[别 名] 姜、姜根

【适用量】每日10克左右为宜。
【热量】约1716焦/克
【性味归经】性温，味辛。归肺、脾、胃经。

【主打营养素】
挥发油、姜黄素
◎ 生姜的挥发油能促进胃液的分泌和胃壁的蠕动，从而帮助消化。生姜富含的姜黄素是一种生物活性物质，具有显著的抗肿瘤、抗诱变的作用，有助于老年人防癌抗癌。

营养成分表

营养素	含量（每100克）
蛋白质	1.3克
脂肪	0.6克
碳水化合物	7.6克
膳食纤维	2.7克
维生素A	28微克
维生素C	4毫克
钙	27毫克
铁	44毫克
锌	0.34毫克
硒	0.56微克

◎ 搭配宜忌

| 生姜+红糖 / 生姜+醋 | 可预防感冒 / 可降血脂，减缓恶心、呕吐症状 |
| 生姜+马肉 / 生姜+白酒  | 会导致痢疾 / 易伤肠胃 |

推荐食谱 **姜泥猪肉**

|原料| 猪后腿瘦肉80克，生姜10克

|调料| 醋、无盐酱油各5毫升

|做法| ①猪后腿瘦肉洗净，放入滚水中煮沸，转小火煮15分钟，再浸泡15分钟，取出，用冰水冲凉备用。②生姜去皮，磨成泥状，加入无盐酱油、醋拌匀，即成酱汁。③猪后腿瘦肉切片摆盘，淋上酱汁即可。

|健康指南| 生姜中的姜黄素进入体内后，能产生一种抗氧化酶，它有很强的对付氧自由基的本领，比维生素E还要强得多。所以，吃生姜能抗衰老，老年人常吃生姜可祛"老年斑"。将生姜搭配猪瘦肉一同烹饪，营养更加全面，对老年人的身体健康极为有利。

[老年人 吃 什么？]

葱
CONG

【调料、饮品类】

[别名] 芤、菜伯、季葱

【适用量】每日10～20克为宜。
【热量】约1256焦/克
【性味归经】性温，味辛。归肺、胃经。

【主打营养素】

维生素C
◎葱中富含的维生素C有舒张小血管、促进血液循环的作用，有助于预防老年人血压升高所致的头痛、头晕，有使大脑保持灵活和预防阿尔茨海默病的作用。

营养成分表

营养素	含量（每100克）
蛋白质	1.7克
脂肪	0.3克
碳水化合物	5.2克
膳食纤维	1.3克
维生素A	10微克
维生素C	17毫克
钙	29毫克
铁	0.7毫克
锌	0.4毫克
硒	0.67微克

◎搭配宜忌

葱+蘑菇 葱+猪肉	✓	降低血脂、血压 增强人体免疫力
葱+豆腐 葱+杨梅	✗	不易被人体吸收 降低营养价值

推荐食谱 葱白红枣鸡肉粥

|原料| 红枣10枚，葱白、香菜及生姜各10克，鸡肉及粳米各100克

|调料| 盐适量

|做法| ❶粳米、红枣洗净；生姜、葱白洗净，生姜切片，葱白切丝；香菜洗净切段；鸡肉洗净切粒。❷将红枣、粳米、生姜片、鸡肉粒放入锅中煮半个小时左右。❸待粥成，加入葱白丝、香菜段，加盐调味即可。

|健康指南| 此粥软糯鲜香，老年人食用后容易消化吸收。另外，葱中含有相当量的维生素C，有舒张小血管，促进血液循环的作用，有助于防止血压升高所致的头晕，能使大脑保持灵活和预防阿尔茨海默病。

[老年人  吃什么？]

醋

CU

【调料、饮品类】

[别 名] 苦酒、醋酒、米醋

【适用量】每日10～20毫升为宜。
【热量】约1298焦/克
【性味归经】性温，味酸、微苦。归肝、胃经。

【主打营养素】

有机酸

◎醋含有多种有机酸，能促进人体糖类的代谢，起到平衡血糖的作用。醋还可软化血管、降低胆固醇含量和血压，有效防治老年人高血脂、高血压、动脉硬化及冠心病等心脑血管疾病。

营养成分表

营养素	含量（每100克）
蛋白质	2.1克
脂肪	0.3克
碳水化合物	4.9克
维生素B₃	1.4毫克
钙	17毫克
钾	351毫克
镁	13毫克
铁	6毫克
锌	1.25毫克
硒	2.43微克

◎搭配宜忌

醋+芝麻 醋+莲藕		可促进铁、钙吸收 可防止便秘
醋+羊肉 醋+笋	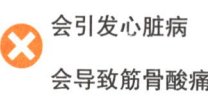	会引发心脏病 会导致筋骨酸痛

推荐食谱 糖醋黄瓜

|原料| 黄瓜2根

|调料| 醋50毫升，砂糖50克，盐5克

|做法| ❶将黄瓜洗净，切片备用。❷黄瓜内调入盐，腌渍七八分钟，使黄瓜入味。❸再将黄瓜片沥干水分，加入砂糖、醋拌匀即可食用。

|健康指南| 此菜有开胃消食、清热解暑、降脂减肥等功效。成菜中的黄瓜是低热量、低脂肪的蔬菜，其所含的维生素P有保护心血管的作用，对于患有高血压、高血脂、肥胖症以及糖尿病的老年人，是一种理想的食疗良蔬。此外，老年人食醋还能滋润皮肤、改善皮肤的供血、延缓衰老。

[老年人  吃 什么？]

蜂蜜
FENG MI

【调料、饮品类】

[别 名] 白蜜、生蜂蜜、炼蜜

【适用量】每日20毫升左右为宜。
【热量】约13437焦/克
【性味归经】性平，味甘。归脾、胃、肺、大肠经。

【主打营养素】
调节血压、扩张冠状动脉
◎蜂蜜能改善血液的成分，有扩张冠状动脉和营养心肌的作用，能改善心肌功能，对血压有调节作用，对高血压、心肌炎、动脉硬化等患者大有益处。

营养成分表

营养素	含量（每100克）
蛋白质	0.4克
脂肪	1.9克
碳水化合物	75.6克
维生素C	3毫克
钙	4毫克
钾	28毫克
镁	2毫克
铁	1毫克
锌	0.37毫克
硒	0.15微克

◎搭配宜忌

蜂蜜+西红柿 蜂蜜+黄瓜	✓	养血滋阴、利水降压 清热解毒、降压降脂
蜂蜜+大蒜 蜂蜜+沸水	✗	会刺激肠胃，引起腹泻 会破坏营养物质

推荐食谱 人参蜂蜜粥

|原料| 人参3克，蜂蜜50毫升，韭菜5克，粳米100克

|调料| 生姜2片

|做法| ❶人参洗净，浸泡一夜；韭菜洗净切末。❷将人参连同泡参水与洗净的粳米一起放入砂锅中，小火煨粥。❸待粥将熟时放入蜂蜜、生姜片、韭菜末调匀，再煮片刻即成。

|健康指南| 老年人食用蜂蜜能补充体力，消除疲劳，增强机体对疾病的抵抗力，还能在口腔内起到杀菌消毒的作用。将蜂蜜与人参、粳米、韭菜一同熬煮，有改善心脑血管功能、舒张血管、降低血压的作用，对老年人有一定的食疗作用。

[老年人  吃 什么？]

橄榄油

GAN LAN YOU

【调料、饮品类】

[别 名] 洋橄榄油

【适用量】一日30毫升左右为宜。

【热量】约37631焦/克

【性味归经】性平，味甘。归肝、肾、肺、脾经。

【主打营养素】

氧化氮、角鲨烯

◎ 橄榄油可通过降低半胱氨酸含量防止炎症发生；还可通过增加体内氧化氮的含量松弛动脉，降低血压，预防老年人血压上升；所含有的角鲨烯可以降低血清胆固醇含量。

营养成分表

营养素	含量（每100克）
蛋白质	0克
脂肪	99.9克
碳水化合物	0克
膳食纤维	0克
维生素A	0微克
维生素C	0毫克
钙	0毫克
铁	0.4毫克
锌	0毫克
硒	0微克

◎ 搭配宜忌

橄榄油+芹菜	可降低血压、保护血管
橄榄油+萝卜 ✓	可降低血压、保护血管
橄榄油+大白菜	可降低胆固醇含量、润肠通便

推荐食谱 牛肉煎饼

|原料| 面粉200克，牛肉50克

|调料| 橄榄油6毫升，盐适量

|做法| ❶将牛肉洗净，切末，加入适量盐、橄榄油拌匀入味，待用。❷将面粉加适量清水搅拌均匀揉成面团，再揪成面剂，用擀面杖擀成面饼，铺上牛肉末，对折包起来。❸在面饼表面再刷一层橄榄油，下入煎锅中煎至两面金黄色即可。

|健康指南| 此饼酥香可口、营养丰富，可作为老年人的点心，具有降血脂、润肠通便、补中益气的功效，患有动脉硬化、高血压、冠心病的老年人都宜食用。

[老年人 吃 什么？]

玉米油
YU MI YOU

【调料、饮品类】

[别 名] 粟米油、玉米胚芽油

【适用量】每日20～30毫升为宜。
【热量】约37463焦/克
【性味归经】性温，味甘。归心、大肠经。

【主打营养素】

亚油酸、谷固醇

◎玉米油中富含的亚油酸在人体内可与胆固醇相结合，具有降低胆固醇含量、软化血管、预防和改善动脉硬化等作用；玉米油中的谷固醇也有降低胆固醇含量的功效，有助老年人预防心血管方面的疾病。

营养成分表

营养素	含量（每100克）
蛋白质	0克
脂肪	99.2克
碳水化合物	0.5克
维生素E	50.94毫克
钙	1毫克
钾	2毫克
镁	3毫克
铁	1.4毫克
锌	0.26毫克
硒	0微克

◎搭配之宜

玉米油+芹菜	降低血压、软化血管
玉米油+鹅蛋	可治眩晕症
玉米油+香菇 ✓	可保护血管、润肠通便
玉米油+南瓜	可降低血糖及血压

推荐食谱 枸杞拌青豆

|原料| 青豆350克，枸杞15克

|调料| 盐3克，蒜泥10克，玉米油10毫升，酱油、醋各5毫升，香葱末5克

|做法| ①将青豆、枸杞分别用清水洗净，一起放进锅中，加盐煮熟，盛出装盘。②锅中倒入玉米油，放入蒜泥、酱油、醋炒香，出锅浇在青豆、枸杞上，再撒上香葱末即成。

|健康指南| 青豆属高钾低钠食物，富含镁、钙等营养元素，具有良好的降压效果，有助于老年人预防心脑血管疾病的发生；枸杞可清肝明目、降低血压；玉米油所含的亚油酸高达60%，可以降低胆固醇含量和高血压。所以，老年人食用此菜对健康极为有益。

[老年人 吃 什么？]

茶油

CHA YOU

【调料、饮品类】

[别 名] 油茶子油、山茶油

【适用量】一日30毫升为宜。
【热量】约37631焦/克
【性味归经】性温，味甘、辛。归大肠经。

【主打营养素】

茶多酚、山茶苷

◎茶油中富含茶多酚和山茶苷，能有效改善老年人心脑血管方面的疾病，还可降低胆固醇含量和空腹血糖，抑止三酰甘油的升高，同时，对抑制癌细胞也有明显的功效。

营养成分表

营养素	含量（每100克）
蛋白质	0克
脂肪	99.9克
碳水化合物	0克
膳食纤维	0克
维生素A	0微克
维生素E	27.9毫克
钙	5毫克
铁	1.1毫克
锌	0.34毫克
硒	0微克

◎搭配宜忌

茶油+鲫鱼	可降压、降糖、降脂
茶油+鸡蛋	可止咳润燥
茶油+猪腰	可补肝肾、强腰膝
茶油+牛奶	易引起腹泻

推荐食谱 蒜片黄瓜

|原料| 黄瓜400克，大蒜50克

|调料| 茶油6毫升，辣椒5克，盐4克，味精3克

|做法| ①黄瓜洗净、切片，放入沸水中焯一下，捞起控干水，装盘待用。②将大蒜去皮，切片；辣椒洗净切丁。③将黄瓜片、蒜片一起装盘，再将辣椒丁与茶油、盐、味精放入热锅内炝香，倒入菜中搅拌均匀即可。

|健康指南| 此菜具有降低血糖、血脂，杀菌消炎的功效。老年人常食茶油可补虚润肠，有效降低胆固醇含量，预防各种心脑血管疾病，还能抗疲劳，提高人体免疫力，延年益寿，因此，茶油又被称为"益寿油"、"长寿油"。

[老年人 吃 什么？]

芝麻油
ZHI MA YOU
【调料、饮品类】

[别 名] 麻油

【适用量】一日20~30毫升为宜。
【热量】约37589焦/克
【性味归经】性平，味甘。归肝、肾、大肠经。

【主打营养素】
不饱和脂肪酸
◎芝麻油中富含不饱和脂肪酸，能有效降低胆固醇含量，防治动脉粥样硬化。患有糖尿病的老年患者常食，还能预防糖尿病性高脂血症以及脑血管病变的发生。

营养成分表

营养素	含量（每100克）
蛋白质	0克
脂肪	99.7克
碳水化合物	0.2克
维生素E	68.53毫克
钙	9毫克
镁	3毫克
铁	2.2毫克
锌	0.17毫克
硒	0微克

◎搭配之宜

芝麻油+冬瓜	可降糖降压、抗衰减肥
芝麻油+萝卜	可降糖降压、抗衰减肥
芝麻油+羊肝 ✓	可润肺止咳
芝麻油+白酒	对白癜风有一定的食疗效果

推荐食谱 芝麻油拌西芹

|原料| 西芹300克，甜红椒50克
|调料| 芝麻油5毫升，蒜末、味精、盐各适量
|做法| ❶将甜红椒去蒂去籽，切圈，装盘垫底用；西芹择洗干净，切片后放入沸水中焯一下，冷却后装盘。❷加入芝麻油，以及蒜末、味精、盐，拌匀即可食用。

|健康指南| 此菜具有降压降糖、提神健脑、润肠通便的功效。老年人常食芝麻油可防止头发早白或脱落，能增加皮肤弹性，令肌肤柔嫩健康，还能保持血管弹性，保护肝脏；而芹菜可清热除烦、利水消肿、凉血平肝，对高血压、糖尿病、动脉粥样硬化等病症有食疗作用。

[老年人 吃 什么？]

葵花子油

KUI HUA ZI YOU

【调料、饮品类】

[别 名] 葵花油、葵花籽油

【适用量】每日30毫升左右为宜。
【热量】约97631焦/克
【性味归经】性温，味甘。归心、肾经。

【主打营养素】
亚油酸、多种维生素、植物醇

◎ 葵花子油富含亚油酸、多种维生素和植物醇，能降低血清中胆固醇含量和三酰甘油水平，还有降低血糖和血压，防止血管硬化和预防冠心病、脑血栓、脑卒中的作用。

营养成分表

营养素	含量（每100克）
蛋白质	0克
脂肪	99.9克
碳水化合物	0克
维生素E	54.6毫克
钙	2毫克
钾	1毫克
镁	4毫克
铁	1毫克
锌	0.11毫克
硒	0微克

◎ 搭配之宜

葵花子油+黄瓜	可降糖、降压、降脂
葵花子油+苦瓜	可降糖、降压、降脂
葵花子油+洋葱 ✓	可预防心脑血管疾病
葵花子油+大蒜	可预防心脑血管疾病

推荐食谱：清炒南瓜丝

|原料| 南瓜400克

|调料| 葵花子油6毫升，盐、味精各适量

|做法| ❶将南瓜洗净，去皮，切丝，然后放入开水中稍烫，捞出，沥干水分，装入容器中。❷将葵花子油、盐、味精搅匀，淋在南瓜丝上搅拌均匀，装盘即可。

|健康指南| 老年人常食此菜可有效降低血糖、血压，对糖尿病、高血压、肥胖症、心肌梗死、肾病都有较好的疗效。此外，葵花子油还具有利尿、祛痰的功效，而南瓜具有润肺益气、化痰、消炎止痛、降低血糖、驱虫解毒、美容等功效。

[老年人  吃什么？]

菜籽油

CAI ZI YOU

【调料、饮品类】

[别 名] 菜子油、菜油

【适用量】每日10克左右为宜。
【热量】约37631焦/克
【性味归经】性温，味甘、辛。归心、肝、大肠经。

【主打营养素】

不饱和脂肪酸、维生素E
◎菜籽油几乎不含胆固醇，其所含的亚油酸等不饱和脂肪酸和维生素E等营养成分能很好地被机体吸收，具有一定的降血压、降血脂、软化血管、延缓衰老的功效。

营养成分表

营养素	含量（每100克）
蛋白质	0克
脂肪	99.9克
碳水化合物	0克
维生素E	60.89毫克
钙	9毫克
钾	2毫克
镁	3毫克
铁	3.7毫克
锌	0.54毫克
硒	0微克

◎搭配之宜

菜籽油+柿子	能治疗冻疮
菜籽油+白菜 ✓	可降压降糖、润肠通便
菜籽油+芹菜 ✓	可降压降糖、润肠通便
菜籽油+山药	可降压降糖、润肠通便

推荐食谱 熘笋尖

|原料| 竹笋尖180克

|调料| 盐3克，醋10毫升，菜籽油5毫升，青椒、红椒各适量

|做法| ❶笋尖去除老皮，洗净，切成段，放入沸水中焯至八成熟，捞出，沥干水分；青椒、红椒洗净，去籽，切成小片。❷盐、醋、菜籽油加清水调匀，放入笋尖腌4个小时，捞出，装盘。❸撒上青、红椒即可。

|健康指南| 此菜有滋阴润燥、利尿补虚、润肠通便等功效，适合患有阴虚咳嗽、咽干口渴、高血脂、肥胖症的老年人食用。成菜中的竹笋脂肪、淀粉含量很少，属天然低脂、低热量食品，是肥胖者减肥的佳品。

[老年人  吃什么？]

豆浆

DOU JIANG

【调料、饮品类】

[别名] 豆腐浆

【适用量】每日300毫升左右为宜。
【热量】约586焦/克
【性味归经】性平，味甘。归心、脾、肾经。

【主打营养素】

蛋白质、矿物元素、维生素

◎豆浆含有丰富的植物蛋白，及维生素B₁、维生素B₂和维生素B₃。此外，豆浆还含有铁、钙、硒等矿物元素，尤其是其所含的钙，比其他任何乳类都高，可预防老年人骨质疏松。

营养成分表

营养素	含量（每100克）
蛋白质	1.8克
脂肪	0.7克
碳水化合物	1.1克
膳食纤维	1.1克
维生素A	15微克
维生素E	0.8毫克
钙	10毫克
铁	0.5毫克
锌	0.24毫克
硒	0.14微克

◎搭配宜忌

豆浆+花生	可润肤补虚、降糖降脂
豆浆+核桃 ✓	可增强免疫力
豆浆+莲子	可滋阴益气、清热安神、降糖降压
豆浆+红糖 ✗	会破坏营养成分

推荐食谱 百合红豆大米豆浆

|原料| 红豆、大米各30克，百合25克
|调料| 冰糖5克
|做法| ①红豆泡软，捞出洗净；大米淘洗干净，浸泡1小时；百合洗净。②将红豆、大米和百合放入豆浆机中，添水搅打成豆浆并煮沸。③滤出豆渣，加入冰糖拌匀即可。
|健康指南| 此饮品有滋阴润肺、养心安神、清热利尿等功效。其中红豆中含有较多的膳食纤维，具有良好的润肠通便、降血压、降血脂、调节血糖、解毒抗癌的功效；百合含有维生素B₁、维生素B₂、淀粉、蛋白质、脂肪及钙、磷、铁、维生素C等营养素，具有润肺止咳、清心安神等功效。

[老年人 吃 什么？]

【适用量】每日5克左右为宜。
【热量】约12390焦/克
【性味归经】性凉，味甘、苦。归心、肺、胃经。

绿茶
LÜ CHA
【调料、饮品类】

[别 名] 苦茗

【主打营养素】
儿茶素

◎绿茶富含儿茶素。儿茶素是一种有涩味的成分，能减缓肠内糖类的吸收，抑制餐后血糖的快速上升；儿茶素还具有很强的抗氧化作用，可以预防糖尿病合并动脉硬化等病症。

营养成分表

营养素	含量（每100克）
蛋白质	34.2克
脂肪	2.3克
碳水化合物	34.7克
膳食纤维	15.6克
维生素A	967微克
维生素C	19毫克
钙	325毫克
铁	14.4毫克
锌	4.34毫克
硒	3.18微克

推荐食谱 红花绿茶饮

|原料| 红花5克，绿茶3克

|做法| ①将红花、绿茶冲洗干净，一起放入杯中，冲入沸水。②加盖焖5分钟，过滤后即可饮用。

|健康指南| 此饮品具有活血化瘀的功效，可促进血液循环，有效降低血糖、血压、血脂，防治动脉硬化、冠心病、脑卒中等病的发生。其中绿茶中的维生素A、维生素E含量丰富，并含有多种抗癌防衰老的微量元素，有助于保持皮肤光洁白嫩，减少皱纹，还能抗氧化、防辐射、提高免疫力、预防肿瘤的发生。

◎搭配宜忌

绿茶+乌龙茶　可降低血糖、血脂
绿茶+蜂蜜 ✓ 可补中益气、润肠通便
绿茶+柠檬　可排毒养颜
绿茶+药物 ✗ 会影响药物吸收

[老年人 吃 什么？]

【适用量】每日5~10克为宜。
【热量】约12306焦/克
【性味归经】性凉，味甘。归心、肺、胃经。

红茶
HONG CHA
【调料、饮品类】

[别 名] 祁红、滇红

【主打营养素】
多酚类物质
◎红茶中含有大量多酚类物质。多酚类物质能够刺激胰岛素的分泌，降低餐后血糖的峰值。红茶还具有降血压、降血脂、抗氧化的作用，适合患有糖尿病及心血管疾病的老年人食用。

营养成分表

营养素	含量（每100克）
蛋白质	26.7克
脂肪	1.1克
碳水化合物	44.4克
膳食纤维	14.8克
维生素A	645微克
维生素C	8毫克
钙	378毫克
铁	28.1毫克
锌	3.97毫克
硒	56微克

◎搭配宜忌

红茶+柠檬 ✓ 开胃消食
红茶+牛奶　保暖养胃、美容养颜

红茶+党参 ✗ 会破坏党参的药效
红茶+酒　　有损健康

推荐食谱：玫瑰红茶

|原料| 玫瑰花5克，红茶3克

|做法| ①将玫瑰花、红茶冲洗净，一起放入杯中，冲入沸水。②加盖焖5分钟即可饮用。可反复冲饮至茶淡。

|健康指南| 此饮品是天然的健美饮料，有助于保持皮肤光洁白嫩，减少皱纹，还能抗氧化、防辐射、提高机体免疫力、预防肿瘤发生。此外，它还富含维生素K、维生素C等成分，具有抗血小板凝结、促进膳食纤维溶解、降血压、降血脂的作用，对老年人防治心血管疾病十分有利。

[老年人吃什么？]

白葡萄酒
BAI PU TAO JIU

【调料、饮品类】

[别名] 无

【适用量】每日30毫升左右为宜。
【热量】约16743焦/克
【性味归经】性平，味甘。归肠、胃经。

【主打营养素】
抗氧化成分、酚类化合物

◎ 白葡萄酒中含有抗氧化成分和丰富的酚类化合物，可降低血液中胆固醇含量，防止动脉硬化和血小板凝结，起到保护心脏、防止脑卒中的作用。

营养成分表

营养素	含量（每100克）
蛋白质	0.1克
脂肪	0克
碳水化合物	99.9克
膳食纤维	0克
维生素A	0微克
维生素C	0毫克
钙	0毫克
铁	0毫克
锌	0毫克
硒	0微克

◎ 搭配宜忌

白葡萄酒+奶酪		加速新陈代谢
白葡萄酒+猪肉		能杀死食物中的大肠杆菌
白葡萄酒+螃蟹		会破坏海鲜的口味
白葡萄酒+醋		会破坏酒的口味

推荐食谱：冰镇白葡萄酒

|原料| 白葡萄酒50毫升

|调料| 冰块适量

|做法| ①开启一瓶白葡萄酒，倒50毫升入杯中。②加入适量冰块即可饮用。

|健康指南| 白葡萄酒能使血中的高密度脂蛋白（HDL）升高，而高密度脂蛋白的作用是将胆固醇从肝外组织转运到肝脏进行代谢，所以能有效地降低胆固醇含量，防止动脉粥样硬化。此外，白葡萄酒是一种碱性酒精性饮品，可以中和老年人每天吃下的大鱼大肉等酸性食物，降低血液中的不良胆固醇含量，促进消化。

第四章
老年人禁吃的84种食物

老年人健康是大众很关注的话题，现在有些食物虽然营养价值很高，但由于老年人身体上的各种变化，如消化功能的衰退，多吃或吃了不该吃的食物往往会对身体造成危害。同时，由于老年人体质衰弱，容易发生各种疾病，所以，老年人在饮食上必须讲究科学，注意一些饮食禁忌。

[老年人 禁 什么？]

雪里蕻

不宜吃雪里蕻的原因

❶ 雪里蕻常常被腌制成咸菜，含盐量极高，腌制的雪里蕻中含钠量可达3.3%以上，患有高血压的老年人多食容易引起水肿、血压升高。另外，患有高血压的老年人多属肝阳上亢体质，而雪里蕻性温，久食之，可积温成热，加重原发性高血压，所以老年人要禁食。

❷ 患有糖尿病的老年人多属阴虚火旺体质，而雪里蕻性温，糖尿病患者久食之可积温成热，加重糖尿病病情。而且雪里蕻的含钾量较高，糖尿病合并有肾病的患者要禁食。

❌ 忌食关键词

性温、高盐、高钾

咸 菜

不宜吃咸菜的原因

❶ 咸菜的原料为芥菜、白菜或白萝卜等，用盐等调味料腌渍而成，其中腌芥菜钠含量高达7.2%以上，老年人食用后，容易引起血压升高，不利于血管健康。另外，摄入的盐过多，还会导致上呼吸道感染。这是因为高盐饮食可使口腔唾液分泌减少，溶菌酶亦相应减少，再加上高盐饮食的渗透作用，使上呼吸道黏膜抵抗疾病侵袭的作用减弱，导致感染上呼吸道疾病。

❷ 咸菜在腌渍过程中可能产生可致癌的亚硝酸盐，对老年人健康不利，尤其是患有高血压的老年人。

❌ 忌食关键词

性温、高盐、高钾

青 椒

不宜吃青椒的原因

❶ 青椒味辛、性热，肝阳上亢、阴虚阳亢型高血压患者食用后会加重病情，故高血压患者应禁食。

❷ 青椒具有一定的刺激性，其含有的辣椒素可使心动加速、心跳加快、循环血液量剧增，从而使血压升高，不利于老年人的健康，特别是不利于原发性高血压的控制。

❸ 患有眼疾、食管炎、胃肠炎、胃溃疡、痔疮、火热、阴虚火旺、肺结核等病症的老年人均不宜食用青椒。

❌ 忌食关键词

性温、辣椒素

[老年人 禁 什么？]

荔枝

不宜吃荔枝的原因

❶ 荔枝性温不可多食，多食则发热上火，可引起牙龈肿痛、出血或鼻出血。老年人多食荔枝可加重便秘。因此，老年人要少吃。

❷ 中医认为，高血压初期的老年患者多由于肝火过旺不降导致肝阳上亢，肝火旺盛属症结所在，多食荔枝可积温成热，加重其头目胀痛、面红目赤、急躁易怒、失眠多梦等症状。

❸ 荔枝中除了葡萄糖含量高，果糖和蔗糖的含量也很高，易使血糖升高。

忌食关键词

性温、上火、高糖

柚子

不宜吃柚子的原因

❶ 柚子中含有一种活性物质，对人体肠道的一种酶有抑制作用，从而能干扰药物的正常代谢，令血液中的药物浓度升高，高血压老年患者需长期服用降压药，如同时食用柚子，则相当于服用了过量的降压药，引起血压的大幅度波动，不利于高血压的病情，甚至还可诱发心绞痛、心肌梗死或脑卒中。所以高血压老年患者应尽量避免在服用药物期间吃柚子。

❷ 气虚体弱、腹部寒冷、常患腹泻、高血脂及患肝功能疾病的老年人也应禁吃柚子。

忌食关键词

干扰药物的正常代谢、引起血压大幅波动

葡萄柚

不宜吃葡萄柚的原因

葡萄柚又称西柚，从植物分类学上比较，其与柚子十分相似，所以它和柚子一样含有可影响高血压药物代谢的活性物质，通过抑制肠道的酶从而增加降压药的血药浓度，从而使血压大幅度下降，不利于血压的控制，所以，对于需长期服用降压药的高血压老年患者来说，应忌吃葡萄柚，如果要吃，应注意食用的量，同时要监测血压。

忌食关键词

不利血压控制

[老年人 禁 什么？]

榴莲

不宜吃榴莲的原因

❶ 中国传统医学认为，榴莲性热而滞，初期高血压老年患者多为肝阳上亢，不宜过多食用，否则可引发和加重头目胀痛、口苦咽干、大便秘结等症状。

❷ 榴莲的含糖量很高，过量的糖分摄入会在体内转化为内源性三酰甘油，使血清三酰甘油浓度升高，故老年人应尽量少吃，高血脂老年患者则应禁吃。

❸ 榴莲属于高脂水果，含有大量的饱和脂肪酸，多吃会使血液中的总胆固醇含量升高，加重老年人高血脂病情，导致血管栓塞、血压升高，甚至可导致冠心病、脑卒中。

忌食关键词

性热、高糖、高饱和脂肪酸

椰子

不宜吃椰子的原因

❶ 椰子是热量最高的几种水果之一，其含糖量很高，且主要是葡萄糖、果糖和蔗糖，这些糖分极易被人体吸收从而使血糖快速升高，不利于老年人体重的控制。如果摄入的糖分过量会在体内转化为内源性三酰甘油，使三酰甘油水平升高，不利于血糖的控制。

❷ 椰子的钾含量极高，合并有肾病的糖尿病老年患者应禁食。另外，椰子的含钠量也很高，多食可致水肿甚至引发原发性高血压。

忌食关键词

高糖、高钾、高钠

杨梅

不宜吃杨梅的原因

❶ 杨梅对胃黏膜有刺激作用，其富含的果酸还可导致蛋白质凝固影响消化吸收，肠胃不好的老年人应禁食。

❷ 中医认为，杨梅性温，多食可积温成热，阴虚、血热、火旺、有牙齿疾患者和糖尿病、溃疡病、高血压患者均应忌食杨梅。

❸ 杨梅含有一定的脂肪，而且其他营养成分如维生素C、纤维素、胡萝卜素等的含量较低，患有高血压的老年人多食无益。

忌食关键词

性温、刺激胃黏膜

[老年人 禁 什么？]

樱 桃

不宜吃樱桃的原因

❶ 樱桃性温热，且含糖量很高，每100克樱桃中含碳水化合物10.2克，老年高血压患者不宜过多食用，合并有糖尿病的高血压患者应禁食。

❷ 樱桃含钾量高，每100克樱桃中含钾258毫克，这对于有肾病的老年人而言可不是一个小数字。肾病患者如果因肾脏调节水分和电解质的功能丧失，就会发生少尿和水肿。少尿时，由于排钾减少可导致钾潴留，如果患者食用过多的樱桃，就会出现高血钾，这不利于老年人的健康。

忌食关键词

性温、高钾

肥猪肉

不宜吃肥猪肉的原因

❶ 肥猪肉的脂肪与其他肉类相比含量最高。长期大量进食肥猪肉，将不可避免地导致脂肪摄入过多，使人体蓄积过多脂肪，不利于老年人体重的控制，容易诱发身体肥胖，不利于患有高血压老年人的健康。

❷ 肥肉中含有大量的饱和脂肪酸，它可以与胆固醇结合沉淀于血管壁，诱发动脉硬化等心脑血管并发症。

忌食关键词

高脂肪、肥胖、大量饱和脂肪酸

猪 蹄

不宜吃猪蹄的原因

❶ 猪蹄的热量较高，每100克猪蹄可产生约1088千焦的热量，且含有较多的脂肪和胆固醇，老年人多食容易引起肥胖、血压升高，不利于健康。另外，患有糖尿病的老年人多食还可引起血糖升高，甚至引发心脑血管并发症。

❷ 猪蹄中含有丰富的胶原蛋白，其性质比较稳定，不易被消化，胃肠功能较弱的老年人要慎食，最好禁吃。

忌食关键词

高热量、高脂肪、高胆固醇、丰富的胶原蛋白

[老年人 禁 什么？]

猪肝

不宜吃猪肝的原因

① 猪肝的热量较高，多食不利于高血压老年患者体重的控制。

② 猪肝中胆固醇含量较高，多食可使血液中的胆固醇水平升高，导致胆固醇在动脉壁上沉积，使管腔狭窄，导致血压升高，甚至诱发动脉硬化、冠心病等。

③ 多食猪肝还会使体内储存较多的血红元素铁，从而加重机体损伤，加重原发性高血压。

④ 长期大量食用猪肝会使维生素A过多积聚从而出现恶心、呕吐、头痛、嗜睡等中毒现象，久之还会损害肝脏，导致骨质疏松、毛发干枯、皮疹等。

忌食关键词

高热量、高胆固醇、过多的血红元素铁和维生素A

猪腰

不宜吃猪腰的原因

① 猪腰属于高胆固醇食物，每100克猪腰中含有354毫克胆固醇，胆固醇在动脉壁的堆积会导致血管管腔狭窄，血流受阻使血压升高，增大心脏的负荷，还可能引发冠心病。而老年人多患有高血压、高血脂，所以胆固醇高的食物都要慎食。

② 猪腰性寒，老年人肠胃功能相对较弱，如果进食过多，容易引起腹泻等症状。

忌食关键词

高胆固醇、性寒

猪心

不宜吃猪心的原因

① 猪心营养丰富，对加强心肌营养、增强心肌收缩力有很大的作用，但是它的胆固醇含量较高，老年人过量食用后可使血浆中的胆固醇浓度增高，不利于身体健康。

② 经研究证明，如果老年人长期大量食用猪心等动物内脏可大幅度地增加患心血管疾病的风险，所以老年人要少食或禁食包括猪心在内的动物内脏。

忌食关键词

高胆固醇

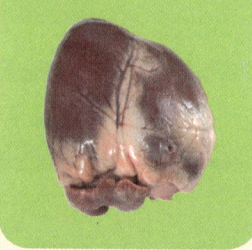

[老年人 禁 什么？]

猪大肠

🔽 **不宜吃猪大肠的原因**

❶ 猪大肠的脂肪含量较高，高血压老年患者食用后容易导致脂肪堆积，引起肥胖，不利于老年人体重的控制。

❷ 猪大肠中的胆固醇含量较高，过多摄入可使血管管腔狭窄，血流受阻使血压升高，不利于血压的控制，并且还有可能导致冠心病。

❸ 猪大肠性寒，老年人的脾胃功能较弱，最好少食用。

❌ **忌食关键词**

高脂肪、高胆固醇、性寒

猪 脑

🔽 **不宜吃猪脑的原因**

❶ 猪脑性寒，脾胃功能较弱的老年人如食用过多，容易引起腹泻等。

❷ 猪脑中的胆固醇含量极高，食用后可使血液中的胆固醇水平升高，所以患有高胆固醇血症、冠心病以及高血压的老年人均不宜多吃，否则可能使病情加重。另外，因冠心病、高血压、动脉硬化所致的头晕头痛者及性功能障碍者均要禁吃猪脑。

❸ 高血压患者如果长期食用猪脑可能引发冠心病，导致脑卒中。

❌ **忌食关键词**

性寒、高胆固醇

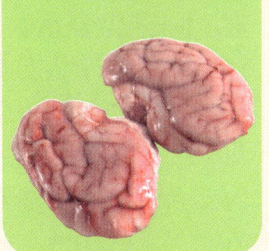

猪 肚

🔽 **不宜吃猪肚的原因**

❶ 猪肚和其他内脏器官一样，含有的胆固醇量很高，每100克含有胆固醇165毫克，高血压老年患者食用后容易引发动脉硬化；糖尿病老年患者食用后会加重其脂质代谢紊乱，促进脂肪转化为血糖，不利于血糖控制。

❷ 猪肚有补虚损、健脾胃的功效，适用于气血虚损、身体瘦弱者，但是对于身体强壮的高血压患者不适宜。

❸ 湿热痰滞型体质及感冒的老年人均应禁食猪肚。

❌ **忌食关键词**

高胆固醇

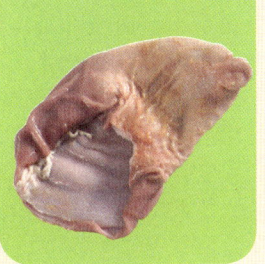

[老年人 禁 什么？]

猪血

不宜吃猪血的原因

❶ 猪血中的铁含量较丰富，而且以血红素铁的形式存在，容易被人体吸收利用，但是食用过多可能造成铁中毒，出现恶心、呕吐、呕血等症状，还会影响机体对其他矿物质的吸收。

❷ 猪血中含有较多的猪机体本身新陈代谢的废物，如激素、药物、尿素等，老年人食用过多会给人体带来较大的负担。

❸ 胃下垂、痢疾、腹泻患者及高脂血症、肝病、冠心病患者均禁食猪血。

忌食关键词

含铁高、含较多废物

牛髓

不宜吃牛髓的原因

❶ 牛髓中的脂肪含量极高，可达95.8%，多食牛髓会使进入体内的脂肪过多，脂肪沉积在体内，容易引起肥胖，也会引发脑卒中、心血管疾病以及动脉粥样硬化等疾病，导致血压升高，还可能诱发高脂血症。

❷ 中医认为，大多数高血脂患者是由于痰湿瘀阻在中焦所致，而牛髓为滋腻之品，容易助湿生痰，患有高血脂的老年人食用后会加重病情，不利于身体健康。

忌食关键词

高脂肪、滋腻

牛肝

不宜吃牛肝的原因

❶ 牛肝的胆固醇含量很高，多食可使血液中的胆固醇和三酰甘油水平升高。胆固醇堆积在血管壁还会致使管腔狭窄，使血压升高。而且牛肝的热量高，多食不利于肥胖老年人体重的控制。

❷ 牛肝的烹调方法多用油炸或扒烤，如此制作出来的牛肝含有的热量更高，不适合患有高血压、糖尿病的老年人食用。

❸ 动脉粥样硬化、心脑血管疾病、痛风等患者均禁食牛肝。

忌食关键词

高胆固醇、高热量

[老年人 禁 什么？]

羊髓

不宜吃羊髓的原因

❶ 羊髓的热量很高，每100克羊髓所含的热量约1506千焦，过量的热量摄入可在体内转化为脂肪堆积，引起肥胖，不利于原发性高血压。

❷ 羊髓性温，多食会助热上火，高血压患者多属肝阳上亢体质，多食羊髓会加重病情。

❸ 羊髓胆固醇含量极高，据分析，每100克羊髓中胆固醇的含量高达2099毫克，约为鸡蛋的7倍，患有心血管疾病的老年人应禁吃。

忌食关键词

高热量、性温、高胆固醇

羊肉

不宜吃羊肉的原因

❶ 羊肉中的蛋白质含量较高，过多摄入动物性蛋白质可能引起血压波动，对患有高血压的老年人不利。

❷ 羊肉是助元阳、补精血、疗肺虚、益劳损之佳品，是一种优良的温补强壮剂，但是患有高血压的老年人多属肝阳上亢体质，多食会助阳伤阴，加重病情。

❸ 羊肉本身的嘌呤含量虽然不高，但是人们常常喜欢在吃火锅的时候吃羊肉，这样会摄入更多的嘌呤，对于并发有高尿酸血症的患者不利。

忌食关键词

高蛋白、温补、高嘌呤

羊肝

不宜吃羊肝的原因

❶ 羊肝属于高胆固醇食物，每100克羊肝中含有349毫克胆固醇，食用后可使血液中的胆固醇水平升高，不利于患有高血脂、高血压、糖尿病的老年人身体健康，应禁食。

❷ 羊肝中的维生素A含量极其丰富，老年人长期大量食用容易导致维生素A摄入过多，出现头痛、恶心、呕吐、嗜睡、视物模糊等症状。

忌食关键词

高胆固醇、高维生素A

[老年人 禁 什么？]

狗肉

不宜吃狗肉的原因

❶ 狗肉中蛋白质含量较高，老年人特别是患有高血压的老年人应限制动物性蛋白质的摄入，故不宜多食狗肉。

❷ 中医认为狗肉热性大、滋补强，老年人过量食用后会使血压升高，甚至导致脑血管破裂出血，所以患有原发性高血压、脑血管病、心脏病、脑卒中后遗症的患者均不宜食用狗肉。

❸ 狗肉火锅中含有的嘌呤很高，合并有高尿酸血症的高血压患者食用后容易引起痛风发作。

❌ 忌食关键词

高蛋白、性热、高嘌呤

鹿肉

不宜吃鹿肉的原因

❶ 鹿肉中的蛋白质含量较高，且为动物性蛋白，多食可引起血压波动，老年人应少食或禁食。

❷ 中国传统医学认为，鹿肉属于纯阳之物，补益肾气之功为所有肉类之首，但是高血压患者多属于阳盛体质，不宜多食鹿肉，否则可助热上火，加重病情，而且老年人多食，还可导致便秘。

❸ 鹿肉属于"红肉"，含有的饱和脂肪酸较多，可与胆固醇结合沉积在动脉血管壁，使管腔狭窄，引起血压升高，甚至引发动脉硬化。

❌ 忌食关键词

高蛋白、性热、饱和脂肪酸较多

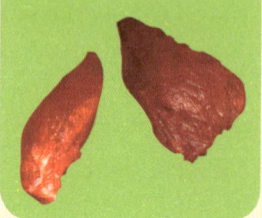

鹅肉

不宜吃鹅肉的原因

❶ 鹅肉的热量较高，过多的热量摄入可在体内转为脂肪堆积，引起肥胖，甚至引起其他心脑血管并发症，不利于老年人的身体健康。

❷ 鹅肉中含有较多的脂肪，特别是皮中含有的饱和脂肪酸可使血液中的三酰甘油和胆固醇水平升高，患有高血压的老年人食用后，脂肪可与胆固醇结合沉积在血管壁，容易引发动脉硬化、脑卒中等并发症。

❌ 忌食关键词

高热量、高脂肪

麻雀肉

不宜吃麻雀肉的原因

❶ 麻雀的加工方法多为油炸、爆炒或者五香，前两者制作出来的麻雀肉热量很高，后者制作出来的麻雀肉含盐量很高，老年人都不宜食用。

❷ 中医认为，麻雀肉性温助热，凡阳热亢盛或阴虚火旺者不宜食用，而高血压患者多属于肝阳上亢体质，食用后可加重病情。

❸ 麻雀已经被列为国家保护动物，所以从动物保护的角度，食用麻雀肉的劣行已渐渐淡出了人们的生活，最好不要吃。

忌食关键词

高热量、高盐、性温、国家保护动物

鸡肝

不宜吃鸡肝的原因

❶ 鸡肝属于动物肝脏，为高胆固醇食物，每100克鸡肝中含有356毫克胆固醇，食用后容易使血清中的胆固醇浓度升高，容易诱发老年人高血脂、高血压，患有高血脂、高血压的老年人应禁食。

❷ 鸡肝的维生素A含量极高，多食可致维生素过多症，出现头痛、恶心、呕吐、视像模糊等中毒症状，久之还可能导致肝损害。

忌食关键词

高胆固醇、高维生素A

鸡胗

不宜吃鸡胗的原因

❶ 鸡胗的热量较高，多食不利于高血压老年患者的体重控制。

❷ 鸡胗的蛋白质含量较高，且属于动物性蛋白质，老年人应限制摄入，特别是患有"三高"的老年人。

❸ 鸡胗有消食导滞的作用，但是其属于动物内脏，胆固醇含量很高，食用后容易使血清中的胆固醇浓度升高，如果老年人长期食用可能引发动脉硬化。

忌食关键词

高热量、高蛋白、高胆固醇

[老年人 禁 什么？]

鸭肠

不宜吃鸭肠的原因

❶ 患有"三高"的老年人宜选择低热量、低脂肪、低胆固醇的食物，而鸭肠的胆固醇含量较高，每100克中含胆固醇187毫克，多食可使血液中的胆固醇和三酰甘油水平升高，胆固醇堆积在血管壁会致使管腔狭窄，使血压升高，所以老年人不宜过量食用鸭肠。

❷ 鸭肠属于高嘌呤食物，并发有高尿酸血症的高血压老年患者食用后容易引起痛风发作。

忌食关键词：高胆固醇、高嘌呤

鸭蛋

不宜吃鸭蛋的原因

❶ 鸭蛋的热量较高，过多的热量摄入可在体内转化为脂肪堆积起来，不利老年人体重的控制，而且还有可能引发高血压、高脂血症等病症。

❷ 鸭蛋中胆固醇含量很高，每100克中含有565毫克胆固醇，食用后容易使血清胆固醇水平升高，还可能诱发动脉硬化、冠心病等心血管并发症，所以老年人要少食，患有高血脂、高血压的老年人应禁食。

忌食关键词：高热量、高胆固醇

咸鸭蛋

不宜吃咸鸭蛋的原因

❶ 咸鸭蛋的热量较高，多食不利于高血压患者体重的控制。

❷ 咸鸭蛋中的胆固醇含量极高，过多的胆固醇沉积于血管壁可形成脂斑，进而使动脉管腔狭窄，使血压升高，甚至引发冠心病。

❸ 咸鸭蛋中的钠含量极高，过量的钠摄入可发生水钠潴留，增加血容量，从而使血压升高，增加心脏负荷，甚至引发心脏病。

忌食关键词：高热量、高胆固醇、高钠

[老年人 禁 什么？]

松花蛋

▶ 不宜吃松花蛋的原因

❶ 松花蛋可用鸡蛋或鸭蛋制作而成，在其加工制作的过程中加入了大量的盐腌渍，老年人如果摄入过多对心血管不利，容易使血压升高，诱发原发性高血压。

❷ 松花蛋属于高胆固醇食物，老年人过量食用后可使血清的胆固醇水平升高，容易诱发高脂血症及心脑血管并发症。

❸ 松花蛋中含铅量较高，过量食用还容易引起铅中毒。

❌ 忌食关键词

高钠、高胆固醇、含铅高

午餐肉

▶ 不宜吃午餐肉的原因

❶ 午餐肉是一种罐装压缩的肉糜制品，主要是以猪肉、鸡肉为原料，加入一定量的淀粉、香辛料加工制成的，其热量和脂肪含量都较高，老年人不宜食用过多。

❷ 午餐肉在制作过程中为了达到色佳味美和长时间保存的目的，加入了防腐剂，有的还添加了人工合成色素、香精、甜味剂等，不利于老年人的身体健康。

❸ 午餐肉的含钠量较高，食用后容易引起血压升高，诱发原发性高血压，高血脂合并有原发性高血压的老年人尤其要谨慎。

❌ 忌食关键词

高热量、高脂肪、防腐剂、高钠

熏 肉

▶ 不宜吃熏肉的原因

❶ 熏肉的热量很高，食用后可引起肥胖，不利于体重的控制，老年人不宜过量食用。

❷ 熏肉在制作过程中加入了很多盐腌渍，大量摄入可引起血压升高，对于并发有原发性高血压的高脂血症老年患者尤为不利，且熏肉在制作过程中可能产生致癌的亚硝酸盐，对老年人健康不利。

❸ 熏肉的脂肪含量很高，大量的脂肪摄入可能引发脑卒中、心血管疾病、动脉粥样硬化等并发症，肥胖的高血压患者尤其要注意。

❌ 忌食关键词

高热量、高盐、高脂肪

[老年人 禁 什么？]

腊肉

不宜吃腊肉的原因

❶ 腊肉多用五花肉制作而成，其热量和脂肪含量都非常高，食用后容易引起血脂升高、肥胖、冠心病等疾病，还会导致动脉粥样硬化，老年人要少食。

❷ 腊肉的含盐量较高，每100克腊肉的钠含量近800毫克，超过一般猪肉平均量的十几倍。长期大量进食腊肉无形中造成盐分摄入过多，可能加重或导致血压增高或波动。

❸ 腊肉在制作过程中很多维生素和微量元素等几乎丧失殆尽，如维生素B_1、维生素B_2等含量均为零，不利老年人的身体健康。

忌食关键词

高热量、高脂肪、高盐

腊肠

不宜吃腊肠的原因

❶ 腊肠中肥肉含量高达50%以上，热量极高，脂肪含量也很高，食用后不利于体重的控制，高血压患者尤其是合并有肥胖症的患者不宜食用。

❷ 腊肠的蛋白质含量较高，且为动物性蛋白质，老年人不宜多食。

❸ 腊肠中的钠含量很高，老年人过量食用后，可发生水钠潴留，从而使血容量增加，导致血压升高，对身体健康不利。

忌食关键词

高热量、高脂肪、高蛋白、高钠

火腿

不宜吃火腿的原因

❶ 火腿是由腌制或熏制的猪腿制成的，在制作过程中大量使用氯化钠（食盐）和亚硝酸钠（工业用盐），老年人长期摄入过多盐分会导致高血压和水肿，亚硝酸钠食用过量还会造成食物中毒。

❷ 火腿的热量以及脂肪含量很高，多食用不利于体重的控制，还可引起肥胖，甚至引发高脂血症、动脉粥样硬化、脑卒中等心脑血管并发症。所以老年人禁吃火腿。

忌食关键词

高盐、高热量、高脂肪

[老年人 禁 什么？]

烤鸭

不宜吃烤鸭的原因

❶ 烤鸭要想做得"香"，在烹调时就要加入较多的油，老年人食用过多油对身体健康损伤很大。

❷ 烤鸭中的热量和脂肪含量均很高，过量食用容易引起肥胖，不利于体重控制，同时也容易引发动脉粥样硬化、冠心病等心血管并发症，老年人应少食，患有心脑血管疾病的老年人最好禁食。

❸ 有部分烤鸭由于制作过程不规范，制作过程中可能产生可致癌的亚硝酸盐物质，老年人过多食用对身体健康不利。

忌食关键词

油多、高热量、高脂肪、含有亚硝酸盐

扒鸡

不宜吃扒鸡的原因

❶ 扒鸡的热量很高，老年人过量食用不利于体重的控制。

❷ 扒鸡的蛋白质含量较高，且属于动物性蛋白质，老年人多食可引起血压波动，易诱发高血压。

❸ 扒鸡的胆固醇含量很高，食用后可使血清的胆固醇水平升高，高脂血症老年患者应忌吃。

❹ 扒鸡中的含钠量极高，渗透压的改变使水钠潴留，从而使血容量增加、回心血量增加，使血压升高，甚至可引发心脏病。

忌食关键词

高热量、高蛋白、高胆固醇、高钠

炸鸡

不宜吃炸鸡的原因

❶ 炸鸡的热量较高，食用后容易使血糖升高。

❷ 炸鸡中饱和脂肪酸的含量很高，糖尿病患者食用后容易诱发心脑血管并发症，且炸鸡在高温煎炸的过程中，维生素流失严重，而且还可产生有害物质。

❸ 炸鸡中的钠含量极高，多食容易引起水肿，甚至引发高血压。

❹ 炸鸡中的钾、磷的含量都极高，过多食用会增加肾脏的负担，糖尿病并发肾病患者需慎食。

忌食关键词

高热量、高饱和脂肪酸、高钠、高钾、高磷

[老年人 禁 什么？]

鱼子

🔖 不宜吃鱼子的原因

❶ 鱼子的热量较高，多食不利于高血压患者体重的控制。
❷ 鱼子胆固醇含量很高，不但可使血清胆固醇水平升高，而且低密度胆固醇在血管内壁的堆积可导致管腔变窄，从而使血压升高，甚至引发冠心病。
❸ 鱼子虽然很小，但是很难煮透，食用后也很难消化，老年人肠胃功能不好最好不要食用。

❌ 忌食关键词

高热量、高胆固醇、难消化

蟹黄

🔖 不宜吃蟹黄的原因

❶ 蟹黄中胆固醇的含量非常高，可使血压升高，而且过量的胆固醇堆积在血管壁还可形成脂斑，甚至引发冠状动脉粥样硬化，等等，对于高血压、高血脂患者十分不利，所以患有高血压、高血脂的老年人应禁食。
❷ 由于蟹黄中油脂的含量较高，患有冠心病、动脉硬化的老年人应禁吃蟹黄。
❸ 蟹黄属于发物，患有伤风、头痛、关节通、胃痛等老年人都要禁吃蟹黄。

❌ 忌食关键词

高胆固醇、高油脂、发物

墨鱼

🔖 不宜吃墨鱼的原因

❶ 墨鱼的热量较高，多食不利于老年人的体重控制。
❷ 墨鱼的蛋白质含量很高，高血压患者尤其是合并有肾功能减退的老年患者要禁食。
❸ 墨鱼中含有较多的胆固醇，患有高血压、高血脂、高胆固醇血症、动脉硬化等心血管病及肝病的老年人应禁食。
❹ 墨鱼中的钠含量极高，容易发生水钠潴留，从而使人体发生水肿、血压升高等，老年人应禁食。

❌ 忌食关键词

高热量、高蛋白、高胆固醇、高钠

[老年人 禁 什么？]

鲱鱼

不宜吃鲱鱼的原因

❶ 鲱鱼的热量较高，过多的热量摄入可在体内转化为脂肪，使血脂升高。

❷ 鲱鱼富含油脂，食用后容易使血脂升高，使体重增加，不利于高血脂患者的病情。

❸ 市售的鲱鱼多经过腌制加工，在腌制过程中由于加入了盐、酱料等，使成品的含钠量很高，食用后容易使血压升高，合并有原发性高血压的高血脂患者要禁食。

忌食关键词

高热量、高油脂、高钠

鲍鱼

不宜吃鲍鱼的原因

❶ 鲍鱼中胆固醇的含量较高，食用后容易使血清中的胆固醇浓度升高，老年人不宜食用。

❷ 鲍鱼含钠量较高，渗透压的改变使水钠潴留，从而使血容量增加、回心血量增加，使血压升高，可引发心脑血管并发症。

❸ 随着年龄的增长，老年人的肠胃功能逐渐衰退，而鲍鱼肉难以消化，老年人应该少吃或禁食。

忌食关键词

高胆固醇、高钠、难消化

鱿鱼

不宜吃鱿鱼的原因

❶ 老年人如果患有高血脂、高胆固醇血症、动脉硬化等心血管病及肝病就应慎食鱿鱼。因为鱿鱼中胆固醇含量非常高，吃一口鱿鱼，就相当于吃了40口肥肉，食用后容易使血清胆固醇水平升高。

❷ 鱿鱼性质寒凉，脾胃虚寒的老年人也应该少吃。

❸ 鱿鱼是发物，患有湿疹、荨麻疹等疾病的老年人则应禁食。

忌食关键词

高胆固醇、性寒凉、发物

[老年人 禁 什么？]

糯米

不宜吃糯米的原因

❶ 糯米热量高，每100克中含有78.3克碳水化合物，患有糖尿病的老年人食用后可使血糖升高，对病情不利。

❷ 糯米的钾含量较高，这对于存在钾代谢障碍的糖尿病并发肾病的老年人来说十分不利。

❸ 糯米的血糖生成指数为87，属于高血糖生成指数的食物，患有糖尿病的老年人食用后可使血糖快速升高。

❹ 冷的糯米制品的黏度较高，不易被磨成"食糜"，因此难以被消化吸收，所以肠胃不好的老年人要少食或禁食。

忌食关键词

高热量、高钾、高糖、黏度较高

白果

不宜吃白果的原因

❶ 白果的热量极高，多食可使多余的热量堆积，引起肥胖，不利于糖尿病患者体重的控制。

❷ 白果的含糖量很高，食用后容易引起血糖升高，老年人不宜过多食用。

❸ 白果中的蛋白质含量很高，合并有肾病的糖尿病患者应禁食。

❹ 白果中含有氢氰酸，过量食用可出现呕吐、呼吸困难等中毒症状，严重时还可中毒致死。

忌食关键词

高热量、高糖、高蛋白质、含有氢氰酸

苏打饼干

不宜吃苏打饼干的原因

❶ 苏打饼干含有较多的钠，老年人吃过多苏打饼干可能导致血压升高、肥胖加重，甚至引发高脂血症等。

❷ 苏打饼干中加入了精炼混合油，使其脂肪含量远高于馒头、米饭。每100克苏打饼干含脂肪约8克，摄入100克苏打饼干，相当于多摄入约251千焦的热量。因此建议老年人不要常吃苏打饼干，如果要吃每次最好不超过50克。

❸ 苏打饼干中可能含有潜在致癌物质——丙烯酰胺，不利于身体健康。

忌食关键词

高钠、高脂肪、含致癌物质

[老年人 禁 什么？]

油 条

不宜吃油条的原因

❶ 油条在制作时，需加入一定量的明矾。明矾是一种含铝的无机物。身体摄入的铝虽然能经过肾脏排出一部分，但天天摄入就很难排净。超量的铝会毒害人的大脑及神经细胞，对人体的健康极为不利。

❷ 经过高温的油脂所含的必需脂肪酸和脂溶性维生素A、维生素D、维生素E遭到氧化破坏，使油脂的营养价值降低，食用油条难以起到补充多种营养素的作用。

❸ 油条含钠量较高，每100克中含钠585.2毫克，多食可能引致水肿、血压升高。

忌食关键词

含明矾、营养遭破坏、高钠

薯 片

不宜吃薯片的原因

❶ 薯片属于高热量的食物，食用后容易使人发胖，不利于原发性高血压控制。

❷ 薯片的脂肪含量很高，高血压患者过多食用可使血中胆固醇与脂肪含量升高，从而引发高脂血症。

❸ 薯片中含有致癌物丙烯酰胺，过量食用使丙烯酰胺大量堆积，加大了老年人患癌症的风险。

❹ 薯片的口味靠盐等调料调制，食用后可使血压升高，还可能引发其他心血管疾病。

忌食关键词

高热量、高脂肪、含致癌物、口味重

猪 油

不宜吃猪油的原因

❶ 猪油的热量极高，容易使人发胖，不利于患有高血压的老年人控制体重，肥胖型的高血压老年人尤其要注意。

❷ 猪油为动物油，其中的饱和脂肪酸和胆固醇的含量均很高，老年人食用后，会导致血管硬化，引发高血压、心脏病与脑出血，还会增加患动脉硬化等心脑血管并发症的风险，应少吃或不吃，而患有高血脂、高血压、糖尿病的老年人则应禁吃。

忌食关键词

高热量、高脂肪

牛油

不宜吃牛油的原因

❶ 牛油中含有大量的脂肪，热量极高，每100克中的脂肪含量为92克，可产生约3495千焦的热量，老年人过多食用容易引发肥胖，不利于体重的控制，而且也不利身体健康。

❷ 牛油中含有大量的胆固醇和饱和脂肪酸，二者可结合沉积在血管内壁，形成脂斑，引发冠心病，诱发高血压、高血脂等病症。而且多食还容易增加冠心病、动脉硬化等心脑血管并发症的风险。

忌食关键词

高脂肪、高胆固醇、高饱和脂肪酸

黄油

不宜吃黄油的原因

❶ 黄油的主要成分是脂肪，其热量极高，老年人尤其是肥胖型的高血压老年患者不宜食用。

❷ 黄油含脂肪达80％以上，油脂中的饱和脂肪酸含量达60％以上，还有30％左右的单不饱和脂肪酸。黄油的热稳定性好，而且具有良好的可塑性，香气浓郁，是比较理想的适合高温烹调的油脂。然而，由于其饱和脂肪酸含量较高，还含有胆固醇，因此老年人和高血脂患者不应选用其作为烹调油。

忌食关键词

高脂肪、高热量、高胆固醇

奶油

不宜吃奶油的原因

❶ 奶油的热量和脂肪含量极高，容易引起肥胖，不利于血糖和体重的控制。

❷ 奶油中含有大量的胆固醇和饱和脂肪酸，容易结合沉淀于血管壁，引发动脉硬化、冠心病等心脑血管并发症。

❸ 奶油中的含钾量较高，合并有肾病的糖尿病患者慎食。

❹ 奶油中的含钠量很高，多食可能引起水肿、血压升高，易诱发高血压。

忌食关键词

高热量、高脂肪、高胆固醇、高钾、高钠

[老年人 禁 什么？]

巧克力

不宜吃巧克力的原因

巧克力高糖高油高热量，是典型的增肥食物，医学界将超重和肥胖确认为老年人高血压发病的重要原因之一，虽然并非所有老年肥胖者都患有高血压，但总体上来说，体重越重，平均血压也越高，而且肥胖也和高血压一样，是引发心脑血管疾病的一个危险因素。所以，控制体重已经成为高血压患者降低血压的一个重要途径。所以，患有高血压的老年人最好不要吃巧克力。另外，高血脂老年患者也要注意不能摄入过多巧克力。

忌食关键词：高糖、高油、高热量

辣 椒

不宜吃辣椒的原因

❶ 辣椒的热量较高，老年人多食不利于体重的控制。
❷ 辣椒性热、味辛，老年人食用过多，容易便秘。肝阳上亢、阴虚阳亢型高血压老年患者食用后容易加重病情，应慎食。同时，溃疡、食道炎、咳喘、咽喉肿痛、痔疮等老年患者均应禁食辣椒。
❸ 辣椒具有一定的刺激性，其含有的辣椒素可使心动加速、心跳加快、循环血液量剧增，从而使血压升高，甚至还可出现急性心肌梗死等严重的后果，不利于老年人的身体健康。

忌食关键词：高热量、性热、刺激性

花 椒

不宜吃花椒的原因

❶ 花椒的脂肪含量不低，老年人不宜多食。
❷ 花椒可促进唾液分泌，增加食欲，可使人摄入过多的食物，而且其本身的热量也较高，不利于体重的控制，还容易引起上火气滞。
❸ 花椒性热，味辛，老年人食用过多，容易消耗肠道水分而使胃腺体分泌胃液减少，造成胃痛、肠道干燥、痔疮、便秘。另外，高血压初期的老年患者多属肝阳上亢体质，过多食用可加重病情。

忌食关键词：高脂肪、增加食欲、性热

[老年人 禁 什么？]

八角

不宜吃八角的原因

❶ 八角的热量较高，过多的热量摄入容易使血糖、血压升高，引起肥胖，甚至引起动脉粥样硬化、脑卒中等并发症。

❷ 八角属于热性作料，老年人食用后容易出现头目涨痛、面红目赤、大便秘结等症状，不利于身体健康。

❸ 八角中的钾含量较高，而糖尿病老年患者并发肾病者有钾、磷的代谢障碍，如摄入过多无疑会增加肾脏的负担，所以应禁食。

忌食关键词

高热量、性热、高钾

桂皮

不宜吃桂皮的原因

❶ 桂皮的热量和碳水化合物含量均较高，高血压患者多食不利于体重的控制。

❷ 桂皮性大热，味辛甘，容易消耗肠道水分，使胃肠分泌消化液减少，造成肠道干燥、便秘。高血压初期老年患者多为肝阳上亢，也不宜食用热燥性的桂皮。

❸ 肉桂本身有小毒，如用量过大，可发生头晕、眼花、眼涨、眼涩、咳嗽、尿少、干渴、脉数大等毒性反应。

忌食关键词

高热量、高碳水化合物、性热、有小毒

茴香

不宜吃茴香的原因

❶ 茴香性温，而高血压初期老年患者多为肝阳上亢体质，多食可助热上火，加重高血压的病情，不利于高血压患者的病情恢复，所以患有高血压的老年患者应禁食茴香。

❷ 茴香为辛辣刺激的调味料，过量食用可使心跳加快、血压升高，不利于身体健康。

❸ 结核病、糖尿病、干燥综合征、更年期综合征等阴虚内热者均应禁食茴香。

忌食关键词

性温、上火、辛辣刺激

[老年人 禁 什么？]

胡椒

不宜吃胡椒的原因

❶ 胡椒是热性的食物，过量食用会引起人的消化功能紊乱，比如胃部不适、消化不良、便秘，甚至发生痔疮。另外，高血压初期老年患者多为肝阳上亢，食用后可出现头目涨痛、口苦咽干、大便秘结、小便黄赤等症状。

❷ 胡椒的热量和碳水化合物的含量均较高，而且其有醒脾开胃的功效，可增进食欲，使人摄入过多的热量，高血压老年患者尤其是合并有肥胖症的高血压老年患者应禁食。

忌食关键词

热性食物、高热量、高碳水化合物

咖喱粉

不宜吃咖喱粉的原因

❶ 咖喱中碳水化合物含量较高，且能促进唾液和胃液的分泌，增加胃肠蠕动，增进食欲，老年人应慎食。

❷ 咖喱中脂肪含量较高，患有高血脂的老年人应慎食。

❸ 咖喱粉是具有辛辣刺激性的调料，食用后可使血压升高、心跳加快，不利于老年人身体健康。

❹ 高血压老年患者需长期服用降压药，在服药期间最好不要食用咖喱。

忌食关键词

高碳水化合物、脂肪含量高、辛辣刺激

芥末

不宜吃芥末的原因

❶ 芥末的热量和碳水化合物含量很高，而且它还可以刺激胃液和唾液的分泌，增进食欲，让人不自觉地进食更多的食物，从而容易引发肥胖。

❷ 芥末微苦，辛辣芳香，具有催泪性的强烈刺激性辣味，食用后可以使人心跳加快、血压升高，患有高血压的老年人必须禁食。同时，患有胃炎或者消化道溃疡的老年人应禁食。另外，眼睛有炎症的老年人也不宜食用。

忌食关键词

高热量、高碳水化合物、刺激性

[老年人  禁 什么？]

酱油

不宜吃酱油的原因

❶ 酱油中既含有氯化钠，又含有谷氨酸钠，还有苯甲酸钠，是钠的密集来源，钠的含量高达5.7%以上，可引起血压升高、水肿等，老年人要慎食，特别是患有高血压的老年人更要禁食。

❷ 酱油中含有来自于大豆的嘌呤，而且很多产品为增鲜还特意加了核苷酸，并发有高尿酸血症的高血压老年患者不宜食用，否则可引发痛风。因此，在烹饪菜肴时，应尽量不要放酱油。

忌食关键词

钠的密集来源、含嘌呤、含核苷酸

鱼露

不宜吃鱼露的原因

❶ 鱼露的含钠量极高，每100克鱼露中含有9.35克的钠，老年人过量食用可引起血容量增加，血压升高，加重心脏负担，甚至引发心力衰竭。另外，本身就患有高血压的老年人应禁食鱼露。

❷ 实验研究证明，鱼露中含有致癌物亚硝胺类物质，老年人应慎食。

❸ 痛风、心脏病、肾脏病、急慢性肝炎等老年患者均不宜食用鱼露。

忌食关键词

高钠、含有致癌物质

豆瓣酱

不宜吃豆瓣酱的原因

❶ 豆瓣酱是非天然的食品，在制作过程中所产生的亚硝酸钠含量很高。亚硝酸钠有较强的致癌性，可以诱发各种动物及各种组织器官的肿瘤。摄入后对老年人健康并没有好处。

❷ 豆瓣酱中钠含量极高，每100克中含有钠约6克，大量的钠的摄入可发生水钠潴留，使血容量增加，血压升高，心脏负荷增大，可导致水肿和高血压。

❸ 如果选用比较辣的豆瓣酱，还可能引起老年人便秘，甚至引发痔疮。

忌食关键词

含致癌物、高钠

[老年人 禁 什么？]

咖啡

▶ 不宜喝咖啡的原因

❶ 研究证明，咖啡的热量和脂肪含量均较高，长期饮用大量的煮沸咖啡，咖啡豆里的咖啡白脂等物质可导致血清总胆固醇、低密度脂蛋白以及三酰甘油水平升高，从而使血脂过高。喝过咖啡后2小时，血中的游离脂肪酸会增加，血糖、乳酸、丙酮酸都会升高，所以，正常饮用咖啡要适量得法，而患有高血压、高血脂等慢性疾病的老年人则不宜饮用。

❷ 咖啡中含有咖啡因，如果长期大量饮用咖啡，可以使心率加快，血压升高，不利身体健康。

❌ 忌食关键词

高热量、高脂肪、咖啡因

浓茶

▶ 不宜喝浓茶的原因

❶ 浓茶中含有浓度较高的咖啡因，可使人心跳加快，从而升高血压，增加心脏和肾脏的负担，不利于老年人身体健康。

❷ 浓茶中含有的大量的鞣酸和食物中的蛋白质结合生成不容易消化吸收的鞣酸蛋白，从而容易导致老年人便秘。

❸ 大量饮用浓茶后，鞣酸与铁质的结合就会更加活跃，给人体对铁的吸收带来障碍和影响，表现为缺铁性贫血。

❌ 忌食关键词

咖啡因、鞣酸

可乐

▶ 不宜喝可乐的原因

❶ 可乐及碳酸饮料营养低、热量高，多饮容易引起体重增加，提高患糖尿病的风险。

❷ 可乐中主要含精制糖，这种糖在人体中可不经任何转化而直接被人体吸收，从而使血糖快速升高。

❸ 可乐中的焦糖色素等可能导致胰岛素抵抗，诱发血糖升高。

❹ 常喝可乐除了会引发肥胖，还有可能引起龋齿和骨质疏松、心脏病等病。

❌ 忌食关键词

高热量、精制糖、焦糖色素

[老年人 禁 什么？]

白酒

◀ 不宜喝白酒的原因

❶ 白酒的热量较高，多饮容易引起肥胖，增加患心脑血管并发症的风险。

❷ 白酒中的酒精成分会影响肝脏内的内源性胆固醇的合成，使血浆中的胆固醇以及三酰甘油的浓度升高，容易造成动脉硬化。

❸ 白酒引起的胆固醇和三酰甘油水平升高还可以引起心肌脂肪的沉积，使心脏扩大，从而引起高血压和冠心病。

❌ 忌食关键词

高热量、酒精、心肌脂肪沉积

比 萨

◀ 不宜吃比萨的原因

❶ 比萨的脂肪含量较高，老年人多食不利于体重的控制。

❷ 比萨在制作过程中常常需要加入较多的盐和其他调味料，所以成品比萨中往往含有较多的钠，长期食用可引起血压升高、水肿，患有高血压的老年人应该禁食。

❸ 比萨主要是用番茄酱、奶酪、黄油和其他配料烤制而成的，脂肪、胆固醇含量高，老年人不宜食用，特别是患有"三高"的老年人。

❌ 忌食关键词

高脂肪、高胆固醇、高钠

方便面

◀ 不宜吃方便面的原因

❶ 方便面是一种高热量、高脂肪、高碳水化合物的食物，老年人不宜食用。

❷ 方便面在制作过程中大量使用棕榈油，其含有的饱和脂肪酸可加速动脉硬化的形成。

❸ 方便面中含钠量极高，食用后可升高血压，高血压老年患者应忌食。

❹ 方便面中含有添加剂和防腐剂，老人吃方便面对身体不好，因为吸收不到什么营养，而老年人本来吸收营养的能力就差。

❌ 忌食关键词

高热量、高脂肪、高碳水化合物、高钠、添加剂、防腐剂

[老年人 禁 什么？]

冰激凌

不宜吃冰激凌的原因

① 冰激凌的热量、碳水化合物含量和脂肪含量均较高，老年人多食不利于体重的控制。
② 冰激凌等冷饮进入胃肠后会突然刺激胃，使血管收缩、血压升高，并容易引发脑出血。
③ 冰激凌含有的反式脂肪酸会降低高密度脂蛋白胆固醇，同时升高低密度脂蛋白胆固醇，增加患冠心病、高血压、糖尿病的风险。

忌食关键词

高热量、高碳水化合物、高脂肪、刺激胃

酸 菜

不宜吃酸菜的原因

① 酸菜有增进食欲的功能，不利于高血脂老年患者体重的控制。
② 酸菜在腌渍的过程中，维生素C被大量破坏，长期食用容易造成营养失衡，不利于身体健康。
③ 酸菜中含有较多亚硝酸盐，食用过多会引起头痛、恶心、呕吐等中毒症状，严重者还可致死。
④ 霉变的酸菜有明显的致癌性，过多食用不易防癌抗癌，老年人抵抗力差，应忌食。

忌食关键词

营养失衡、含亚硝酸盐、有致癌性

冬 菜

不宜吃冬菜的原因

① 冬菜是一种半干态非发酵性的咸菜，含有多种维生素，有开胃健脑的作用，但是由于其在制作过程中使用了盐等调味料腌渍，所以在成品冬菜中含钠量极高，有部分甚至可高达7.2%以上，老年人如果多食，可导致水钠潴留，引起血容量增加、血压升高，严重影响老年人的身体健康。
② 虽然冬菜用作汤料或炒食风味鲜美，但由于含过多食盐，患有心脑血管疾病的老年人都应禁食。

忌食关键词

高盐、血压升高

[老年人 禁 什么？]

萝卜干

不宜吃萝卜干的原因

❶ 萝卜干是常见的咸菜的一种，属于腌渍品，在腌渍的过程中加入了大量盐分，所以萝卜干的钠含量极高，每100克中的含钠量可达4203毫克。流行病学研究的数据表明，钠的摄取量与高血压的罹患率呈正比关系，过多的钠盐在体内堆积，可使血管紧张素Ⅰ向血管紧张素Ⅱ转化，使血管收缩，从而使血压升高。

❷ 萝卜干含有一定量的糖分，所以糖尿病老年患者应少食或者禁食。

忌食关键词

含有大量的盐分、含有一定量的糖分

八宝菜

不宜吃八宝菜的原因

❶ 八宝菜为甜酱渍菜，具有增进食欲的作用，老年人食用后不利于热量的控制，容易引起体重增加，从而出现老年肥胖。

❷ 八宝菜的含钠量很高，老年人不可多食，否则可引起水肿、血压升高甚至心衰。而患有高血压的老年人则应禁食。

❸ 患有肾病的老年人也应少食八宝菜。

忌食关键词

不利体重控制、高钠

麦芽糖

不宜吃麦芽糖的原因

❶ 麦芽糖虽然甜味不大，但是其中的碳水化合物含量极高，所以热量也很高，患有糖尿病的老年人尤其是肥胖型老年人应禁食麦芽糖。

❷ 麦芽糖的血糖生成指数较高，食用后可使血糖快速升高，不利于血糖的控制，另外，老人多吃还容易升高胆固醇，引起心肺功能的问题，所以老年人要慎食麦芽糖。而患有糖尿病的老年人则应禁食麦芽糖。

忌食关键词

高碳水化合物、血糖生成指数高

[老年人 禁 什么？]

水果罐头

不宜吃水果罐头的原因

❶ 水果罐头取材于各种各样的水果，水果中含有易于消化吸收的单糖——果糖，容易使血糖升高。

❷ 水果罐头在制作过程中加入了蔗糖，而且经过精加工的水果更容易被消化吸收，升高血糖的作用更加明显，患有糖尿病的老年人应禁食。

❸ 罐头食品中都加入了防腐剂，有的还添加了人工合成色素、香精、甜味剂等，这些物质对老年人身体健康不利，老年人应禁食。

忌食关键词：果糖、蔗糖、防腐剂、添加剂

果 酱

不宜吃果酱的原因

❶ 果酱是把水果、糖及酸度调节剂混合经高温熬制而成的，除了水果中的果糖外还加入了砂糖、蜂蜜等，含糖量高，食用过多容易使老年人发胖，而且也不利血糖控制。

❷ 市面上的"无糖"果酱虽然在生产过程中不再加入糖分，但是食品原料水果的糖分仍在，老年人应慎食。

❸ 市面上销售的果酱大多都含有各种添加剂及防腐剂，食用过多，不利于老年人的身体健康。

忌食关键词：含糖量高、添加剂

蜜 饯

不宜吃蜜饯的原因

❶ 经过层层加工后，蜜饯仅能保留原料的部分营养，再加上制作过程中添加了亚硝酸盐等防腐剂、着色剂、香精以及过高的盐和糖，这些添加物质大都是人工合成的化学物质，在正常标准范围内影响不大，但如长期大量食用，对老年人身体健康不利。

❷ 蜜饯含糖量很高，可达70%，老年人食用后可使血糖升高，不利于血糖的控制。患有糖尿病的老年人应该禁食。

忌食关键词：营养流失、添加剂、高盐、高糖

第五章

老年人四季饮食宜与忌

春温、夏热、秋凉、冬寒,四季的变化会给人体带来不同程度的影响,特别是老年人,由于身体机能的逐渐衰老,器官功能的逐渐衰退,对气候的变化更为敏感,甚至难以抵御,会给身体健康带来不利的影响。为了应对季节的变化,除了穿衣的变化外,如果老年人能够做到按季节特点调理饮食,为身体补充所需的营养成分,不仅对身体健康大有裨益,还可防治疾病。

老年人春季 饮食宜与忌

◎《黄帝内经·素问》中写道："春三月，此谓发陈，天地俱生，万物以荣。"春季生机盎然，老年人应随季节调养生气。

1 春季宜坚持平补或清补原则

春季是各种流行病多发的季节，所以饮食的调理显得尤为重要。中医学认为，春季的进补宜选用清淡且有疏散作用的食物，平补或清补都符合养生之道。其中，在春季平补的食物有小麦、荞麦、薏米等谷类，豆浆、豆腐等豆类，橘子、橙子、金橘等果类，这些食物以平为主，不寒不热，不腻不燥。在春季，老年人一定要根据自己的体质进行平补或清补。不同体质的老年人，在选取食物时应该有针对性，如一些身体虚弱、胃弱、消化吸收能力差的人或阴虚不足者、肢冷畏寒者应选用凉性的食物，需要进行清补，如荸荠、紫菜、海带、绿豆等。

老年人春季饮食除了应多吃热量高、蛋白质丰富的食物，还应多吃维生素和无机盐含量多的蔬果。

2 春季饮食宜讲究"三优"原则

春季的理想饮食是既要营养丰富，又能增强人体抵抗力和免疫力。所以，在饮食方面宜讲究"三优"原则。一优是热量较高的主食，平时可选食谷类、芝麻、花生、核桃和黄豆等热量高的食物，以补充冬季的热量消耗以及提供春季的活动所需的能量。二优是蛋白质丰富的食物，如鱼肉、畜肉、鸡肉、奶类和豆制品，这些食物有利于在气候多变的春季增强机体抗病能力。三优是维生素和无机盐含量较多的食物，维生素含量多的食物有西红柿、芹菜、苋菜、白菜等新鲜蔬菜，而海带等海产品，黄色、红色水果中无机盐比较多。因此，春季应多吃"三优"食物。

3 春季提高免疫力宜补充维生素

春季气候乍暖还寒，是呼吸道传染病的高发季节，防止疾病最关键的要素就在于提高身体的免疫力。而从养生的角度讲，关键不在服用药物，而是通过运动和饮食来提高免疫力。饮食中哪些营养素与免疫力有关呢？除了主要营养素蛋白质之外，维生素是提高免疫力的首选。如维生素C能制造干扰素（能破坏病毒、保护白细胞的数目），在感冒时，可通过摄取维生素C来增强免疫力。再如维生素E能增强抗体免疫力，清除过滤性病毒、细菌和癌细胞，维持白细胞的稳定。而如果人体缺乏β-胡萝卜素，就会严重削弱身体对病菌的抵抗力。当然，除了维生素，营养素中的叶酸、维生素B_3、维生素B_{12}、烟碱酸和人体免疫力也是密切相关的，所以春季提高老年人身体免疫力必须保证摄取充足的营养素。

4 春季宜养肝为先

肝脏是人体的一个重要器官，它具有调节气血，帮助脾胃消化食物、吸收营养的功能以及调畅情志、疏理气机的作用。因此，老年人春季养肝将带来整年的健康安乐。那么，春季应当怎样养肝呢？在饮食方面，应多吃些温补阳气的食物，如葱、姜、蒜、韭菜、芥末等。研究表明，大蒜不仅有很强的杀菌作用，还能促进新陈代谢、增进食欲、预防动脉硬化和高血压，甚至还有补脑的功效。大葱有很高的营养价值，同时还可预防呼吸道、肠道传染病。此外，饮食中应少吃性寒食品，如黄瓜、茭白、莲藕等，以免阻止阳气升发。

5 春季宜增甘少酸

春季肝的功能旺盛，如果再多吃些酸味食品，肝气更加旺盛，会导致脾胃的消化、吸收功能下降，影响人体健康。因此要少吃酸味食品，以防肝气过盛。春季宜吃甜食，以健脾胃之气。如红枣，其性味平和，可以滋养血脉、强健脾胃，既可生吃，亦可做枣粥、枣糕，以及枣米饭。山药也是春季饮食佳品，有健脾益气、滋肺养阴、补肾固精的作用。山药既可做拔丝山药、一品山药、水晶山药球等口味偏甜的菜，又可做山药蛋糕、山药豆沙包、山药冰糖葫芦、山药芝麻焦脆饼等风味小吃，还可做山药粥、山药红枣粥。

6 春季宜多吃蔬菜

经过冬季之后，人们较普遍地会出现多种维生素、无机盐及微量元素摄取不足的情况，如春季人们多发口腔炎、口角炎、舌炎和某些皮肤病等，这些均是因为新鲜蔬菜吃得少而造成的营养失调。因此，春季到来，老年人一定要多吃蔬菜。早春季节，新鲜蔬菜较少，宜选用一些时

蒜不仅有很强的杀菌作用，还能促进新陈代谢、增进食欲、预防动脉硬化和高血压。

春季多发口腔炎、口角炎、舌炎和某些皮肤病等，所以，老年人一定要多吃蔬菜。

蔬。春季也可多吃些野菜。野菜生长在郊外，污染少，且吃法简单，可凉拌、清炒、煮汤，营养丰富，保健功能显著。

7 春季宜药补增益

春天阳气升发，正是推陈出新的时期。春天温暖多风，也是细菌、病毒等微生物的复苏和传播之时，故外感热病较多。在这种情况下，中老年人要吃点能补充人体正气（即抵抗力，亦称免疫力）的药物，如玉屏风散。其由黄芪、白术、防风诸药组成，对于卫气虚弱、体表不固、易患感冒伤风者效果较好。风为春天之主气，最易侵袭人体，平时服此药，能有效地抵御风邪的侵袭，体质虚弱者春天尤应服此药。服法：每日2次，每次服15克，温开水送服。此外还可服用黄精丹、补健增肥丸。

8 春季忌多食温热、辛辣食物

春季因为胃肠积滞较为严重，肝脏处于劣势状态，饮食方面忌多食温热、辛辣的食物。中医认为"春日宜省酸增甘，以养脾气"，春季阳气升发，而辛辣发散为阳气，会加重体内的阳气上升、肝功能偏亢，人容易上火伤肝，而此时的胃部也处于虚弱状态。如果食用温热、辛辣的食物，必定有损胃气。所以春天宜多吃点甜味食物，以轻松疏散之品为主，这样既能吸收丰富营养，又具有发散作用，忌多吃温热、辛辣食物。适合春季食用的食物很多，主要有谷物、豆类、蛋类、食用菌和海产品等等。

9 春季进补忌直接食用采集的花粉

花粉在春季是一种时令进补佳品，对人体健康非常重要。不过如果直接食用从植物上采集的花粉，不但达不到健身的目的，还会导致某些疾病。对人体有益的花粉，多数是虫媒花，而自然中易于采集的花粉，多数是风媒花。其实，从营养价值看，风媒花一般是没有什么营养价值的，其外层坚固，未经处理不易被人体吸收，而同时，风媒花上还常沾有各种可以使人致病的微生物。

10 春季食用菠菜忌去根

菠菜以其营养丰富、味道鲜美而成为春季大家餐桌上受欢迎的时令蔬菜之一。菠菜含有丰富的维生素和矿物质，如叶酸、钾和维生素D、维生素E等。但人们在择菠菜时，往往喜欢把根丢掉，原因就在于根太老，其实这是错误的。菠菜根除含有纤维素、维生素和矿物质外，大量的糖分营养都集中在菠菜的根部。如果把菠菜根配以洋生姜食用，可以控制或预防糖尿病的发生；把菠菜根在水中略烫之后，用芝麻油拌食，有利于肠胃消化，可辅助治疗高血压和便秘等病症。不过为了

春季因为胃肠积滞较为严重，肝脏处于劣势状态，饮食方面忌多食温热、辛辣的食物。

大家在择菠菜时，往往喜欢把根丢掉，其实菠菜根含有许多营养成分。

求得最佳口感，菠菜根应该在菠菜抽薹开花之前食用。

11 春季忌无节制食用香椿

香椿在我国已有两千多年的栽培历史。每当春暖花开时，香椿树便生出嫩芽，吐出浓郁的香气。香椿的嫩芽质脆、多汁，嫩叶芳香、味鲜，是我国人民喜食的传统蔬菜，也是无虫季节无药毒的纯天然佳品。

香椿营养丰富、味道鲜美，深受大家的喜爱。《本草纲目》里也说，香椿可以"祛风、解毒"。现代药理研究证明，香椿煎服对许多病原菌有良好的抑制作用。但香椿也不可无节制食用，尤其是患痼疾或有慢性皮肤病、淋巴结核、恶性肿瘤的人更应少食。这是因为香椿性平而偏凉，苦降行散，且为大发之物，需温中补虚或患有上述疾病的人食用香椿后会加重病情。唐代孟诜指出："动风，多食令人神昏，血气微。"《随息居饮食谱》云："多食壅气动风，有宿疾者勿食。"所以，不能因为自己喜欢吃香椿，就完全忽视自己的身体状态而无节制地食用。另外，香椿为发物，多食易诱使痼疾复发，所以患慢性疾病的老年人应少食或不食。

12 春季脑卒中忌吃鲚鱼

春季是食鱼的旺季。鱼的营养丰富，而且所含的脂肪低，肉质细嫩，味道鲜美。其中著名的经济鱼类——鲚鱼就是难得的美味。鲚鱼，又名刀鱼、凤尾鱼，全身银白色，体型狭长而薄，颇似尖刀，故称刀鱼，早在2000多年前就已为席上珍馐。每年3月中旬春暖花开的时候，鲚鱼便从大海溯江而上到淡水中产卵，这就是农谚所说"刀鱼来踏青"。吃鲚鱼主要吃的是一个"味"字。鲚鱼，在清明前质量和味道最佳。这个季节的鲚鱼，刺软、肉细，节后鱼刺逐渐变硬，吃起来口味相对较差。所以，清明节前的鲚鱼，备受人们的喜爱。但是，值得提醒的是，脑卒中患者忌多食鲚鱼。脑卒中多因肝经火热或痰火所致，中医强调忌食温热味厚之品。鲚鱼温热且味甘，易生痰湿，多食能引动痰火，脑卒中患者多食鲚鱼，必会加重病情。所以，春季脑卒中患者忌多食鲚鱼。

脑卒中患者多食鲚鱼，必会加重病情。所以，春季脑卒中患者忌多食鲚鱼。

老年人夏季饮食宜与忌

◎夏季养生重在精神调摄，保持愉快而稳定的情绪，切忌大悲大喜，以免以热助热。

1 夏季饮食宜以素淡为主

夏季的饮食应以素淡为主。在主食上，应该多吃清凉可口、容易消化的食物，例如粥就是不错的选择。而在搭配菜肴时，要以素为贵。选择新鲜、清淡的各种时令蔬菜，如瓜类、白菜类、菌类等都能带给老年人一"夏"清凉。当然，除了蔬菜，夏季也是水果当道的季节。水果不仅可以直接生吃，还能用来做各种饮品，既好吃，又解暑。不过，在追求清淡的同时，可不能忽视了蛋白质的摄入，还得以素为主，以荤为辅。另外，在烹饪菜肴时，应放些醋、大蒜和生姜等调味品。

夏季老年人应该及时饮水补充消耗的水分，牛奶、豆浆、果汁等均可适量饮用。

2 夏季饮食宜合理

夏季老年人饮水量过少、出汗过多可导致血容量减少，血液黏稠，流动缓慢。饮食方面吃得过少易引起营养不良、免疫力降低；吃得过多过饱则会增加消化道血流量而减少脑部血流量，引发动脉粥样硬化症，带来心肌损伤。因此，保证合理的饮食对于患有心脑血管疾病的老年人来说非常重要。老年人夏天三餐应以清淡素食为主（可适量少吃些鱼），及时饮水以补充消耗的水分。绿茶、牛奶、豆浆、蜂蜜、果汁等均可适量饮用。

3 夏季宜注意饮食卫生

在夏季，食物一旦做好，应及时食用。食物放置4～5小时就有大量细菌繁殖扩散，故吃剩下的食物应在低于4摄氏度的条件下保存。同时，切勿把大量的尚未冷却的食物放在冰箱内，这是因为此时食物内部温度还很高，细菌仍可繁殖传播。另外，冷藏过的熟食必须重新加热（70摄氏度以上）才能食用，未经烧煮的食品必须彻底煮熟才能食用，特别是家禽、肉类和牛奶。

4 夏季宜适量吃些醋

炎热的夏季身体出汗多，体内盐分丢失得也快。老年人若在夏季多吃点醋，能提高胃酸浓度，帮助消化和吸收，促进食欲。此外，醋还有很强的抑制细菌能力，短时间内即可杀死化脓性葡萄球菌等，对老年人伤寒、痢疾等肠道传染病有预防作用。夏天老年人易疲劳、困倦不适，如多吃醋，会很快解除疲劳，保持充沛的精力。

夏天老年人易疲劳、困倦不适，如多吃醋，会很快解除疲劳，保持充沛的精力。

5 夏季食用水果宜分寒热体质

由于体质不同，适宜食用的水果也就不同，在炎热的夏季尤其需要注意。对于虚寒体质的人，其代谢慢、热量少、很少口渴，基本上比较畏寒，所以在吃水果时，应该选择温热性的食物，如荔枝、樱桃、石榴、金橘、龙眼等；而热性体质的人代谢旺盛，常会口干舌燥、易烦躁、便秘，在吃水果时就要多吃寒性食物，如瓜类水果、香蕉、西红柿、柚子、橙子、猕猴桃等。而平和类的水果，如葡萄、芒果、梨、白果等，各种体质的人都可以食用。

体质不同，适宜食用的水果就不同，在炎热的夏季尤其需要注意。

6 夏季宜适当吃点"酸"

很多酸味食品大都是碱性食品。这对高脂血症、糖尿病、高血压等血中酸性偏高的病，有中和作用。中医临床实验发现：酸主散味，酸主散气血。这对老年人易出现的血瘀，能起到辅助治疗作用。酸味食品特别适合老人食用，主要的酸味药物有：五味子、乌梅、马齿苋、白芍等；食物有赤小豆、西红柿、山楂、醋等。酸的好处很多，但过量也伤脾，胃溃疡患者尤其要慎食。所以一定要先护脾胃，在自己脾胃能适应的情况下适量摄取。

7 夏季宜多吃点"苦"

很多老年人的病是由"热"造成的，比如糖尿病、高血压等等。而偏苦的食物大都偏寒，像苦瓜、莴笋等。寒食对治"热病"有一定好处。如果反过来饮食不偏苦寒而偏甘热，如大鱼大肉、肥甘厚腻，则会加剧病情。但是，对待苦寒类食品，要谨防它伤脾胃。中医有"苦寒败胃"的说法。任何一种食品，针对每个"个体"，都是有其限度的。老年朋友在饮用苦寒食品时，应注意尽量不要空腹，可在吃苦寒食品前先吃点东西"垫胃"。即使偏苦，也不要浓苦，提倡"淡苦"。

8 夏季宜多吃富水瓜类蔬果

所谓富水瓜类蔬果，即指含水量极高的蔬菜和水果。夏季气温高，人体丢失的水分比其他季节要多，需要及时补充水分。冬瓜含水量居众菜之首，高达96％，其次是黄瓜、金瓜、丝瓜、佛手瓜、南瓜、苦瓜、西瓜等。也就是说，吃500克的瓜菜，就等于喝了450毫升高质量的水。另外，所有瓜类蔬菜都具有高钾低钠的特点，对老年人有降低血压、保护血管的作用。

黄瓜水分多，有高钾低钠的特点，对老年人有降低血压、保护血管的作用。

9 夏季生吃果蔬宜消毒

炎热的夏季，许多老年人都喜欢生吃果蔬，不仅口感好，而且营养丰富，但是这种吃法易感染疾病，所以必须注意消毒，采取正确的清洗方法。最好以不断流动的清水洗涤果蔬，用水的清洗及稀释能力，把残留在果蔬表面上的农药去除掉。使用清洁剂、盐水或长时间浸泡在清水中，对清除果蔬残留农药是无效的。小黄瓜、西红柿、杨桃、苦瓜等有皮的果蔬，则可利用软毛刷配合不断流动的清水清洗。小叶菜类如青菜、菠菜、小白菜等蔬菜的叶柄基部，水果的向上凹陷处，都易残留农药，需仔细冲洗或部分切除。

10 夏季宜常吃西红柿

西红柿被称为"爱情果"、"玉女果"，不但好吃，而且营养丰富。西红柿中所含的番茄红素是天然抗氧化剂，是人体健康卫士，有抗癌、降脂、护眼的作用。据研究证实，番茄红素能预防前列腺癌、肺癌和各种上皮细胞癌。血中番茄红素浓度高者，发生老年性黄斑变性的机会也会减少50％左右。夏季田地里生长的西红柿，番茄红素含量最高。因此，建议大家夏天多吃点西红柿，补充宝贵的番茄红素。而老年人吃西红柿，首先要选红色的、熟透的，因颜色越红的西红柿，番茄红素含量越高。

11 夏季宜多吃抗炎杀菌的蔬菜

夏季气温高，病原菌滋生蔓延快，是人类疾病尤其是肠道传染病多发季节。老年人这时多吃些"杀菌"蔬菜，可预防疾病。这类蔬菜包括：大蒜、洋葱、韭菜、大葱、香葱、蒜苗等。这些葱蒜类蔬菜中，含有丰富的植物性广谱杀菌素，对各种葡萄球菌、杆菌、真菌、病毒有杀灭和抑制作用。其中，作用最突出的就是大蒜。近年研究查明，大蒜的有效成分主要是大蒜素。由于大蒜中的蒜酶遇热会失

老年人在夏季多吃些"杀菌"蔬菜，如大葱，可以预防疾病。

去活性，为了充分发挥大蒜的杀菌防病功能，最好生食。

12 夏季补虚祛湿宜多食鳝鱼

鳝鱼分布很广，不仅能食用，而且其全身都可入药，为夏季养生的佳品。鳝鱼肉质柔嫩鲜美，营养丰富，含蛋白质、脂肪，还含有钙、铁、磷等微量元素，是一种高蛋白低脂肪的补品。因此，民间向来就有"夏令黄鳝赛人参"之说。

鳝鱼肉质柔嫩鲜美，营养丰富，为夏季养生的佳品。

中医认为鳝鱼性温味甘，归肝、脾、肾经，有补虚损、强筋骨、祛风湿的作用，能够治疗劳伤、痔疮、疥疮、直肠息肉等，对于久病后气血不足、脏腑虚损、体瘦疲乏者有辅助治疗作用。据研究，鳝鱼中的"鳝鱼素"具有显著的降血糖和恢复正常调节血糖的生理机能的作用，是治疗糖尿病的有效药物。另外，鳝鱼还有祛风活血、温肾壮阳的功效，常用作治疗颜面神经麻痹所致的面瘫、口眼歪斜、慢性化脓性中耳炎等。

13 老年人夏季宜喝姜糖水

夏天，人们好贪凉，喜欢使用电扇、空调解暑，这样很容易感受风寒，引起伤风感冒。这时中老年人若能及时喝点姜糖水，将有助于驱逐体内风寒。中医认为生姜能"通神明"，即提神醒脑。夏季中暑昏厥不省人事时，灌下一杯姜汁，病人很快就能醒过来。对一般暑热，表现为头昏、心悸及胸闷恶心的病人，适当吃点生姜汤大有裨益。

14 夏季忌多食热性调料

热性调料包括八角、茴香、桂皮、花椒、白胡椒、五香粉等，用其烹饪的菜肴，味道香、口感好，不过夏季经常食用反而对人体有害。有的热性调料本身就是辛辣、热性食物，经常食用会让人感到十分烦躁，而且还可导致人体火气上升，引起便秘、肠胀气、唇燥裂、口角炎等疾患。特别是一些慢性病如肝病、肺结核、动脉硬化等患者和消化能力不佳的老年人夏季更不能食用热性调料。

白胡椒为热性调料之一，老年人在夏季常食用其烹饪的食物，可导致体内火气上升。

15 夏季熬绿豆汤时忌加明矾

夏季喝绿豆汤可以降火祛暑，有些人喜欢在熬绿豆汤时加点明矾，因为明矾能沉淀杂质，使熬好的绿豆汤清澈透亮。不过，加明矾后的不良后果却很多。绿豆汤中加的明矾一般是钾明矾，作为一种食品添加剂，虽然其能够沉淀杂质，却会使绿豆汤味道变涩，部分营养成分遭到破坏。更为严重的是钾明矾在加热的过程中，还会产生二氧化硫和三氧化硫等有害物质食用，对人体有害。

16 夏季食用苦瓜忌选红黄色

苦瓜等苦味食物是夏天的食用佳品。但是在选择苦瓜时，最好是以表面有棱和瘤状突起、呈白绿色或青绿色、富有光泽的为上品。如果苦瓜已经变成了红黄色，则表明苦瓜已成熟或者放置太久。此时，不仅缺少光泽，味道和口感都不如新鲜的苦瓜，炒出来的苦瓜简直是味同嚼蜡，营养价值也无从谈起。所以，夏天食用苦瓜忌选择红黄色。

17 夏季忌贪食冷饮

炎热的夏日，若适当吃些冷饮，确实能起到消热解暑的作用，但一定不可过量。因为食入太多的冷饮会使胃肠血管突然收缩，胃液分泌大为减少，消化功能降低，从而引起食欲不振、消化不良、腹泻，甚至引起胃部痉挛，出现剧烈腹痛的症状。若剧烈运动后大量进食冷饮后果更加严重。这是因为剧烈运动后，各呼吸道、血管都会充血扩张，这时大量吃冷饮，会使血管收缩、血流减少，进而导致局部的抵抗力减低，使潜伏在口腔、各管道表面的细菌乘虚而入，易引起咳嗽、腹泻等病症，严重时还能引起上呼吸道感染或诱发扁桃体炎。

老年人食入太多的冷饮，会出现食欲不振、消化不良、腹泻等症状。

18 夏季忌多吃寒凉食物

夏季天气炎热，人体也常常火气十足，应该选吃一些能够祛湿清热的食

虽然夏天食用寒凉的食物对人体好处不小,但是如果是虚寒体质,就不要吃西瓜这类寒凉的食物。

物。如扁豆能健脾祛湿,莲叶能消暑清热,葛粉能促进微血管循环、预防高血压,还能降火。夏季老年人的消化功能较弱,在饮食方面,过多食用寒凉食物,易诱发肠胃痉挛,引起腹痛、腹泻。所以,饮食需根据老年人的体质而定。虽然夏天食用寒凉的食物对人体好处不小,但是如果是虚寒体质,不要吃西瓜、荠菜等寒凉食物为好,以免引起肠胃不适。

19 夏季忌多食坚果

所谓坚果,是指富含油脂的种子类食物,如花生、核桃、松子、瓜子、杏仁、腰果等。高热量高脂肪是坚果的特性,坚果含有的油脂多以不饱和脂肪酸为主,它富含亚油酸和亚麻酸。亚油酸和亚麻酸是脑黄金(DHA)和花生四烯酸(AA)的前体,有了它们,人体就可以合成DHA和AA。但是坚果又属于脂肪类食物,含有的热量非常高,比如50克瓜子仁含有的热量相当于一大碗米饭。所以在夏天,对于一般的老年人来说,每次食用30克左右的坚果是比较适当的。坚果宜在冬天吃,而不是在夏季食用,特别是体胖的老年人更不能多吃坚果。此外,坚果类食物含油脂较多,由于老年人的消化功能弱,如果食用过多的坚果,就相当于吸收了超量的脂肪和油脂,会导致"败胃",引起消化不良,甚至出现"脂肪泻"。

瓜子含油脂较多,由于老年人的消化功能弱,如果食用过多瓜子,可能会引起消化不良。

20 夏季忌大量饮酒

夏季天气炎热,老年人外出就餐聚会的机会也相应增多,饮酒过量引起肝病复发的事例也不少。绝大多数酒精要经肝脏代谢,在短期内喝下大量的酒,易引起肝细胞破坏、坏死,导致急性酒精性肝炎。而长期大量饮酒即便不发生急性肝炎,也会不断引起肝细胞反复被破坏,出现慢性肝炎或脂肪代谢障碍,引起脂肪肝。长期在酒精刺激下,肝纤维组织也会逐渐增生,使肝纤维化形成,从而形成酒精性肝硬化。老年肝病患者切忌在盛夏之季大量饮酒,包括各种冰镇啤酒和扎啤。另外,喝酒过量也是诱发高脂血症的主要因素之一,极易造成热能过剩而导致肥胖。

老年人秋季饮食宜与忌

◎秋季气候干燥,此时饮食调补更加重要。但补充营养的同时也要防止摄入过多热能,导致身体不适,应合理安排,做到膳食平衡。

1 秋季饮食宜讲究凉润

秋季进补宜平补,这是根据秋季气候凉爽、阴阳相对平衡而提出的一种进补法则。所谓平补,就是选用寒温之性不明显的平性滋补品。另外,秋季阴阳虽相对平衡,但燥是秋季的主气,肺易被燥所伤,进补时还应当注意润补,即养阴、生津、润肺,采取平补与润补相结合的方法,以达到养阴润肺的目的。补肺润燥,要多食用芝麻、蜂蜜、水果等柔软、含水分较多的甘润食物。食物或药物补养肺阴,防止因机体在肺阴虚的基础上,再受燥邪影响产生疾病。例如,晨饮淡盐水,晚饮蜂蜜水,既是补水分、防便秘的好方法,又是秋季养生抗衰老的重要内容。此外,在蔬菜中应多食萝卜、胡萝卜、菠菜,果类中可以吃柿子、香蕉、橄榄等。在整体上,要平衡摄取膳食,增加副食种类,还要适当多吃些有助于改善脏器功能、增强身体抵抗力的食物。

2 秋季饮食宜"多酸少辛"

秋天要多吃些滋阴润燥的食物,避免燥邪伤害。因为肺主辛味,肝主酸味,辛味能胜酸,所以多摄入酸性食物,以加强肝脏功能。从食物属性讲,少吃辛多吃酸食,有助生津止渴,但也不能过量。对于脾胃保健,可以多吃些易消化的食物。

3 秋季养肺宜注意饮食

肺是人体重要的呼吸器官,是人体真气之源,肺气的盛衰关系到寿命的长短。秋季气候干燥,很容易伤及肺阴,使人患鼻干喉痛、咳嗽胸痛等呼吸系统疾病,所以饮食应注意养肺。老年人要多吃些滋阴润燥的食物,如银耳、甘蔗、燕窝、梨、芝麻、藕、菠菜、乌骨鸡、豆浆、饴糖、鸭蛋、蜂蜜、龟肉、橄榄。此外还可适当食用一些药膳,如参麦团鱼、蜂蜜蒸百合、橄榄酸梅汤等。

燥是秋季的主气,肺易被燥所伤,老年人可以食用如橄榄一类的润肺食物。

4 老年人秋季宜多喝粥

初秋时节，天气仍较热，空气潮湿，且秋季瓜果成熟，难保人们不贪食过度，这些均会伤损脾胃，所以老年秋天早晨多喝些粥，既可健脾养胃，又可带来一日的清爽。秋天常食的粥有：山楂粳米粥、鸭梨粳米粥、兔肉粳米粥、白萝卜粳米粥、杏仁粳米粥、橘皮粳米粥、柿饼粳米粥等。

老年秋天早晨多喝些粥，既可健脾养胃，又可带来一日的清爽。

5 秋季补脾健肾宜多食板栗

板栗，俗称栗子，是我国特产，素有"干果之王"的美誉。板栗的营养丰富，不像核桃、榛子、杏仁等坚果那样富含油脂，而所含淀粉量很高，果实中含糖和淀粉高达70.1%，蛋白质为7%。此外，还含有脂肪、钙、磷、铁和多种维生素，特别是B族维生素、维生素C和胡萝卜素的含量比一般干果都高。其中板栗中所含的维生素B_1、维生素B_2尤其丰富，维生素B_2的含量至少是大米的4倍，每100克还含有24毫克维生素C，这都是粮食所不能比拟的。板栗的药用价值亦很高，能养胃健脾、壮腰补肾、活血止血。此外，板栗味甘性温，无毒，能补脾健肾，适用于脾胃虚寒引起的慢性腹泻，肾虚所致的腰酸膝软、腰肢不遂、小便频繁以及金疮、折伤肿痛等症。板栗富含较多的膳食纤维，血糖指数比米饭低，只要加工烹调中没有加入白糖，糖尿病患者也可适量品尝它。因而，在秋季，肾虚者不妨多吃板栗。板栗的营养保健价值虽然很高，但也需要食用得法。板栗不能一次大量吃，吃多了容易胀肚，每天只需吃6~7粒，坚持下去就能达到很好的滋补效果。

板栗的药用价值很高，能养胃健脾、壮腰补肾、活血止血。

6 老年人秋季宜补充健身汤

老年秋季饮食以滋阴润燥为原则，在此基础上，每日中、晚餐喝些健身汤，一方面可以渗湿健脾、滋阴防燥，另一方面还可以进补营养、强身健体。秋季常食的汤有百合冬瓜汤、猪皮西红柿汤、山楂排骨汤、鲤鱼山楂汤、鲢鱼头汤、鳝鱼汤、赤豆鲫鱼汤、鸭架豆腐汤、枸杞叶豆腐汤、平菇豆腐汤、平菇鸡蛋汤、冬菇紫菜汤等。

7 秋季抗癌润肠宜多食苹果

秋天是一个硕果累累的季节。苹果在众多水果中，其产量和营养都居首位。苹果主要含碳水化合物，其中大部分是糖，还含有鞣酸、有机酸、果胶、纤维素、B族维生素、维生素C及微量元素，如铁、钙、磷、钾等。苹果的保健作用是多方面的，其果酸可保护皮肤，并有助于治疗痤疮和老年斑，还可降低血压，是高血压老年患者的最佳选择；其所含的鞣酸、有机酸、果胶和纤维既能止泻，又能润肠通便。更可贵的是，苹果具有预防癌症的特殊作用。

8 秋季保护眼睛宜多吃柑橘类水果

柑橘类水果在秋季的上市量最大，它们不仅酸甜可口，营养丰富，还具有较高的药用价值。柑橘类水果的最大优点就在于其中含有叶黄素，叶黄素对视网膜中的"黄斑"有很好的保护作用，如果人体缺乏叶黄素，就会引起黄斑退化和视力模糊。因此，秋天吃一点柑橘类水果对保护老年人的眼睛有好处。不过，不可一次性吃太多。

9 秋季忌食或少食性燥、辛辣的食物

秋季燥热，容易诱发或加剧慢性支气管炎、肺结核、哮喘、感冒等疾病。因此，秋季老年人应忌食或少食性燥、辛辣的食物，以免引起呼吸系统疾病。如炒货、辛辣的热性食物多食能伤肺。

10 秋季饮食养生忌乱进补

度过了暑热难挨的盛夏，进入秋季后如何正确地养生呢？关键在于不能乱进补。一忌无病进补。无病进补，既增加开支，又伤害身体。如过量服用鱼肝油可引起中毒，长期服用葡萄糖会引起发胖。二忌慕名进补。大多数人认为价格越高的

秋天吃一点柑橘类水果对保护老年人的眼睛有好处。

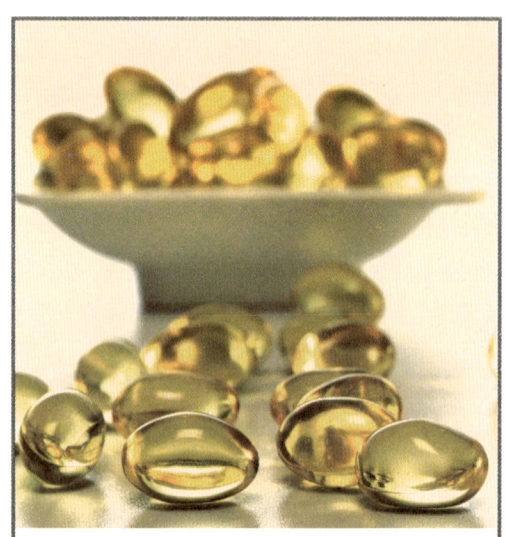

如过量服用鱼肝油可引起中毒，所以秋季饮食养生应对症。

药物越能补益身体,如果滥服会导致过度兴奋、烦躁激动、血压升高及鼻孔流血等症。三忌虚实不分。中医的治疗原则是虚者补之,不是虚证病人就不宜用补药。对症服药才能补益身体,否则效果适得其反。四忌多多益善。"是药三分毒",任何补药服用过量都对身体健康有害。

11 秋季进补忌与鞣酸类水果同食

补品里一般富含蛋白质和钙等矿物质,特别是食补里面的鱼、虾、海参、羊肉等荤食中钙和蛋白质的含量较多,但是这些进补品是不能与鞣酸类水果同时进食的。鞣酸类水果主要包括柿子、葡萄、山楂、青果等,如果与补品同食,不仅会降低补品中蛋白质和钙等矿物质的吸收率,甚至还可能与蛋白质等结合成一种不易被人体消化的鞣酸蛋白质刺激肠胃,导致人体消化不良,甚至发生变态反应。

12 秋季预防中毒忌食生蜂蜜

经常有媒体报道,秋季食用采制的生蜂蜜(养蜂人在蜂房旁现采现卖的"生蜜")容易发生蜂蜜中毒。这是为什么呢?蜂蜜中毒的原因与植物花蜜中所含的有毒成分有关。入秋以后,绝大部分无毒植物花期已过,有毒植物则正是开花季节。此时蜜蜂若采集有毒植物的花粉酿成蜜,多会混进有毒物质——生物碱。老年人吃了这种含有毒素又未进行加工处理的生蜜,一般会出现以下几种症状:过敏、气喘、皮肤出现斑疹或头晕、头痛、恶心、呕吐、腹泻、腹痛,也可能造成精神烦躁、易怒,还会影响睡眠。

13 秋季防感染忌生食花生

秋季是收获花生的季节,生花生也受到一些老年人的喜爱,不过,生吃花生却容易给老年人留下健康隐患。因为花生在生长的过程中可能被鼠类等污染过,吃污染过的花生易患流行性出血热。另外,花生的表皮,也容易被寄生虫卵污染,生吃易感染寄生虫病。而且,花生本身的脂肪含量就高,生吃过多,还会导致消化不良或腹泻等病症。

14 秋季防寄生虫忌生吃鲜藕

秋季正是吃藕的好时节,俗话"秋季好食藕"就可说明。生藕鲜嫩脆甜,性寒,味甘,能凉血、止血、散瘀。但要注意,秋季是疾病的高发季节,尤其是寄生虫,而秋藕就是水生寄生虫的佳所,如姜片虫。若食用受感染的生藕,姜片虫就会寄生在人体小肠中,其卵遇水就会发育成毛蚴,慢慢发展成囊蚴,囊蚴从小肠吸收营养后发育成虫,附在肠黏膜上,会造成肠损伤和溃疡,使人发生腹痛、腹泻、消化不良,所以,秋季应忌生食鲜藕。

秋藕是水生寄生虫(如姜片虫)的佳所,所以秋季应忌生食鲜藕。

老年人冬季 饮食宜与忌

◎冬季气候寒冷，寒气凝滞收引，人体气机、血运不畅，从而导致许多旧病复发或加重。所以冬季养生要注意防寒。

1 冬季饮食宜坚持"三要"

根据冬季的季节特点，冬季饮食宜坚持"三要"。一要御寒。老年人怕冷除与其身体机能衰退有关之外，还与其体内缺乏矿物质有关，因此，在注重保持热量时，冬季还应补充矿物质。二要保温。保温要强调热能的供给，即多食含有蛋白质、脂肪或碳水化合物的肉类、蛋类、鱼类及豆制品等。三要防燥。冬季干燥，老年人常有鼻干、舌燥、皮肤干裂等症状，因此，在饮食中补充能有效保湿和缓解干裂的维生素B_2和维生素C十分有必要。维生素B_2多存在于蛋类、乳制品中，维生素C则多存在于新鲜蔬菜和水果中。

2 老年人冬季饮食宜温热松软

食物过寒，容易刺激脾胃血管，使血流不畅，而血量减少将严重地影响其他脏腑的血液循环，有损人体健康。黏硬、生冷的食物多属阴，冬季吃这类食物易损伤脾胃。而食物过热易损伤食道，进入肠胃后，又容易引起体内积热而致病。因此，老年冬季饮食宜温热松软。

3 老年人冬季饮食宜增苦少咸

冬天肾的功能偏旺，如果再多吃一些咸味食品，肾气会更旺，从而极大地伤害心脏，使心脏功能减弱，影响人体健康。因此，老年人在冬天要少食用咸味食品，以防肾水过旺。多吃些苦味食物，则

新鲜蔬菜中含有丰富的维生素C，冬季常食蔬菜，可预防皮肤干裂。

老年人冬季吃些苦瓜，有补益心脏、增强肾脏功能的作用。

可补益心脏，增强肾脏功能，可常食用槟榔、苦瓜、大头菜、莴笋、茶等。

4 老年人冬季进补宜辨证而为

俗话说，"冬不藏精，春必病温"。冬季人体阳气内藏、阴精固守，是机体能量的蓄积阶段，对于身体虚弱的人是进补的好季节。不少老年人不注意休息，而导致气血耗伤，故冬令补益以养气血为主，可食龙眼肉、黄芪、当归等。老年人身体虚弱，再加上身患多种疾病，故老年人冬令必须进补。老年人无病时，可选用以杜仲、首乌等为主温的性药膳进补。若有病，则必须辨证进补。

5 冬季补充营养宜吃荞麦

荞麦在所有谷类中被称为最有营养的食物，富含淀粉、蛋白质、氨基酸、维生素P、维生素B_1、维生素B_2、芦丁、镁、总黄酮，而且含有的膳食纤维是一般精制大米的10倍，含有人体必需的氨基酸占92%。人们都喜欢食用荞麦，尤其是日本，自从荞麦从唐朝由我国传入后，荞麦食品便风靡日本诸岛，光吃法就达到100多种。至今日本仍然把荞麦列为保健食品。

入冬后，老年人常吃些荞麦食品更有益于健康。荞麦中所含热量虽高，但不会引起发胖，是冬季不可多得的养生食品。冬季是脑出血和消化性溃疡出血的高发期，由于荞麦含有丰富的维生素P，对血管系统有保护作用，可以增强血管壁的弹性、韧度和致密性。高血压、冠心病等易受气候变化的影响，荞麦中含大量的黄酮类化合物，尤其富含芦丁，能促进细胞增生和防止血细胞的凝集，还有降血脂、

入冬后，老年人常吃些荞麦食品更有益于健康。

扩张冠状动脉、增强冠状动脉血流量等作用。荞麦中还含有丰富的镁，能促进人体纤维蛋白溶解，使血管扩张，抑制凝血块的形成，具有抗栓塞的作用，也有利于降低血清胆固醇。

6 冬季皮肤养护宜补充维生素

冬季天气干冷，老年人皮肤也因此常出现干涩、粗糙等状况。为了在冬日更好地护肤，宜在饮食中适当补充各种维生素。如维生素A，在韭菜、菠菜、胡萝卜、白萝卜、南瓜和动物肝脏中含量较多，能够防止皮肤干涩、粗糙；B族维生素，在动物肝肾、豆类、花生中含量较多，可以平展皱纹。特别是维生素C，它是一种活性很强的物质，能参与机体的生理氧化还原过程，是机体代谢不可缺少的物质，而且具有抗感染的作用。要知道呼吸道感染（冬季更常见）可增加血液凝集，从而导致心肌梗死或脑卒中发生。维生素C

在蔬菜和水果中几乎都可见它的身影，充足的维生素C能有效防止皮肤发生出血性紫癜。富含维生素C的饮食，有助于预防心肌梗死、脑卒中的发生，特别是在冬季。因此，为了提高老年人抵御寒冷的能力，预防心肌梗死和脑卒中等病的发生，冬季应多食鲜枣、柿子、柑橘等含维生素C丰富的水果及绿叶蔬菜。另外，老年人在冬季还应多吃含蛋白质较高的食品，如豆类、瘦肉、鲜鱼、蛋类、奶制品等，以增加热量，增强免疫力。

对于阴虚、血虚的老年人来说，如果食用温性的羊肉，更容易助长火气。

为了在冬日更好地护肤，宜在饮食中适当补充富含维生素A的胡萝卜、白萝卜。

7 冬季阴虚者忌食用偏温性食物

阴虚患者一般表现为心烦、易于激动、失眠心悸、舌红少苔、头晕眼花、脉搏微弱等症状。补益食物一般分为偏寒性和偏温性两种。对于阳虚和气虚，食用偏温性食物并无坏事，但是对于阴虚、血虚者来说，如果食用羊肉、狗肉、桂圆、核桃等一类偏温性食物，更容易助长火气，严重的还会引发口干舌燥、口面生疮、夜寐不安等情况，不但起不到应有的疗效，反而会产生更多的弊端。

8 冬季进补忌过激

进补是为了调节身体的各种机能，使身体更健康，但如果老年人在冬季进补过激，则补而成害，使机体又一次遭遇损伤。例如，虽为阴虚，但一味养阴而不注意适度，补阴太过，反而遏伤阳气，致使人体阴寒凝重，出现阴盛阳衰之气。所以进补要适度，适可而止。

9 冬季进补忌凡补必肉

冬季进补效果最好，动物性肉类为补品中的首选，不仅营养丰富，味道也鲜美可口。但是冬季人体代谢较其他季节缓慢，身体本来就容易聚集脂肪，凡补必肉的做法会严重考验老年人的消化功能，让肠胃不堪重负。进补不能全食用高蛋白类和高脂肪类的肉类，反而应该尽量追求清淡的饮食，脂肪肝、血脂高、体重超重者尤其应该如此。只要不挑食，花样多，粗茶淡饭也是可以的。

10 冬季蔬菜忌"一洗而过"

天气转冷的冬季，市场上大棚里生产的蔬菜越来越多。许多人认为，大棚蔬菜干净，洗起来省事，于是常常"一洗而过"。其实天气寒冷，植物所进行的光合作用不能完全将农药吸收。多数进入大棚种植的植物对农药的需要量更大，农药残留量也会更大。植物在大棚中生长环境相对密集，使用农药的浓度会高于农田，农药的自然稀释挥发很慢，未被吸收的农药也会更多地残留在叶子和果实上。如果老年人食用了农药残留较多的蔬菜，容易发生食物中毒。越是大棚里的蔬菜，越要仔细清洗。所以，冬天购买蔬菜水果要在正规的集贸市场或超市，这些场所的蔬菜水果一般都经过农药残留检测，合格才能上市，不要认为田间地头和流动摊贩的水果蔬菜最新鲜而盲目购买，这些果蔬大多没有经过抽检，不能保证农药残留合格。

此外，食用蔬菜时最好在水中充分清洗浸泡，食用水果时尽量削皮，葡萄等不好去皮的水果要经半小时浸泡后再食用。要用温水将蔬菜充分浸泡20分钟以上，并彻底冲洗3次以上。还可以用头一两次的淘米水洗菜，能有效减少蔬菜上的农药残留。像生菜等叶子卷曲的蔬菜要把叶子充分平整再洗，能去皮的蔬菜尽量去皮食用。

食用蔬菜时最好在水中充分清洗浸泡，然后再以流水充分洗干净。

11 冬季感冒忌随便进补

感冒是老年人冬季的常见病，如果是轻度感冒，没有发热现象，即使有一些清涕或鼻塞症状，也没有太大关系。要知道，每感冒一次人体免疫系统都会产生一次干扰素，以保证正常细胞不受病毒感染，抑制病毒的繁殖，同时还可以摧毁癌变细胞，使癌细胞分裂速度减慢，从而使癌症的患病概率降低。当然，在轻度感冒时，可以适当进补，如多喝水，让体内的毒素随体液排出来；喝白菜萝卜汤、姜丝白萝卜汤、葱头饮料等，都能从一定程度上解表散寒、和胃补中，从而减轻感冒症状。但如果已发展到了重感冒，还伴有发热头痛症状时，这时最好不要进补，否则可能外邪不清，既耽误感冒的治疗，又达不到进补的效果。此外，流行性感冒一般来势猛，病情重，痊愈慢，也是不能进补的。

第六章
老年人常见病症饮食宜忌与调理

当人迈向老年时，体内细胞的新陈代谢慢慢减弱，多数器官机能开始衰退，各个脏器本身也渐渐老化萎缩。正是由于人到老年后整体功能水平的衰退和脏器实质的老化，从而导致了一些老年病的发生，诸如糖尿病、高血脂、高血压、冠心病、便秘、慢性支气管炎、支气管扩张、阿尔茨海默病等。本章重点介绍老年人常见病症的饮食宜忌与调理食谱。

[老年人 吃 什么？禁什么？]

流行性感冒

症状说明

流行性感冒是由呼吸道系统病毒引起的，其中以冠状病毒为主要致病病毒。表现为突然起病、恶寒、发热（常高热）、周身酸痛、疲乏无力，同一地区、同一时期发病患者数目剧增并且症状类似。

宜吃食物

野菊花、绿豆、蜂蜜、生姜、西红柿、苹果、葡萄、枣、草莓、甜菜、橘子、西瓜、牛奶等。

忌吃食物

桂圆、荔枝、樱桃、鸡蛋、鸡肉、狗肉、羊肉、鹅肉、牛肉、海参、甲鱼、肉桂、辣椒、茱萸、胡椒、花椒、砂仁、丁香、大茴香、小茴香、阿胶、人参、黄芪等。

调理食谱

冬瓜排骨粥

原料 冬瓜200克，排骨250克，粳米100克

调料 盐少许

做法 ①冬瓜洗净，切成块状；排骨氽去血污，剁成块；粳米淘洗干净。②将冬瓜、排骨、粳米一同放入锅内，再加入适量水煮至熟，加少许盐调味即可食用。

健康指南 这道粥软糯鲜香，非常可口。冬瓜含有多种维生素和人体所必需的微量元素，可调节人体的代谢平衡，有清热解毒、利水消肿的功效，对感染性疾病有食疗作用；排骨有补益、润肠胃、养血健骨的功效；二者与粳米一同煮粥能抗炎、抗病毒。建议每天空腹食用2次。

[老年人 吃 什么？禁什么？]

板蓝根西瓜汁

◎ **原料** 红肉西瓜300克，板蓝根、山豆根各8克，甘草5克

◎ **调料** 果糖2小匙

◎ **做法** ①将板蓝根、山豆根、甘草洗净，沥水。②全部药材与150毫升清水置入锅中，以小火加热至沸腾，约1分钟后关火，滤取药汁降温。③西瓜去皮，切小块，放进果汁机内，加入放凉的药汁和果糖，搅匀，倒入杯中，即可。

健康指南 西瓜含有大量的蔗糖、果糖、葡萄糖，及丰富的维生素A、维生素C、氨基酸、磷、钙、铁等营养成分，具有开胃口、助消化、解渴生津、利尿、去暑疾、降血压、滋补身体的妙用；将其与抗菌、抗病毒、解毒的板蓝根一起制作果汁，其清热解毒、清凉消炎的效果更佳。

豆浆蜜

◎ **原料** 新鲜豆浆250毫升

◎ **调料** 蜂蜜15毫升

◎ **做法** ①将锅置火上，将新鲜豆浆倒入锅中加热。②关火，待豆浆冷却到60摄氏度左右时，倒入蜂蜜，搅拌均匀即可。

健康指南 豆浆含有丰富的植物蛋白和磷脂，还含有维生素B_1、维生素B_2、维生素B_3，及铁、钙等矿物质，尤其是其所含的钙，虽不及豆腐，但比其他任何乳类都高，非常适合老人、成年人饮用。蜂蜜能补虚、润燥、解毒护肝。两者合饮可增强体质、抗病毒。

[老年人 吃 什么？禁什么？]

慢性支气管炎

症状说明

慢性支气管炎主要是由于外邪犯肺或脏腑功能失调，病及于肺所致。清晨、夜间较多痰，呈白色黏液或浆液泡沫性，偶有血丝，急性发作并细菌感染时痰量增多且呈黄稠脓性痰。初起咳嗽有力，晨起咳多，白天少，睡前常有阵咳，合并肺气肿咳嗽，多无力。

宜吃食物

花生、橘饼、金橘、百合、核桃、板栗、佛手柑、白果、柚子、山药、燕窝、灵芝、猪肺、羊肉、狗肉、生姜、大葱、冰糖、红糖、银耳、冬虫夏草、人参、黄芪等。

忌吃食物

蚌、蚬、田螺、蟹、柿子、西瓜、猕猴桃、石榴、薄荷、金银花、莼菜、生萝卜、甜瓜、生豆薯、生黄瓜、生菜瓜、苦瓜、芹菜、绿豆芽、绿豆、酒、带鱼、黄鱼、虾、毛笋、辣椒、陈皮、咖喱等。

调理食谱

果仁鸡蛋羹

◎ **原料** 白果仁、甜杏仁、核桃仁、花生仁各10克，鸡蛋2个

◎ **调料** 盐少许

◎ **做法** ①白果仁、甜杏仁、核桃仁、花生仁一起炒熟。②加入鸡蛋，调入适量水和少许盐，入锅蒸至蛋熟即成。

健康指南 白果仁是有效的"止咳好手"，含有的白果酸、白果酚，经实验证明有抑菌和杀菌作用，可用于治疗呼吸道感染性疾病，有敛肺气、定喘咳的功效；将其同杏仁、核桃仁、花生仁、鸡蛋同煮成羹，不仅开胃润肠，还有很好的止咳平喘效果。可每日清晨服1次，连服半年。

[老年人 吃 什么？禁什么？]

柚子炖鸡

◎ 原料　柚子1个，雄鸡1只

◎ 调料　生姜、葱、食盐、味精、料酒各适量

◎ 做法　① 雄鸡去皮毛、内脏，洗净，斩件；柚子去皮，留肉。② 将柚子肉、鸡肉放入砂锅中，加入葱、姜、料酒、食盐、味精以及适量水。③ 将盛鸡的砂锅置于有水的锅内，隔水炖熟，即可食用。

> **健康指南**　这道汤有健胃、下气、化痰、止咳之效，常用于治疗慢性支气管炎、支气管哮喘、老人慢性咳嗽、痰多气喘等。柚子含柚皮苷、新橙皮苷、胡萝卜素、维生素C、维生素B_1、维生素B_2、维生素B_3、钙、磷、铁及碳水化合物等。常用于治咳嗽、哮喘、痰多等症。

附子生姜炖狗肉

◎ 原料　熟附子5克，生姜100克，狗肉500克

◎ 调料　盐、生姜、料酒、八角、葱段各适量

◎ 做法　① 将狗肉洗净，切块；生姜洗净，切片。② 用砂锅加水煨狗肉，煮沸后加姜片、熟附子，再加盐、料酒、八角、葱段，炖2小时左右，至狗肉熟烂即成。

> **健康指南**　附子是温经逐寒、宣通气血之第一利器；生姜味辛，化痰作用明显，对咳嗽痰多、质清稀者更为适合；狗肉可治五劳七伤，肾阳虚弱的慢性支气管炎老年患者，如果在冬季应用狗颈部肉，有治本之功。附子、生姜、狗肉同炖，有温化寒痰、温阳散寒的功效。

[老年人什么？禁什么？]

支气管扩张

症状说明

支气管扩张是由支气管感染和阻碍损害了支气管壁的各层组织，削弱了其弹性，或使管腔狭窄，压迫增加，最后导致患病。主要以慢性咳嗽，反复继发细菌感染，咯大量脓痰为主要特征。部分患者反复咯血，有的是痰中夹血，甚至为满口新血。

宜吃食物

梨、柿子、枇杷、马蹄、无花果、罗汉果、橄榄、萝卜、生藕、菊花脑、茼蒿、青菜、羊栖菜、海蜇、紫菜、发菜、竹笋、丝瓜、冬瓜、绿豆、甘蔗、花生、豆腐、燕窝、山药、银耳、鸭肉、荷叶、金银花等。

忌吃食物

狗肉、羊肉、鸡肉、鹅肉、猪头肉、核桃、荔枝、桂圆、杏、石榴、樱桃、山楂、桃子、生姜、胡椒、辣椒、香菜、大蒜、大葱、香椿头、洋葱、芥菜、韭菜、茴香、豆蔻、砂仁、桂皮、人参、黄芪、酒等。

调理食谱

桑白润肺汤

◎ **原料** 排骨500克，桑白皮20克，杏仁10克，红枣少许

◎ **调料** 姜适量，盐少许

◎ **做法** ①将排骨洗净，斩件，余水；桑白皮洗净；姜、红枣洗净。②把全部用料放入开水锅内，大火煮沸后改小火煲2小时，放盐调味即可。

健康指南 桑白皮性寒，味甘，归肺经，有润肺平喘、利水消肿的功效。用于肺热咳喘、面目水肿、小便不利等症；杏仁能润肺止咳，可治疗咳嗽、气喘、痰多等症，对干性、虚性咳嗽尤为有效。将桑白皮、杏仁、排骨和红枣一同煲汤，不仅营养丰富，还有润肺、止咳、化痰之功效。

[老年人 吃 什么？禁什么？]

荷兰豆马蹄芹菜汤

◎ 原料　荷兰豆200克，马蹄肉、芹菜各100克

◎ 调料　陈皮10克，姜片、盐、鸡精各适量

◎ 做法　① 荷兰豆撕去筋，洗净；芹菜去老叶洗净，切短段。② 烧热水，下入姜片及陈皮，水沸后放荷兰豆和芹菜。③ 煮开后，再放入马蹄烫一会儿，然后加盐、鸡精调味，再烧沸后即可熄火。

健康指南　这道汤清淡适口，有清热、祛痰、解毒之效。马蹄性寒，味甘，有清热泻火的良好功效，既可清热生津，又可补充营养，同时，它还具有凉血解毒、解热止渴、利尿通便、化湿祛痰等功效。荷兰豆是营养价值较高的豆类蔬菜之一，具有和中下气、利小便、解疮毒等功效。

川贝杏仁粥

◎ 原料　川贝、杏仁各10克，百合20克，粳米100克，梨1个

◎ 调料　蜂蜜30毫升

◎ 做法　① 将川贝、杏仁、百合洗净，梨捣烂挤汁，共放锅内。② 将粳米淘洗干净，也放入锅内，加适量水一起煮粥，粥将熟时，加入蜂蜜，再煮片刻即可。

健康指南　这道粥营养丰富，有化痰止咳、润肺的功效。这道粥中川贝、杏仁、百合均有清肺化痰、润肺定喘的功效；蜂蜜可润燥，为肺燥咳嗽之食疗佳品；梨可养阴清热、润肺清津；粳米可养胃和脾。常食此粥可清肺化痰、益气生津、扶正强身。可空腹服食，每周1次，10天为1疗程。

[老年人  吃什么？禁什么？]

慢性胃炎

症状说明

慢性胃炎是由不同病因引起的胃黏膜的慢性炎症或萎缩性病变。最常见的症状是上腹疼痛和饱胀。此外，出血也是慢性胃炎的症状之一，尤其是合并糜烂。可以是反复小量出血，亦可为大出血。

宜吃食物

山楂、橘子、苹果、香蕉、梨、葡萄、红枣、豆腐、小白菜、菠菜、茄子、胡萝卜、土豆、红薯、芋头、蘑菇、西红柿、西蓝花、嫩黄瓜、南瓜、洋葱、黑木耳、芝麻酱、芦荟、豆浆、牛奶等。

忌吃食物

芹菜、韭菜、蔗糖、杨梅、青梅、李子、柠檬、豆腐干、烈性酒、浓咖啡、浓茶、芥末、生蒜、辣椒、油条、炸糕、烙饼、馅饼、玉米饼、糯米、年糕等。

 调理食谱

西蓝花四宝蒸南瓜

◎ **原料** 白果、百合、银耳各100克，枸杞50克，南瓜200克，西蓝花250克

◎ **调料** 盐、水淀粉、清汤各适量

◎ **做法** ①原材料均洗净，南瓜去皮切条；西蓝花切块；银耳、百合切片，与白果一起泡发。②锅上火倒入清汤，烧开后放入全部材料，调入盐一起装盘，上笼蒸3分钟。③以水淀粉勾芡，即可取出食用。

健康指南 这道菜有益胃生津、促进消化的功效。成菜中的南瓜含有的果胶可以保护胃肠道黏膜免受粗糙食品刺激，促进溃疡面愈合，适于胃病患者食用。南瓜还能促进胆汁分泌，加强胃肠蠕动，帮助食物消化。此外，西蓝花有助于保护肠胃免受细菌的侵袭。

[老年人 吃 什么？禁什么？]

红豆炒芦荟

◎ **原料** 芦荟250克，红豆100克，青尖椒50克

◎ **调料** 香油20毫升，盐5克，醋10毫升

◎ **做法** ①芦荟洗净，去皮，取肉，切薄片；红豆洗净；青尖椒洗净切丁。②红豆放入锅中煮熟后，捞起沥干水。③油锅烧热，加青尖椒爆香，放入芦荟肉、红豆同炒至熟，放盐、醋炒匀，淋上香油装盘即可。

健康指南 这道菜清淡爽口，有健胃、缓解便秘的作用。芦荟富含维生素B_3、维生素B_6等，是苦味的健胃倾泻剂，有抗炎、修复胃黏膜和止痛的作用，有利于胃炎、胃溃疡的治疗，能促进溃面愈合。红豆中所含的石碱成分可促进肠胃蠕动，减少便秘，促进排尿，消除肾病所引起的水肿。

蘑菇蛋卷

◎ **原料** 鸡蛋3个，蘑菇20克，胡萝卜150克，牛奶25毫升

◎ **调料** 盐少许

◎ **做法** ①将鸡蛋打入碗内搅散，放入牛奶和盐调匀；蘑菇洗净切薄片；胡萝卜洗净切丁。②烧油锅，倒入蛋液，制成饼，煎至呈金黄时出锅装盘。③将蘑菇片、胡萝卜丁包入蛋卷内，移至蒸锅蒸熟即可。

健康指南 这道美食具有润肺益气、清痰祛火、滋养肠胃之功效，适合患有慢性胃炎的老年人食用。蘑菇中含有人体所必需的氨基酸和维生素，可以增强机体免疫力，健脾养胃。鸡蛋和牛奶有助于修复受损的组织和促进溃疡愈合。

[老年人 吃 什么？禁什么？]

胆囊炎

症状说明

胆囊内结石突然梗阻或嵌顿胆囊管是导致急性胆囊炎的常见原因。此外，胆囊管扭转、狭窄，胆道肿瘤阻塞也可以引起胆囊炎。主要表现为右上腹疼、恶心、呕吐和发热等。

宜吃食物

白菜、上海青、白萝卜、玉米、荠菜、马蹄、莲藕、黑木耳、青葱、芹菜、莴笋、南瓜、花生、茄子、发菜、丝瓜、豆腐、豌豆、绿豆、豆浆、西瓜、橘子、橙子、石榴、梨、瘦肉、鱼肉、紫米等。

忌吃食物

猪肥肉、蛋黄、动物脑、动物肝、动物肾、鱼子、螃蟹、油条、锅巴、辣椒、芥末、花椒、胡椒、桂皮、浓茶、咖啡、酒、奶油、黄油、油糕、油饼等。

调理食谱

红枣芹菜汤

◎ **原料** 芹菜250克，红枣10枚

◎ **调料** 红糖2大匙

◎ **做法** ❶红枣以清水泡软，捞起，加3碗水煮汤，并加红糖同煮。❷芹菜去根和老叶（鲜嫩叶保留），洗净切段。❸待红枣熬至软透出味，约剩2碗汤汁，加入芹菜段，以大火煮沸1次，即可熄火。

健康指南 这道汤可平肝清热、补益脾胃、养血安神、祛风利湿，还适用于肥胖、便秘、血压升高或产妇倦怠无力、血虚厌食、神志不安、胆囊炎等症。成菜中的芹菜含有碳水化合物、维生素及矿物质，其中磷和钙的含量较高，有利胆、清热、平肝、降胆固醇等功效。

[老年人 吃 什么？禁什么？]

香菇白菜魔芋汤

◎ 原料　香菇20克，白菜150克，魔芋100克

◎ 调料　盐5克，淀粉适量，味精3克

◎ 做法　① 香菇洗净，切成片；白菜洗净切角。② 魔芋洗净，切成薄片，下入沸水焯去碱味，捞出。③ 将白菜倒入热油锅内炒软，再将适量水倒入白菜锅中，加盐煮沸。④ 放入香菇、魔芋煮约2分钟，加味精调味，以淀粉勾芡拌匀即可。

健康指南　这道汤清淡爽口，有保肝利胆之效。香菇能清洁血液、利胆、保肝和解毒。白菜具有补肾强骨、宽胸除烦、止痛生肌、解酒消食的功效，对肾虚腰痛、慢性胆囊炎、慢性溃疡病、胃病等有一定的食疗效果。魔芋具有补钙、平衡盐分、清胃、整肠、排毒等作用。

清脂豆腐浆

◎ 原料　盒装豆腐1块，豆浆3碗，橘皮1小片，萝卜干1/2大匙

◎ 调料　盐少许，葱2棵

◎ 做法　① 豆浆入锅，豆腐洗净，切块下锅，加盐以小火慢煮。② 萝卜干洗去盐分，拧干切末。③ 葱洗净切葱花；橘皮洗净切丁。④ 待豆浆煮滚，即可熄火盛碗，撒上橘皮、葱花和萝卜干末，即可食用。

健康指南　这道菜滑润易消化，所含丰富养分能充分被人体吸收利用，能促进消化、改善食欲、提供丰富蛋白质、储蓄体能。豆腐、豆浆能达到清理血管、促进排毒排泄、预防高血脂与高血压、保健及修复细胞结构、储备体能、快速恢复体力的效果，是胆囊炎患者摄取蛋白质的重要来源。

[老年人 吃 什么？禁什么？]

便秘

症状说明

便秘是因燥热内结，气滞不行，气虚传送无力，血虚肠道干涩，以及阴寒凝结等引起的。主要表现为大便次数减少，间隔时间延长，或正常，但粪质干燥，排出困难；或粪质不干，排出不畅。可伴见腹胀、腹痛、食欲减退、嗳气反胃等症状。

宜吃食物

番薯、芝麻、南瓜、芋头、香蕉、桑葚、杨梅、甘蔗、松子仁、柏子仁、核桃、蜂蜜、韭菜、苋菜、菠菜、土豆、慈姑、空心菜、落葵、茼蒿、甜菜、海带、萝卜、牛奶、海参、猪大肠、猪肥肉、梨、无花果、苹果、榧子、肉苁蓉等。

忌吃食物

芡实、莲子、板栗、高粱、豇豆、炒蚕豆、炒花生、炒黄豆、爆玉米花、炒米花、胡椒、辣椒、茴香、豆蔻、肉桂、白酒等。

调理食谱

核桃仁粥

原料 核桃100克，大米50克

调料 糖5克

做法 ①将核桃拍碎，取仁备用。②再将核桃仁洗净，大米淘洗干净，备用。③将核桃仁与大米加水，用旺火烧开，再转用小火熬煮成粥，调入糖即可。

健康指南 这道粥中的核桃仁含有脂肪油、蛋白质、碳水化合物、磷、铁、胡萝卜素、维生素B_2等成分，可润肠通便，疗效佳且无副作用。核桃仁性温味甘，能润肠通便、补肾助阳、补肺敛肺，可用于肠燥便秘、大便干涩、小便不利、肾虚腰痛、两脚痿弱、肺肾两虚、喘咳短气等。

[老年人 吃 什么？禁什么？]

🥣 无花果煎鸡肝

- 🟥 **原料** 鸡肝3对，无花果干3粒
- 🟢 **调料** 砂糖1大匙
- 🟥 **做法** ①鸡肝洗净，入沸水中汆烫，捞起沥干。②将无花果干洗净，切小片。③平底锅加热，加1匙油，待油热，将鸡肝、无花果干一同爆炒，至鸡肝熟透，无花果飘香。④砂糖加1/3碗水，煮溶化，待鸡肝煎熟盛起，淋上糖液调味即可。

> 🟢 **健康指南** 这道菜有润肠通便之效，可有效防治便秘。无花果含有多种脂类，能使肠道各种有害物质被吸附并排出体外，净化肠道，故具有润肠通便的效果。同时，无花果能帮助消化，促进食欲，对痔疮、便秘治疗效果极好，还可治疗腹泻、肠胃炎等疾病。

🥣 沙姜菠菜

- 🟥 **原料** 菠菜300克，沙姜20克
- 🟢 **调料** 蒜5克，盐3克，香油5毫升
- 🟥 **做法** ①菠菜择洗干净，切去根和叶子，留茎；蒜、沙姜去皮洗净剁蓉。②净锅上火，注入适量水，加少许食油、盐，水沸后下菠菜茎焯一下，捞出沥干水分，装入碗中。③锅上火，注入油烧热，下沙姜蓉、蒜蓉爆香，盛出，放入装有菠菜的碗里，加入盐、香油拌匀即可。

> 🟢 **健康指南** 这道菜可有效缓解便秘、腹痛、腹泻、便血症状，可润肠通便、补血止血、助消化。菠菜能润燥滑肠、清热除烦、生津止渴、养肝明目，可防治便血、头眩目赤、夜盲症、便秘等，还有一定的养颜功效。沙姜有温中散寒、开胃消食、理气止痛的功效。

[老年人 吃 什么？禁什么？]

失眠

症状说明

失眠的病位主要在心，并涉及肝、脾（胃）、肾三脏。机体诸脏腑功能的运行正常且协调，人体阴阳之气的运行也正常，则人的睡眠正常，反之，就会出现睡眠障碍。

宜吃食物

西红柿、芹菜、茼蒿、胡萝卜、红薯、莴笋、马蹄、苦瓜、黄花菜、菠菜、黄豆芽、绿豆芽、蘑菇、金针菇、草菇、平菇、黑木耳、百合、银耳、白萝卜、山药、橙子、柚子、桑葚、甘蔗、葡萄、柑橘、草莓、无花果、香蕉、西瓜、红枣、桂圆、核桃、黑芝麻、小米、小麦、糯米、牛奶、牡蛎、海蜇、黄鱼、鸭肉、猪肉、甲鱼等。

忌吃食物

猪肥肉、羊肉、海虾、乌梅、油条、油饼、花椒、胡椒、青葱、洋葱、茴香、肉桂、茶、咖啡、可乐、酒等。

调理食谱

凉拌山药火龙果

◎ **原料** 火龙果、山药各100克，柿子椒2个

◎ **调料** 芝麻酱3大匙，糖1大匙，盐1小匙，蒜头4粒

◎ **做法** ①山药削皮，洗净，切丝，下沸水中焯烫。②火龙果去皮，用盐水洗净，切块；蒜头洗净，压成泥；柿子椒洗净，切斜片。③将芝麻酱、糖、半匙盐和备好的食材一起拌匀，入冰箱腌渍10分钟即可。

> **健康指南** 这道美食口感清甜、香滑，可补气安神、清热解毒、清理肠胃。火龙果具有清热解毒、消炎祛病、行气活血、健胃补脾、通便润肠等功效。山药能养血安神、补虚健身，含有大量的黏蛋白。黏蛋白是一种多糖蛋白质的混合物，对人体具有特殊的保健作用。

[老年人 吃 什么？禁什么？]

葡萄干红枣汤

◎ 原料　葡萄干30克，红枣15克

◎ 调料　冰糖10克

◎ 做法　①葡萄干洗净；红枣去核，洗净。②锅中加适量的水，放入葡萄干和红枣煮至枣烂。③放入冰糖调味即可。

健康指南　这道汤口味清甜，有补气养血、滋养身心的功效。葡萄干含有多种矿物质和维生素、氨基酸，常食对神经衰弱和过度疲劳者有较好的补益作用，适合心脾两虚、气血不足、心神失养的失眠者食用。红枣性温味甘，具有补益脾胃、调和药性、养血宁神的功效。

银耳山药甜汤

◎ 原料　银耳、山药各100克，莲子、百合各50克，红枣6克

◎ 调料　冰糖适量

◎ 做法　①银耳洗净，泡发备用。②红枣划几刀；山药去皮，洗净，切成块。③银耳、莲子、百合、红枣同时入锅煮约20分钟，待莲子、银耳煮软，将准备好的山药放入一起煮。④加入冰糖调味即可。

健康指南　这道汤有强心安神、补肺益肾之效。银耳具有润肺生津、滋阴养胃、益气安神、强心健脑等作用。银耳含有的银耳多糖有抗血栓形成的功能，可保护心脑血管健康。山药中含有的黏液蛋白还能防止脂肪沉积在血管上，保持血管的弹性，避免发生动脉粥样硬化。

[老年人  吃什么？禁什么？]

糖尿病

症状说明

糖尿病是由胰岛素相对或绝对不足引起的。主要表现为多饮、多食、多尿和体重减轻，严重时可出现烦渴、头痛、呕吐、腹痛、呼吸短促，甚或昏厥虚脱的现象。

宜吃食物

苦瓜、冬瓜、南瓜、西瓜皮、瓠子、山药、黄豆、芹菜、空心菜、豆苗、菠菜、豇豆、枸杞、洋葱、鲜藕、豆腐、蘑菇、草菇、黄花菜、黑木耳、荠菜、西红柿、玉米须、莴笋、蚕蛹、海参、鳝鱼、泥鳅、田螺、蚌、鸭肉、牛肉、羊奶、蜂王浆、灵芝等。

忌吃食物

爆米花、糯米、红薯、土豆、芋头、菱角、芡实、板栗、梨、橘子、柿子、椰子汁、葡萄、无花果、甘蔗、樱桃、荔枝、桂圆、西瓜、石榴、辣椒、花椒、桂皮、茴香、白糖、红糖、冰糖、蜂蜜、甜酒等。

调理食谱

罗汉果鸡煲

◎ 原料　罗汉果2个，子母鸡1只

◎ 调料　葱、姜各10克，味精2克，绍酒10毫升，盐3克

◎ 做法　①子母鸡收拾干净后，斩成块；罗汉果洗净，拍破；姜洗净切片；葱洗净切段。②将鸡块放入沸水锅中氽去血水。③将子母鸡、罗汉果、姜、葱、绍酒放入煲内，加入清汤煲熟，放入盐、味精调味即可。

健康指南

罗汉果具有清热凉血、生津止咳、滑肠排毒、嫩肤益颜、润肺化痰等功效。现代医药学研究发现，罗汉果含有丰富的糖苷，具有降血糖的作用，可以用来辅助治疗糖尿病。将罗汉果与子母鸡一同煲汤，对糖尿病有较好的食疗效果。

[老年人 吃 什么？禁什么？]

茯苓山药炒鸡片

◎原料　茯苓适量，山药片60克，鸡肉100克

◎调料　蛋清、盐、料酒、葱、姜、味精各适量

◎做法　①茯苓烘干碾粉加水调成浆；鸡肉洗净切片，调以蛋清、食盐并沾上茯苓粉浆，用少量油略炸捞出。②山药片稍煸后焖烂，再倒入鸡肉片炒熟，加调料调味即可。

健康指南　茯苓、山药的主要作用是直接渗透受损细胞，修复受损的基因，促使体内自身分泌胰岛素的恢复，参与新陈代谢、恢复胰岛功能。这道菜具有调节阴阳、补肾平肝、固本培元之功效，并能增加细胞活性，使胰岛素与受体充分结合，起到平稳降脂、降低血糖的作用。

茯苓白豆腐

◎原料　豆腐500克，香菇、枸杞各适量，茯苓30克

◎调料　清汤、盐、料酒、淀粉各适量

◎做法　①豆腐挤干水，切小方块，撒上盐；香菇洗净切片；枸杞和茯苓均洗净泡发。②豆腐块炸至金黄，捞出。③清汤、盐、料酒及枸杞、茯苓一起倒入锅内烧开，加淀粉勾芡，再倒入炸豆腐块与香菇片炒匀。

健康指南　这道菜具有健脾化湿、防肥减肥、降血糖等功效。豆腐是高营养、高矿物质、低脂肪的减肥食品，所含的丰富的蛋白质可以增强体质和增加饱腹感，有利于饭后血糖的控制。茯苓有利尿功能，可以促进钠、氯、钾等电解质的排出。此外，茯苓还可以健脾益胃、宁心安神。

[老年人  吃什么？禁什么？]

高脂血症

 症状说明

高脂血症是由于肝、脾、肾三脏虚损，痰瘀内积引起的。主要表现为头痛、肢麻、目眩头晕、胸部闷痛、气促心悸等。一年四季都会发病。

宜吃食物

玉米、燕麦、南瓜、芝麻、大豆、豌豆苗、兔肉、蚕蛹、牛奶、酸奶、海参、泥鳅、蛙肉、鸽肉、甲鱼、蛤蜊、田螺、蚌、螺蛳、牡蛎、乌鱼、青鱼、鳝鱼、旱芹、紫茄、萝卜、洋葱、芦笋、大蒜、豆腐、黄瓜、海带、羊栖菜、海蜇、香菇、金针菇、草菇、竹笋、黑木耳、山楂、苹果、金橘、马蹄、草莓、白菊花、茶叶、灵芝、香醋等。

忌吃食物

牛髓、羊肝、猪肾、猪肥肉、猪油、猪脑、鸭脑、兔脑、鱼脑、蛋黄、虾、蟹黄、鳗鱼等。

 调理食谱

素烧冬瓜

◎ **原料** 冬瓜600克

◎ **调料** 素油、盐、葱花、味精各适量

◎ **做法** ❶将冬瓜去皮、瓤，切成块，洗净。❷素油烧热后投入冬瓜块煸炒，待稍软时，加盐和适量水，烧至熟烂后再加味精调味，撒上葱花即可。

健康指南 这道冬瓜低脂、高维生素，容易消化。冬瓜中含有多种维生素和人体必需的微量元素，可调节人体的代谢平衡，而且其性寒，能养胃生津、清降胃火，使人食量减少，促使体内淀粉、糖转化为热能，而不变成脂肪。此外，冬瓜还有抗衰老的作用，并可保持形体健美。

[老年人 吃 什么？禁什么？]

🥣 首乌黑豆乌鸡汤

◎ 原料　何首乌15克，黑豆50克，红枣10颗，乌鸡1只

◎ 调料　黄酒、葱段、姜片、盐各适量

◎ 做法　❶将乌鸡收拾干净，斩件；何首乌、黑豆、红枣均洗净备用。❷将备好的食材放锅内，加适量清水、黄酒、葱段、姜片及盐，大火烧沸后，改用小火煨至鸡肉熟烂即可。

健康指南　这道汤为调理高脂血症的常用药膳。何首乌药性平和，有良好的补肝肾、益精血作用；黑大豆有利水下气之效。此外，这道汤既补肾阴、润肾燥，又健脾肾、利水湿，有良好的滋补抗衰功能。乌鸡能补阴血、填精髓。三物并施，炖汤服食，有滋阴养血、补益肝肾和降低血脂之功效。

🥣 苦瓜黄豆牛蛙汤

◎ 原料　苦瓜400克，黄豆50克，牛蛙500克，红枣5颗

◎ 调料　盐5克

◎ 做法　❶苦瓜去瓤，切成小段，洗净；牛蛙处理干净；红枣、黄豆均泡发。❷将苦瓜、黄豆一起入沸水中焯后捞出。❸将适量清水放入瓦煲内，煮沸后加入以上所有材料，大火煮沸后改用小火煲1小时，加盐调味即可。

健康指南　黄豆中的卵磷脂有防止肝脏内积存过多脂肪的作用，可有效防止肥胖引起的脂肪肝；牛蛙的营养非常丰富，味道鲜美，是一种高蛋白质、低脂肪、低胆固醇营养食品；苦瓜具有降低胆固醇和三酰甘油的作用。将黄豆、牛蛙、苦瓜与红枣一同煮汤，具降血脂作用较为显著。

[老年人  什么？禁什么？]

高血压

 症状说明

中医认为高血压是肝肾阴阳失调引起的。主要表现为头晕、眼花、心烦、耳鸣、失眠、脚步轻飘或目痛涨如裂、面红眼赤、口干、容易动怒、小便红、大便秘结等。

 宜吃食物

苹果、山楂、香蕉、葡萄、橘子、无花果、猕猴桃、芒果、金橘、西瓜、西红柿、蒜、芹菜、茄子、萝卜、洋葱、空心菜、茼蒿、菠菜、芦笋、黄瓜、冬瓜、丝瓜、海带、海蜇、紫菜、裙带菜、淡菜、香菇、草菇、金针菇、平菇、木耳、灵芝、蜂蜜、绿豆、枸杞等。

忌吃食物

狗肉、羊髓、牛髓、猪肥肉、猪油、猪肝、猪肾、鸡肉、蛋黄、虾、猪脑、鸭脑、鸡脑、兔脑、胡椒、辣椒、桂皮、酒、人参等。

 **调理食谱**

香芹炒饭

◎ **原料** 米饭150克，香芹100克，胡萝卜80克，青豆20克，鸡蛋1个

◎ **调料** 姜10克，盐5克，味精3克

◎ **做法** ①胡萝卜、香芹、姜均洗净切粒；鸡蛋磕入碗中加盐打散。②烧油锅，倒入蛋液炒熟，捞起。③烧油锅，入姜、青豆、香芹、胡萝卜，翻炒2分钟后，倒入鸡蛋和米饭炒匀，用盐和味精调味即可。

健康指南 这道菜是老年人降血压的一道营养调理膳食。成菜中的香芹含有丰富的维生素P，能降低毛细血管通透性，对抗肾上腺素的升压作用，具有利尿和降压的作用；胡萝卜中的胡萝卜素含有琥珀酸钾等成分，能够降低血压。

[老年人 吃 什么？禁什么？]

山楂降压汤

◎ **原料** 山楂15克，猪瘦肉200克

◎ **调料** 食用油30毫升，姜5克，葱10克，鸡汤1000毫升

◎ **做法** ①把山楂洗净。②猪瘦肉洗净，去血水，切片；姜洗净，拍松；葱洗净，切段。③热锅中加入食用油，烧至六成热时，下入姜、葱爆香，加入鸡汤，烧沸后下入猪瘦肉、山楂、盐，用小火炖50分钟即成。

健康指南 这道汤能够滋阴潜阳、化食消积、降低血压，适宜肝阳上亢型高血压患者食用。山楂中含有不饱和脂肪酸，有缓慢而持久的降压作用，能扩张外周血管，调节中枢神经系统功能，并具有显著的降低血脂作用，对于防治心血管疾病有特殊疗效。另外，老年人常吃山楂制品有延年益寿之效。

浓汤杂菌煲

◎ **原料** 平菇50克，金针菇、口蘑各100克，胡萝卜150克

◎ **调料** 盐3克，胡椒粉3克，葱15克

◎ **做法** ①将平菇、金针菇、口蘑去根，洗净；胡萝卜洗净切块；葱洗净切段。②锅中油烧热，爆香葱段，放入胡萝卜块快炒，盛出放入砂锅中，调入盐煲出味。③加入金针菇、口蘑、平菇略煲，撒上胡椒粉即可。

健康指南 平菇中的蛋白多糖体对癌细胞有很强的抑制作用，常食用能改善人体的新陈代谢、减少人体血清胆固醇、降低血压。胡萝卜中的琥珀酸钾盐是降低血压的有效成分，高血压患者宜多吃胡萝卜。金针菇、口蘑有益于肠胃，而且口蘑的热量很低，适宜高血压患者食用。

[老年人 吃 什么？禁什么？]

冠心病

症状说明

冠心病是由正气亏虚、痰浊、瘀血、气滞、寒凝，引起心脉痹阻不畅所致。心绞痛和心肌梗死是最常见的类型，以膻中或左胸发作性的憋闷、疼痛为主，甚则胸痛彻背、短气、喘息不得卧。

宜吃食物

山药、玉米、燕麦、土豆、红薯、南瓜、山楂、橘子、橄榄、猕猴桃、无花果、草莓、香蕉、苹果、西红柿、萝卜、旱芹、大蒜头、洋葱、竹笋、青芦笋、冬瓜、丝瓜、黄瓜、葱、香菇、金针菇、平菇、草菇、灵芝、黑木耳、海藻、海带、牛奶、酸奶、淡菜、海参等。

忌吃食物

羊髓、猪肥肉、猪肝、猪肾、鸡肉、鸡油、鸡蛋黄、猪脑、虾、鱿鱼、乌贼、蟹黄、凤尾鱼、啤酒等。

调理食谱

西芹炒豆干

◎ 原料　西芹500克，豆干150克

◎ 调料　葱段25克，盐、味精各少许

◎ 做法　❶西芹洗净，切菱形片；豆干洗净，切片放入盘中。❷西芹入沸水锅中焯一下捞出，用冷水冲洗，沥干水分。❸烧油锅，入葱段煸出香味，再加豆干煸炒，下盐炒入味，装盘。❹再下油烧至八成热，入西芹煸炒，倒入豆干炒匀，加盐、味精炒匀。

健康指南　这道菜有明显的降压作用，可减轻心脏负荷，还有镇静和抗惊厥的功效，可用于冠心病、原发性高血压、眩晕头痛等。成菜中的西芹性凉，味甘，有促进血液循环、降低血压、促进食欲、健脑、清肠利便、解毒消肿等功效。

[老年人 吃 什么？禁什么？]

蔬菜拉面

◎ 原料　拉面150克，玉米、金针菇、包菜、豆芽、木耳、胡萝卜各20克，冬菇1朵

◎ 调料　面汤450毫升，盐、调味油少许，葱10克

◎ 做法　①包菜洗净切块，胡萝卜洗净切条，木耳泡发切丝，葱洗净切花。②锅中放入面汤、其他配料煮开。③下入拉面，煮开后，调入少许盐和调味油煮熟即可。

健康指南　这道汤面以蔬菜为主，色泽艳丽，而且热量低、清淡美味，营养丰富又不油腻，以汤水为主能满足冠心病患者的补水需求。此外，这道汤面的胆固醇与脂肪含量均较低，含有多种维生素和纤维素，是有助于降低冠心病患者血脂的营养素食。

山药豆腐汤

◎ 原料　绿茶粉30克，山药300克，豆腐1块，红薯粉60克

◎ 调料　盐少许

◎ 做法　①豆腐洗净切小块后用纱布包紧，挤去水分，加入绿茶粉；山药削皮洗净磨成泥，加入豆腐中拌匀。②取一小撮山药豆腐泥揉成圆球，表面沾红薯粉，炸至金黄，捞起。③将豆腐丸子入沸水锅中以中火煮开后转小火煮5分钟，加盐调味即可。

健康指南　这道汤清爽、易消化，有助冠心病患者清血脂、降血糖。山药含有大量的黏液蛋白、维生素和微量元素，能有效阻止血脂在血管壁的沉淀，预防心血管疾病，达到益智安神、延年益寿的功效。绿茶有降血脂、减脂等功效，适宜冠心病、动脉硬化、高血压、高血脂等症的患者食用。

[老年人 吃 什么？禁什么？]

阿尔茨海默病

症状说明

阿尔茨海默病主要因年老体虚、五脏疲惫、肾阴亏乏、精血不足、心肾不足、髓海空虚、脑脉失养所致。主要表现为记忆力减退，动作迟缓，走路不稳，偏瘫，甚至卧床不起，大小便失禁，不能自主进食等。

宜吃食物

核桃、桑葚、枸杞、黑芝麻、灵芝、银耳、芡实、蜂王浆、冬虫夏草、紫河车、羊脑、猪骨髓、猪肾、鸽肉、肉苁蓉、人参、刺五加、黄芪、黄精、天麻、何首乌等。

忌吃食物

马蹄、生萝卜、洋葱、茴香、生菜瓜、槟榔、辣椒、酒、咖啡、浓茶等。

调理食谱

北京炒疙瘩

原料 高筋面粉400克，香菇、胡萝卜、黄瓜各20克

调料 盐、醋、油、蒜各适量

做法 ①高筋面粉加水和匀，搓成长条，切小丁；胡萝卜、香菇、黄瓜洗净切丁；蒜去皮剁成蓉。②锅中注入水烧开，放入面疙瘩，煮熟后捞出浸入冷水中，5分钟后沥干水。③锅上火，油烧热，放入以上材料炒香，加入面疙瘩，调入盐、醋炒匀即可。

健康指南 炒疙瘩用的面团要和得硬一些，不要把疙瘩炒得过稠。香菇所含的纤维素能减少肠道对胆固醇的吸收。专家建议，为了预防阿尔茨海默病，老年人可以多吃香菇。黄瓜所含的维生素B_1有利于调节大脑神经，可防止、延缓中老年痴呆。

[老年人 吃 什么？禁什么？]

胡萝卜红枣汤

◎ 原料　胡萝卜200克，红枣10个

◎ 调料　冰糖少许

◎ 做法　❶将胡萝卜洗净，切块；红枣洗净，锅中加1500毫升清水，放入胡萝卜和红枣，用小火煮40分钟。❷加冰糖调味即可。

健康指南　胡萝卜中含有大量的β-胡萝卜素，β-胡萝卜素可以帮助大脑增强记忆，还能减少患阿尔茨海默病的概率。红枣是富含维生素和纤维素的食品，有补中益气、养血安神的功效，老年人可以多食用。将胡萝卜搭配红枣，营养更丰富。

雷沙汤圆

◎ 原料　汤圆300克，花生米10克，黄豆100克

◎ 调料　白糖50克

◎ 做法　❶花生米与黄豆洗净沥干，入锅炒熟，研成粉末，加入白糖拌匀备用。❷汤圆入沸水锅中煮2~3分钟，捞出。❸将汤圆裹上花生米黄豆粉即可。

健康指南　汤圆不可煮得过熟，太软烂会影响美观。这道点心中的花生米含有的卵磷脂是神经系统所需要的重要物质，能延缓脑功能衰退；黄豆中的卵磷脂除可清洗血管中的胆固醇、中性脂肪外，还可预防高血压、动脉硬化、阿尔茨海默病。

[老年人 吃 什么？禁什么？]

脑卒中后遗症

症状说明

脑卒中后遗症是由脑卒中后气虚、脉络瘀阻、风痰阻络，或肝肾均亏、精血不足、筋骨失养所致。脑卒中后会出现轻重不等的半身不遂、言语不利、口眼歪斜等症状。

宜吃食物

冬瓜、玉米、燕麦、土豆、南瓜、山楂、橘子、橄榄、猕猴桃、无花果、草莓、花生、西红柿、大蒜头、洋葱、竹笋、青芦笋、山药、丝瓜、黄瓜、菜瓜、瓠子、灵芝、黑木耳、香蕉、苹果、马蹄、红薯、香菇、金针菇、猴头菇、平菇、草菇、海藻、海带、紫菜等。

忌吃食物

羊髓、猪肥肉、猪肝、猪肾、鹅肉、猪肉、鸡肉、鸡油、蛋黄、鸭脑、兔脑、鸡脑、虾皮、鱿鱼、乌贼、蟹黄、凤尾鱼、白酒、啤酒等。

调理食谱

灵芝红枣瘦肉汤

◎ **原料** 猪瘦肉250克，灵芝4克，红枣4枚

◎ **调料** 盐6克

◎ **做法** ①将猪瘦肉洗净、切片；灵芝、红枣洗净备用。②净锅上火倒入水，调入盐，下入猪瘦肉烧开，打去浮沫，下入灵芝、红枣煲至熟即可。

健康指南 这道汤有补益气血、宁心安神的功效。红枣既含蛋白质、脂肪、粗纤维、碳水化合物、有机酸、黏液质和钙、磷、铁等矿物质等，又含有多种维生素，有补中益气、养血安神的功效；猪瘦肉有滋养脏腑、润滑肌肤、补中益气、滋阴养胃之效。将红枣、猪瘦肉与灵芝煲汤，补益效果更佳。

[老年人 吃 什么？禁什么？]

生地玄参汤

原料 生地20克，玄参、酸枣仁、夏枯草各10克，红枣6枚

调料 盐适量

做法 ①先用水将生地、玄参、酸枣仁、夏枯草、红枣洗净。②将全部原材料放入锅中，加适量清水，煮半小时后加盐调味即可。

健康指南 这道汤具有清热凉血、消渴滋润的功效。生地有清热凉血、益阴生津之功效；玄参能扩张血管，降血压，有强心作用；夏枯草也能减低血压；酸枣仁富含脂肪油和蛋白质，并含固醇、三萜类化合物、酸枣仁皂苷、多量维生素C，有镇静、催眠、镇痛、抗惊厥作用，同时还有一定的降压作用。

灵芝黄芪猪蹄汤

原料 灵芝50克，黄芪30克，猪蹄600克

调料 盐适量

做法 ①将猪蹄去毛洗净，切块；灵芝洗净，切块；黄芪洗净备用。②将灵芝、黄芪、猪蹄同放入砂锅中，注入清水1000毫升，煮40分钟，再加盐调味即可。

健康指南 这道汤有益气养血、强筋养肝之效，适用于白细胞减少症、慢性肝炎、疲倦乏力、腰酸腿软等症。灵芝扶正固本，可增强免疫力功能，提高机体抵抗力；黄芪有益气固表、敛汗固脱、托疮生肌、利水消肿的功效。猪蹄性平，味甘、咸，具有补虚弱、填肾精等功能。

[老年人 吃 什么？禁什么？]

动脉硬化

症状说明

动脉硬化多因饮食不节而损伤脾胃，劳倦过度而损伤心脾，及年老体虚、肾体虚、肾元不足等所致。主要表现为体力和脑力的衰退，并可出现胸闷、心悸及心前区闷痛、头痛头晕、记忆力减退。

宜吃食物

山药、玉米、土豆、南瓜、西红柿、马蹄、萝卜、冬笋、丝瓜、黄瓜、香菇、金针菇、猴头菇、平菇、草菇、黑木耳、海带、紫菜、海蜇、山楂、草莓、香蕉、苹果、猕猴桃、无花果、牛奶、香醋、淡菜等。

忌吃食物

羊髓、猪肥肉、狗肉、猪肝、猪肾、鸡肉、鹅肉、鸭蛋、蛋黄、虾、虾皮、乌贼、蚬肉、蟹黄、凤尾鱼、猪油、鸡油、羊油、辣椒、胡椒、芥末、白酒等。

调理食谱

菊参肉片

◎ 原料　干菊花50克，猪瘦肉300克，丹参10克，清汤200毫升，鸡蛋1个

◎ 调料　盐、绍酒、淀粉、麻油、豆油、姜片、葱段各适量

◎ 做法　①猪瘦肉洗净，切薄片；干菊花洗净泡发；丹参洗净；鸡蛋去黄留清；肉片用蛋清、盐、绍酒、淀粉调匀浆好。②烧油锅，入肉片、姜、葱翻炒，倒入清汤，再下菊花、丹参煮沸，放盐、淀粉、麻油拌匀。

健康指南　这道菜有活血通络、止痛之效。猪瘦肉可为人体提供血红素（有机铁）和促进铁吸收的半胱氨酸，能改善缺铁性贫血。丹参具有活血调经、祛瘀止痛、凉血消肿、清心除烦、养血安神的功效。将猪瘦肉、丹参与营养丰富的鸡汤、鸡蛋以及有清热解毒的干菊花烹制菜肴，补益效果更好。

[老年人 吃 什么？禁什么？]

冬瓜薏米兔肉汤

◎ 原料　兔肉250克，冬瓜500克，薏米30克

◎ 调料　生姜3片，盐适量

◎ 做法　①将冬瓜去瓤，洗净，切块；薏米洗净；兔肉洗净，切块，去肥脂，用开水汆去血水。②把冬瓜、薏米、兔肉、姜片全部一起放入锅内，加适量清水，大火煮沸后，小火煲2小时，加盐调味即可。

健康指南　这道汤可以防治高脂血症、动脉硬化症及肥胖病，亦可用于暑湿水肿。冬瓜能养胃生津、清降胃火，使人食量减少，促使体内淀粉、糖转化为热能，而不变成脂肪；兔肉富含卵磷脂，而结缔组织少，肉质细嫩易于消化，老年人吃兔肉，既可满足营养需求，又可祛病健身。

木耳煲双脆

◎ 原料　牛百叶300克，海蜇、木耳各100克

◎ 调料　花生油20毫升，盐适量，味精、葱、姜各3克，香油2毫升

◎ 做法　①牛百叶洗净、切片；海蜇泡去盐分洗净；木耳洗净撕小块。②炒锅上火倒入花生油，将葱、姜爆香，倒入适量水，调入盐、味精，下入牛百叶、海蜇、木耳，大火煲熟，淋入香油即可。

健康指南　这道菜有益气滋阴、软化血管的功效。成菜中的木耳可抑制血小板凝聚，降低血液中胆固醇的含量，对冠心病、动脉血管硬化、心脑血管病颇为有益，并有一定的抗癌作用。木耳中的胶质，还可将残留在人体消化系统内的灰尘杂质吸附聚集，排出体外，起到清涤肠胃的作用。

[老年人 吃 什么？禁什么？]

肥胖

症状说明

肥胖多是因摄入能量过多，消耗能量减少，使过多的热量转化为脂肪在体内贮存而引起的。肥胖者畏热、多汗，动则大汗淋漓、呼吸短促、容易疲乏，并常有头晕、头痛、心悸、腹胀等症状。

宜吃食物

胡萝卜、莴笋、魔芋、冬瓜、竹笋、黄瓜、西红柿、红薯、洋葱、山药、海带、海藻、银耳、芹菜、山楂、草莓、柳橙、苹果、香蕉、木瓜、柿子、燕麦、荞麦、糙米、赤小豆、玉米、鱼肉、鸡肉等。

忌吃食物

猪肥肉、猪油、炸鸡、油条、动物内脏、薯片、罐头、纯糖、巧克力、糖果、甜点、果脯、甜饮料、奶油、黄油、冰淇淋、咖啡、浓茶、动物脑、鱼子等。

调理食谱

素凉面

原料 手工拉面250克，黄瓜1条，西红柿1个，泡菜10克

调料 盐、味精、红油、香油、芝麻酱、红醋各适量

做法 ①手工拉面煮熟装盘。②西红柿洗净、切片，黄瓜洗净、切丝，泡菜切丝摆盘。③盐、味精、红油、香油、芝麻酱、红醋调成料汁，浇入盘中即可。

健康指南 这道面食味道独特，能量低。其中的黄瓜富含水分和维生素，尤其是维生素C和维生素E含量较高，而且富含丙醇二酸，可抑制碳水化合物转化为脂肪。西红柿含水量高，糖分少，热量低。泡菜有增强脾脏免疫细胞增殖的作用，能起到减少血液和肝中脂肪的特殊效果。

[老年人 吃 什么？禁什么？]

花菜拌西红柿

◎ 原料　花菜300克，西红柿2个，香菜50克，蘑菇少许

◎ 调料　白糖、盐各3克，香油3毫升，味精少许

◎ 做法　①花菜洗净撕小朵，放在沸水中烫熟，捞出放凉。②西红柿洗净，去皮、去子，切碎块；香菜洗净，切小段；蘑菇洗净，烫熟。③将以上材料放入盘内，撒上盐、白糖、味精，淋上香油，拌匀即可。

健康指南　这道菜清淡爽口，有消脂减肥之效。成菜中的花菜有抗感冒、消脂的作用。花菜还有健脾养胃、清肺润喉、清热解毒的作用，对秋燥引起的脾虚胃热、口臭烦渴者也适宜。西红柿含有丰富的果胶等食物纤维，容易有饱腹感，还会吸附多余脂肪排出体外。

什锦水果杏仁豆腐

◎ 原料　西瓜60克，柳橙40克，苹果50克，杏仁粉24克，脱脂鲜奶120毫升

◎ 调料　洋菜粉8克

◎ 做法　①将杏仁粉入沸水锅搅匀，待再沸时加入洋菜粉，煮成黏糊状即可熄火。倒入方形磨具至凝固。②将杏仁豆腐倒出，切小块；柳橙洗净去皮，切丁；西瓜洗净去皮，切丁；苹果洗净去皮，切丁。③将以上食材放入碗中，加入脱脂鲜奶搅匀即可。

健康指南　这道美食营养丰富，可以促进新陈代谢。西瓜含水量大，能够加快新陈代谢，有排毒养颜的作用，可以帮助排出体内多余的水分。西瓜中的氨基酸，有利尿的功能，可使身体中的毒素顺利排出。柳橙含有欣乐芬素，可以有效消除肠道内胆固醇以及脂肪，促进新陈代谢，达到减重的效果。

[老年人 吃 什么？禁什么？]

老年性皮肤瘙痒症

 症状说明

老年性皮肤瘙痒症是一种无原发性皮损，多由于老年人皮脂腺机能减退、皮肤干燥等原因引起。主要表现为剧烈的瘙痒拌抓痕、血痂等，严重影响患者的生活质量。

 宜吃食物

白萝卜、胡萝卜、冬瓜、丝瓜、黄瓜、菜瓜、苦瓜、芹菜、空心菜、苋菜、菠菜、黄花菜、莴笋、土豆、山药、枸杞、豆腐、面筋、红薯、绿豆芽、香菇、平菇、海带、香蕉、绿豆、马蹄、梨、西瓜、甘蔗、苹果、柑橘、橙子、无花果、核桃、黑芝麻等。

忌吃食物

樱桃、荔枝、红枣、鹅肉、羊肉、烤肉、胡椒、花椒、芡实、乌梅、辣椒、大蒜、芥末、海鱼、虾、螃蟹、蚬肉、咸鱼、茶、碳酸饮料等。

调理食谱

黑木耳拌豆芽

◎ **原料** 黄豆芽15克，泡发黑木耳150克

◎ **调料** 盐3克

◎ **做法** ①将黄豆芽择洗干净；黑木耳去掉未泡发好的部分。②黑木耳洗净，切成丝，与黄豆芽一起入沸水中烫至断生。③捞出沥干水分后加盐搅拌均匀即可。

健康指南 这道菜富含维生素，口味清淡，营养丰富，非常适合饮食需清淡的老年人食用。成菜中的黄豆芽含有丰富的维生素，可有效防止维生素B_2缺乏，其所含维生素E可保护皮肤和毛细血管健康。黑木耳有助于抗衰老、改善肤质，可治气虚或血热所致腹泻、尿血、齿龈疼痛、便血等病症。

[老年人 吃 什么？禁什么？]

蘑菇菜心炒圣女果

◎ 原料　菜心150克，蘑菇、圣女果各100克

◎ 调料　盐5克，味精、白糖各3克

◎ 做法　①蘑菇去蒂洗净；菜心择去黄叶，洗净；圣女果洗净，对切。②将菜心入沸水中稍烫，捞出，沥干水分。③净锅上火加油，下入蘑菇、圣女果翻炒，再下入菜心和盐、味精、白糖炒匀即可。

健康指南　这道菜有助于改善皮肤干燥，延缓皮肤衰老，还可清热生津、润肠通便。菜心性微寒，常食具有除烦解渴、利尿通便和清热解毒之功效；蘑菇尤其适宜老年人，及免疫力低下、高血压、糖尿病患者食用，有益神开胃、化痰理气、补脾益气的功效。

蜜汁红薯

◎ 原料　红薯100克，桂圆适量

◎ 调料　蜂蜜少许

◎ 做法　①将红薯去皮洗净，切成小丁，放入蒸锅中蒸熟。②桂圆去壳后与红薯一起搅拌均匀。③将蜂蜜浇在红薯上，冷却后即可食用。

健康指南　这道点心香甜可口，可缓解湿疹、便秘症状，有排毒养颜、补脾益胃、养血安神的功效。红薯中含丰富的胡萝卜素，能提供丰富的维生素A，可缓解皮肤瘙痒、干燥、脱皮等症状。桂圆可缓解脾胃虚弱、食欲不振，或气血不足、体虚乏力、心脾血虚、失眠健忘、心悸不安等症状。

[老年人 吃 什么？禁什么？]

丹毒

症状说明

丹毒是因血热内蕴、外感毒邪，或体表皮肤破损，毒邪乘袭，外窜肌肤，内走营血而致。有头痛、高热、畏寒等前驱症状，继之皮肤出现红疹，呈鲜红色，中央淡，周围深，局部疼痛不剧烈，但有烧灼样痛。

宜吃食物

绿豆、苦瓜、冬瓜、丝瓜、黄瓜、西瓜、瓠子、菊花脑、空心菜、莼菜、马兰头、枸杞头、金银花、白菊花、田螺、蚌、蛇肉、蚬肉、赤小豆、绿豆芽、芹菜、萝卜、西红柿、马蹄、菜瓜、地耳、海蜇等。

忌吃食物

狗肉、羊肉、鸡肉、鹅肉、螃蟹、虾、猪头肉、鲢鱼、带鱼、黄鱼、鲈鱼、鲤鱼、鲥鱼、鲳鱼、鲩鱼、乌贼、李子、荔枝、桂圆、石榴、杨梅、韭菜、香菜、洋葱、雪里蕻、辣椒、芥末、胡椒、桂皮、茴香等。

调理食谱

冬瓜春菜汤

◎ **原料** 冬瓜250克，春菜60克

◎ **调料** 盐5克，味精、香油、高汤各适量

◎ **做法** ①将冬瓜切成3厘米长、1厘米宽的块，洗净；把春菜洗净切末备用。②将冬瓜块放入沸水锅中煮4分钟捞出，用冷水过凉。③锅置旺火上，倒入高汤，放入冬瓜和春菜末，烧开后撇去浮沫，加盐、味精，盖上盖烧2分钟左右，淋上香油即可。

> **健康指南** 这道汤清香适口，可缓解水肿胀满、脚气，具有利湿祛风、解暑化热、清心火、泻脾火等功效。冬瓜可祛湿解暑、清热解毒、利水消痰、除烦止渴，常吃还有减肥的功效。春菜具有利五脏、通经络、清胃热、利尿的功效，可用于小便不利、尿血等症。

[老年人 吃 什么？禁什么？]

赤小豆薏米汤

◎ 原料　赤小豆、薏米各100克

◎ 调料　冰糖适量

◎ 做法　❶将赤小豆、薏米清洗干净，浸泡半天。❷锅置火上，加500毫升水，放入赤小豆和薏米用大火煮沸，再转小火熬煮。❸待粥煮至熟烂时，加入适量冰糖调味即可。

健康指南　将赤小豆和薏米熬煮，意在使其有效成分充分为人体吸收，同时不给老年人脾胃造成过重负担。这道汤可促进体内血液和水分的新陈代谢，有清热解毒、利尿消肿的作用。赤小豆有明显的利水、消肿、健脾胃之功效，因为它是红色的，红色入心，因此它还能补心。

丝瓜银花饮

◎ 原料　丝瓜500克，银花100克

◎ 调料　盐少许

◎ 做法　❶将丝瓜去皮，洗净，切成块；银花洗净。❷锅置旺火上，下入丝瓜、银花，加水1000毫升，煮开加少许盐调味即可饮用。

健康指南　这道汤饮有活血通络的功效。丝瓜性平味甘，有清暑凉血、解毒通便、祛风化痰、润肤美容、通经络、行血脉等功效。银花具有清热解毒、抗炎、补虚疗风的功效，可用于温病发热、热毒痈疡和肿瘤等症，对丹毒、痈疽疔疮、腮腺炎、化脓性扁桃体炎等病症有一定的疗效。

[老年人 吃 什么？禁什么？]

痛风

症状说明

血液中尿酸长期升高是痛风发生的关键原因。主要表现为高尿酸血症及尿酸盐结晶、沉积所致的特征性急性关节炎、间质性肾炎，严重者兼关节畸形及功能障碍，常伴尿酸性尿路结石。

宜吃食物

茄子、土豆、白菜、萝卜、莴笋、竹笋、芹菜、荠菜、花菜、西蓝花、冬瓜、黄瓜、西红柿、红薯、绿豆芽、海带、紫菜、海藻、豆腐、豆腐干、牛奶、木瓜、西瓜、李子、红枣、红豆、燕麦、玉米、小米等。

忌吃食物

鸡汤、猪肥肉、羊肉、狗肉、鹅肉、动物内脏、螃蟹、黄花鱼、带鱼、鲳鱼、鱿鱼、墨鱼、虾、杏、桂圆、胡椒、白酒、啤酒、糖果、甜点、奶油、浓茶、咖啡、辣椒、咖喱、花椒、芥末、生姜等。

调理食谱

黄芪蔬菜汤

◎ 原料 黄芪15克，西蓝花300克，西红柿1个，新鲜香菇3朵

◎ 调料 盐5克

◎ 做法 ①西蓝花切小朵，剥除硬皮，洗净。②西红柿洗净去皮，切块；香菇洗净，切块。③黄芪加4碗水煮开，转小火煮10分钟，再加入西红柿和香菇续煮15分钟。④放入西蓝花，转大火煮熟，加盐调味。

健康指南 这道汤中的黄芪和香菇都有助于缓解关节炎症状。西蓝花中含有一种叫作硫莱菔子素的物质，能够帮助老年人保护自己的关节，特别是帮助爱运动的老年人减轻因剧烈运动对关节造成压力而产生的关节不适和疼痛。

[老年人 吃 什么？禁什么？]

银芽冬菇炒蛋面

◎ 原料　银芽100克，泡发冬菇30克，韭黄10克，蛋面150克

◎ 调料　盐、味精各3克，葱花少许

◎ 做法　①冬菇洗净切丝；银芽洗净；韭黄洗净切段。②将蛋面入开水锅中煮熟，捞出放凉水中过凉，捞出沥干。③烧油锅，放入冬菇丝、蛋面、银芽炒匀，调入盐、味精炒匀，再放入韭黄、葱花炒匀即可。

◎ 健康指南　这道主食对关节炎、风湿、痛风症、神经紧张、皮肤病等均有调理功能。银芽就是绿豆芽，性平味甘，能健脾宽中、利三焦、润燥消水、排脓解毒、消肿止痛、清热利湿。放入韭黄、葱花后不可炒太久，以免影响口感。

煮土豆球

◎ 原料　土豆300克，山楂条、黄油各30克

◎ 调料　盐3克

◎ 做法　①选用大小均匀的土豆，洗净后放锅内，加清水和盐将土豆煮熟，捞出放凉，剥去皮，放在盘中。②将山楂条切成碎末，均匀地撒在土豆球上面，再撒上少许盐。③将黄油溶化后浇在土豆球上，即可上桌。

◎ 健康指南　这道菜能防止结缔组织的萎缩，预防类风湿性关节炎、痛风、硬皮病等胶原病的发生。土豆中含有丰富的赖氨酸、色氨酸、蛋白质、维生素A、维生素C、维生素B_1、维生素B_2、铁、磷等多种营养成分，老年人多食用对关节具有保护作用。

[老年人  吃什么？禁什么？]

肩周炎

症状说明

肩周炎因年老体衰，全身退行性变，活动功能减退，气血不旺盛，肝肾亏虚，复感风寒湿邪的侵袭，久之筋凝气聚、气血凝涩、筋脉失养、经脉拘急而发病。以肩关节疼痛和活动不便为主要症状。

宜吃食物

薏米、木瓜、生姜、桂皮、葱白、花椒、豆卷、樱桃、桑葚、葡萄、板栗、蛇肉、鳝鱼、羊骨、鳗鱼、乌鱼、鲈鱼、蜂王浆、羊肉、狗肉、白酒、红枣、牛肝、阿胶、桂圆、人参、冬虫夏草、豆浆等。

忌吃食物

香蕉、花红、柿子、西瓜、豆薯、豆腐、绿豆、海带、蚌肉、田螺、螃蟹、蚬肉、海参、海带、海菜、海鱼、奶油、油条、油饼、猪肥肉等。

 调理食谱

🥣 牛奶煲木瓜

◎ **原料** 木瓜200克，牛奶300毫升

◎ **调料** 蜂蜜少许

◎ **做法** ①将木瓜削皮去子后，切成大块。②将牛奶倒入砂锅内，上火煮开。③待牛奶煮开后，再加入木瓜块煮至熟。④待牛奶冷却后加入少许蜂蜜即可食用。

> **健康指南** 这道汤清香可口，富含蛋白质、钙质、胶原蛋白、异黄酮以及多种维生素，有强健筋骨、健脾止痛、祛风除湿的功效，肩周炎患者可以经常饮用。此外，这道汤还对缓解风湿、霍乱、脚气病和维生素缺乏症等也有作用。

川乌生姜粥

◎ **原料** 川乌5克,粳米50克

◎ **调料** 姜少许,蜂蜜适量

◎ **做法** ①把川乌洗净,粳米淘洗干净。②锅置火上,倒入粳米加水煮粥,粥快熟时加入川乌,改用小火慢煮,待熟后加入生姜。③待粥冷后加入蜂蜜,搅拌均匀即可食用。

> **健康指南** 这道粥有祛散寒湿、通利关节、温经止痛的功效。川乌性热,味辛,归心、肝、肾、脾经,用于治疗风寒湿痹、关节疼痛、心腹冷痛、寒疝作痛。粳米含蛋白质、碳水化合物、钙、磷、铁、维生素B_1和维生素B_2等,能使五脏血脉精髓充溢、筋骨肌肉强健。

桑枝鸡汤

◎ **原料** 桑枝60克,老母鸡1只

◎ **调料** 盐少许

◎ **做法** ①将桑枝洗净,切成小段;老母鸡宰杀,洗净,斩件。②锅置火上,下入桑枝和老母鸡,再加适量清水,煮至肉烂熟汤浓稠,加入少许盐调味即可。

> **健康指南** 这道鸡汤可祛风湿、通经络、补气血。桑枝为桑科植物桑的嫩枝,专治风寒湿痹、四肢拘挛、脚气水肿、肌体风痒等症状。在挑选桑枝时,以枝条肥嫩、干燥、断面呈黄白色者为佳。另外,鸡肉有温中益气、补精填髓、益五脏、补虚损的功效。

[老年人 吃 什么？禁什么？]

风湿性关节炎

症状说明

　　风湿性关节炎为机体正气虚，阳气不足，卫气不能固表，以及外在风、寒、湿三邪相杂作用于人体，侵犯关节所致。主要表现为肢体关节、肌肉、筋骨发生疼痛、酸麻、沉重、屈伸不利，受凉及阴雨天加重，甚至关节红肿、发热等。

宜吃食物

　　西红柿、土豆、红薯、白菜、苹果、牛奶、玉米、花菜、赤小豆、丝瓜、绿豆、茄子、甘蓝、胡萝卜、南瓜、冬瓜、黄瓜、丝瓜、荠菜、西蓝花、梨、西瓜、葡萄、甘蔗、牛奶、玉米、芦根等。

忌吃食物

　　狗肉、牛肉、香椿头、羊肉、鹅肉、鸽肉、动物内脏、鹌鹑、螃蟹、虾、杏、桂圆、荔枝、莴笋、豆腐、菠菜、青芦笋、豌豆、胡椒、桂皮、茴香、花椒、咖啡、白酒、啤酒、人参等。

调理食谱

五加皮炖鸡

原料 母鸡500克，五加皮、红花各10克

调料 盐少许

做法 ①将母鸡去毛、皮、内脏，洗净，斩件，入沸水锅氽烫，然后用清水冲洗干净。②将鸡块与红花、五加皮一起放到锅内，加适量清水，煮至肉熟烂，然后加少许盐调味即可。

> **健康指南** 这道汤有祛风除湿、活血止痛的功效。五加皮能调节全身各器官系统的功能，使之趋于正常，能增强人体对有害刺激因素的抵抗力，并可增强体力与智力。红花含有红花黄素，有活血通经、祛瘀止痛的功效；鸡肉蛋白质含量较高，且易被人体吸收和利用，有增强体力、强壮身体的作用。

[老年人 吃 什么？禁什么？]

牛筋汤

◎ 原料　牛筋50克，续断、杜仲各15克，鸡血藤50克

◎ 调料　盐少许

◎ 做法　①将牛筋洗净，切块，入沸水锅中汆烫，然后用清水冲洗干净。②将续断、杜仲、鸡血藤清洗干净。③将牛筋与续断、杜仲、鸡血藤一同放入锅内，加适量水煮至熟，加少许盐调味即可。

> **健康指南**　这道汤味道鲜美、营养丰富，有祛风除湿、强筋健骨的功效。牛筋中含有丰富的胶原蛋白质，脂肪含量也比肉低，并且不含胆固醇，能增强细胞生理代谢，使皮肤更富有弹性和韧性，延缓皮肤的衰老，有强筋壮骨之功效，对腰膝酸软、身体瘦弱者有很好的食疗作用。

鸡肉丝瓜汤

◎ 原料　鸡脯肉200克，丝瓜175克

◎ 调料　清汤适量，盐2克

◎ 做法　①将鸡脯肉洗净切片，丝瓜洗净切片备用。②汤锅上火倒入清汤，下入鸡脯肉、丝瓜，调入盐煲至熟即可。

> **健康指南**　这道汤有增强机体免疫力、祛除寒湿之功效。鸡肉具有温中益气、补精添髓、益五脏、补虚损、健脾胃、强筋骨的功效，多喝些鸡汤还可提高自身免疫力。丝瓜性平味甘，有清暑凉血、解毒通便、祛风化痰、润肤美容、通经络、行血脉等功效。

[老年人 吃 什么？禁什么？]

骨折

症状说明

骨折为因外力作用损伤骨骼，导致经络阻碍、气血凝滞、脏腑失和而致。骨折受损部位可见肿胀、疼痛、瘀斑，功能受阻及畸形。

宜吃食物

动物肝脏、瘦肉、排骨、鸡肉、蛋黄、鱼汤、牛奶、山楂、豆制品、大白菜、上海青、芹菜、包菜、西蓝花、芥菜、西红柿、萝卜、香蕉、苹果、红枣、梨、桃、西瓜、草莓、柠檬、葡萄、火龙果、杨桃、枸杞、黑豆、鹌鹑等。

忌吃食物

肥鸡、炖水鱼、荔枝、桂圆、人参、猪肥肉、狗肉、花椒、辣椒、猪头肉、大蒜、香菜、烤鸭、芋头、红薯、糯米、花生、糖类等。

调理食谱

木瓜煲羊肉

◎ 原料 木瓜30克，伸筋草15克，羊肉250克

◎ 调料 盐5克，味精2克，胡椒粉3克

◎ 做法 ①将木瓜、伸筋草洗净，木瓜切块；羊肉洗净，切块。②锅置火上，将木瓜、羊肉、伸筋草一同放入锅内，再加适量水共煮。③待羊肉煮熟烂后，加盐、味精、胡椒粉调味即可。

健康指南 这道汤可强健筋骨、活血通络。木瓜能理脾和胃、平肝舒筋，可走筋脉而舒挛急，为治转筋、腿痛、湿痹、脚气的要药。羊肉营养十分全面，为益气补虚、温中暖下之品。伸筋草味辛，能舒筋活络、消肿止痛，治跌打损伤、瘀肿疼痛。

[老年人 吃 什么？禁什么？]

赤小豆竹笋汤

◎ 原料　赤小豆、绿豆各100克，竹笋30克

◎ 调料　盐3克

◎ 做法　①将竹笋洗净，切块，与洗净的赤小豆、绿豆一同置锅中，加清水500毫升同煮。②先用大火煮3分钟左右，再转小火煮20分钟左右。③待锅中材料熟透后，加盐调味即可食用。

> **健康指南**　这道汤有消肿活血、逐血利湿的功效。绿豆含蛋白质、碳水化合物、膳食纤维、钙、铁等，有清热消暑、利尿消肿等功效；赤小豆富含铁质，有补血、促进血液循环、强化体力、增强抵抗力的效果；竹笋有消炎、透毒、利九窍、通血脉、化痰涎、消食胀等功效。

土豆海带煲排骨

◎ 原料　猪排骨250克，土豆、海带结各50克

◎ 调料　盐适量，葱段、姜片各2克，酱油少许

◎ 做法　①将猪排骨洗净、切块、汆水；土豆去皮、洗净、切块；海带结洗净备用。②净锅上火倒入水，调入盐、葱段、姜片、酱油，下入猪排骨、土豆、海带煲至熟即可。

> **健康指南**　这道汤有补气益血、强筋健骨的功效。海带含有丰富的矿物质，如钙、钠、镁、钾、磷、硫、铁、锌等，有强壮筋骨的作用；猪排骨能提供人体生理活动所必需的优质蛋白质、脂肪，尤其是丰富的钙质可维护骨骼健康；土豆含有大量淀粉以及蛋白质、维生素C等，有利水消肿的功效。

[老年人  什么？禁什么？]

骨质疏松症

症状说明

老年人骨质疏松症多是因年龄的增长、骨质流失和骨组织破坏，从而导致骨质变得脆弱。以疼痛最为常见，多为腰背酸痛，其次为肩背、颈部或腕踝部，还可导致脊柱变形、弯腰、驼背、身材变矮以及易骨折。

宜吃食物

青菜、虾、虾皮、牛奶、沙丁鱼、鳜鱼、青鱼、鸡蛋、骨头汤、豆腐、豆腐皮、腐竹、小米、芝麻、海带、牡蛎、芋头、山药、香蕉、苹果等。

忌吃食物

咖啡、碳酸饮料、巧克力、茶、辣椒、辣酱、花椒、咸肉、咸鱼、咸菜、燕麦、瓜子、猪肝、螃蟹等。

调理食谱

猪骨芝麻粥

◎原料 大米80克，猪骨500克，熟芝麻适量

◎调料 醋5毫升，盐、味精各2克，葱花适量

◎做法 ①将大米淘洗干净，浸泡半小时后捞出沥干；猪骨洗净，剁成块，入沸水中汆烫去血水，捞出。②锅中注水，下入猪骨和大米，大火煮沸，滴入醋，转中火熬煮至米粒开花。③改小火熬煮至粥浓稠，加盐、味精调味，撒上熟芝麻、葱花即可。

健康指南 这道粥香糯美味，富含多种营养，有利于老年人补钙。芝麻富含矿物质，如钙与镁等，有助于骨头生长，而其他营养素则能美化肌肤。猪骨中磷酸钙、骨胶原、骨粘连蛋白含量丰富，尤其是丰富的钙质可维护骨骼健康，具有滋阴润燥、益精补血的作用。

[老年人 吃 什么？禁什么？]

山药枸杞羊排汤

◎ 原料　羊排250克，山药100克，枸杞5克

◎ 调料　花生油20毫升，盐少许，葱6克，香菜5克

◎ 做法　①将羊排洗净、切块、氽水；山药去皮、洗净、切块；枸杞洗净备用。②炒锅置火上，倒入花生油，将葱爆香，加入水，下入羊排、山药、枸杞，调入盐，煲至熟时撒入香菜即可。

> **健康指南**　这道菜具有补肾益气、强壮筋骨之功效，适用于肝肾不足、腰膝酸软的骨质疏松患者。经常食用山药能提高免疫力、预防高血压、降低胆固醇、利尿、润滑关节。羊排可以祛风寒、暖肠胃，具有滋阴补肾、壮腰健脾、补钙益气、强身健体之功效。

西洋参排骨滋补汤

◎ 原料　猪排骨350克，青菜20克，西洋参5克

◎ 调料　盐6克，葱、姜片各4克

◎ 做法　①将猪排骨洗净、切块、氽水；青菜洗净；西洋参洗净备用。②净锅上火倒入水，调入盐、葱、姜片，下入猪排骨、西洋参煲至成熟，撒入青菜即可。

> **健康指南**　猪排骨有很高的营养价值，有益精补血的功效。它除含蛋白质、脂肪、维生素外，还含有大量磷酸钙、骨胶原、骨黏蛋白等，可为人体提供钙质；青菜富含钙、铁、胡萝卜素和维生素C，可促进血液循环、散血消肿。所以这道汤有补血养颜、开胃健脾、强筋健骨的作用。

[老年人 吃 什么？禁什么？]

白内障

症状说明

白内障多为肝肾阴不足、脾气精血亏损、眼珠失养而致。表现为无痛楚下视力逐渐减弱，对光敏感，经常需要更换眼镜镜片的度数、复视。需在较强光线下阅读，晚上视力比较差，看到颜色褪色或带黄。

宜吃食物

芹菜、白菜、西红柿、草莓、柑橘、胡萝卜、葡萄、柠檬、香蕉、杏子、羊肝、猪肝、牛肝、鸡肝、兔肝、鸭肝、红枣、甲鱼、虾、虾皮、牛奶、蛋黄、芝麻、猪排骨等。

忌吃食物

冰糖、砂糖、羊肉、狗肉、牛肉、辣椒、胡椒、大蒜、花椒、桂皮、大葱、芥菜等。

调理食谱

木耳炒鸡肝

原料 鸡肝150克，黑木耳80克

调料 姜丝、黄酒、盐、味精各适量

做法 ①将鸡肝洗净，切片；黑木耳温水泡发，洗净，切丝。②旺火起锅下油，先放姜丝爆香，再放鸡肝片炒匀，随后放黑木耳丝、黄油和盐，翻炒5分钟，加少许水，盖上锅盖，稍焖片刻，下味精调匀即可。

健康指南 这道菜有养肝、补血、明目的功效。黑木耳有补气血、活血、滋润、强壮、通便的功效，经常吃黑木耳可防止血液凝固；鸡肝含有丰富的蛋白质、钙、磷、铁、锌、维生素A、B族维生素。鸡肝中维生素A能保护眼睛，维持正常视力，防止眼睛干涩、疲劳。

[老年人 吃 什么？禁什么？]

党参枸杞猪肝粥

◎ 原料　党参20克，枸杞30克，猪肝50克，粳米60克

◎ 调料　盐少许，料酒适量

◎ 做法　❶猪肝放入水中，加适量料酒浸泡半个小时，洗净，切片；粳米淘洗干净；党参洗净，切段；枸杞洗净备用。❷将猪肝、粳米、党参、枸杞加水同煮成粥。❸待粥快熟时，加少许盐调味即可。

健康指南　这道粥鲜香美味，有益气、明目的功效，可用于食疗老年性肝肾两亏型白内障，症见视物模糊、头晕耳鸣、腰腿酸软、舌质嫩红、苔少、脉细数。其中，猪肝中含有丰富的维生素A，具有维持人体正常生长和生殖机能的作用，还有助于保护眼睛，保持健康的肤色。

桑麻水

◎ 原料　黑芝麻240克，桑叶200克

◎ 调料　蜂蜜适量

◎ 做法　❶将桑叶洗净，烘干，研为细末。❷黑芝麻捣成碎末，和桑叶末加水煎煮40分钟，稍凉后加蜂蜜即可饮用。

健康指南　这道汤有养肝、清热、明目的功效。桑叶有疏散风热、清肺润燥、清肝明目的功效；黑芝麻可补肝肾、益精血、润肠燥，常用于头晕眼花、须发早白，其富含的维生素E，可抑制体内自由基活跃，能达到抗氧化、延缓老化的功效；蜂蜜可抗菌消炎，有促进组织再生的功效。

[老年人 吃 什么？禁什么？]

老花眼

症状说明

引起老花眼的原因是眼内"过氧化脂质"堆积过多，随着年龄增长，眼球晶状体逐渐硬化、增厚，而且眼部肌肉的调节能力也随之减退，导致变焦能力降低。可伴有眼胀、干涩、头痛等症状。

宜吃食物

动物肝脏、蜂蜜、黑豆、豆腐、豆腐皮、豆浆、红枣、核桃仁、芝麻、沙棘、柿子、苹果、柑橘、羊肉、牛肉、兔肉、鱼类、鸡蛋、西红柿、黄瓜、白菜、菠菜、芹菜、苜蓿、枸杞、白术、珍珠母、当归、丹参、黄芪、党参、黄精、牡蛎、山药、菟丝子、菊花等。

忌吃食物

辣椒、辣椒酱、生姜、洋葱、胡椒、花椒、桂皮、茴香、大蒜、咖啡、酒、油条、油饼、薯片、奶油、奶酪、冰激凌、黄油等。

调理食谱

枸杞叶炒猪心

原料 枸杞叶50克，猪心1个

调料 花生油适量，盐少许

做法 ①将猪心洗净，切片；枸杞叶也洗净。②锅置火上，往锅中放花生油烧六七成热后，加入猪心片与枸杞叶，炒熟，加入盐调味即可。

健康指南 这道菜有补肝益精、养心安神、清热明目、补虚养血的功效。枸杞叶性平味甘，有补虚益精、清热明目的功效，主治虚劳发热、烦渴、目赤昏痛、障翳夜盲、崩漏带下、热毒疮肿。猪心营养十分丰富，可养血安神、补血，对加强心肌营养、增强心肌收缩力也有很大的作用。

[老年人 吃 什么？禁什么？]

枸杞粥

◎ 原料　枸杞30克，粳米60克

◎ 调料　盐少许

◎ 做法　①将枸杞洗净，粳米淘洗干净。②锅置火上，将枸杞、粳米放入锅中，加适量水同煮。③待快熟时，加入盐调味，再煮至粥熟烂即可。

> **健康指南**　枸杞含有丰富的胡萝卜素、维生素A、维生素B_1、维生素B_2、维生素C和钙、铁等眼睛保健的必需营养，故可明目，所以俗称"明眼子"，有补肝肾、益精血、养肝明目、降血糖、利尿、健胃等功效。常食这道粥可缓解眼睛疲劳，对老花眼也能起到改善作用。

党参枸杞猪肝汤

◎ 原料　猪肝200克，党参8克，枸杞2克

◎ 调料　盐6克

◎ 做法　①将猪肝切片，汆水后洗净；党参、枸杞用温水洗净备用。②净锅上火倒入水，调入盐，下入猪肝、党参、枸杞煲至熟即可。

> **健康指南**　这道汤具有滋肾、养肝、明目的功效，适宜肝肾不足型老花眼患者食用。猪肝中铁的含量是猪肉的18倍，人体的吸收利用率也很高，是天然的补血佳品，对贫血、头昏、目眩、视力模糊、两目干涩、夜盲及目赤等都有较好的效果。

[老年人  吃什么？禁什么？]

耳聋耳鸣

症状说明

耳聋耳鸣是肾亏或肝阳上亢所致或是身体虚弱、中气不足所致。主要表现为听觉功能减退或丧失，轻者为重听，重者为耳聋，但鼓膜多属正常。

宜吃食物

肾亏者用猪肾、干贝、鲈鱼、芝麻、核桃、板栗、山药、枸杞、桑葚、灵芝；肝火旺者用芹菜、苦瓜、冬瓜、丝瓜、芦荟、芦蒿；中气不足者用粳米、牛肉、鸡肉、鳝鱼、红枣、樱桃、葡萄、花生、南瓜等。

忌吃食物

肾亏者禁吃槟榔、生萝卜、薄荷、山楂、辣椒、胡椒、草果、酒；肝火旺者禁吃羊肉、狗肉、海马、海龙、麻雀、桂圆、荔枝、桃子、胡椒、桂皮、茴香、辣椒、芥末、洋葱、韭菜、人参、白酒；中气不足者禁吃山楂、佛手柑、金橘饼、马蹄、橘皮、生萝卜、大蒜、酒等。

 调理食谱

归芪猪肝汤

◎ **原料** 当归6克，黄芪30克，猪肝150克

◎ **调料** 盐4克，味精3克，麻油3毫升

◎ **做法** ①将猪肝洗净，切片，用盐稍腌渍；当归、黄芪用水煎2次，每次用水200毫升，煎半个小时，两次的药汁混合。②药汁继续烧开，加入腌渍好的猪肝，煮熟，下入盐、味精，淋上麻油即可。

健康指南 这道汤可以补血填髓、补中益气。适用于老年人久病体弱、精血不足的头晕、耳鸣、气血不足、食少乏力、口渴、消瘦。猪肝性温，味甘、苦，有补肝明目、养血的功效。同时，猪肝中还含具有一般肉类食品中缺乏的维生素C和微量元素硒，能增强人体的免疫能力。

[老年人 吃 什么？禁什么？]

🥣 茱萸枸杞瘦肉汤

◎ **原料** 猪瘦肉100克，山茱萸10克，枸杞30克，龟板20克

◎ **调料** 盐少许

◎ **做法** ❶将猪瘦肉洗净，切块；山茱萸、枸杞、龟板均洗净。❷将山茱萸、枸杞、龟板放入锅中，加入适量水煎40分钟，去渣取汁。❸将药汁与猪瘦肉同煮至肉熟，调入盐即可。

健康指南 这道汤有有滋阴潜阳、补肾健骨、养血补心和止血的功效。山茱萸有滋补肝肾、固肾涩精的作用，适用于治疗肝肾不足所致的腰膝酸软、遗精滑泄、眩晕耳鸣、月经过多等症状。龟板可用于治疗眩晕耳鸣、盗汗遗精、手足震颤、腰膝酸软、惊悸、失眠健忘等症。

🥣 猪腰补肾汤

◎ **原料** 枸杞100克，鲜猪腰90克，党参片4克

◎ **调料** 清汤适量，盐6克，姜片3克

◎ **做法** ❶将枸杞冲洗干净；鲜猪腰去腰臊，洗净切条备用。❷净锅上火倒入清汤，调入盐、姜片、党参片烧开，下入枸杞、鲜猪腰烧沸，打去浮沫，煲至熟即可。

健康指南 这道汤有补肝肾、消积滞、止消渴等功效。枸杞有提高机体免疫力的作用，可以补气强精、滋补肝肾、抗衰老、止消渴、暖身体、抗肿瘤。猪腰含有蛋白质、脂肪、碳水化合物、钙、磷、铁和维生素等，可用于肾虚腰痛、水肿、耳聋等症的食疗。

[老年人 吃 什么？禁什么？]

前列腺增生

症状说明

前列腺增生是由于前列腺的逐渐增大对尿道及膀胱出口产生压迫作用而致。临床上表现为尿频、尿急、夜间尿次增加和排尿费力，并能导致泌尿系统感染、膀胱结石和血尿等并发症。

宜吃食物

玉米、大豆、南瓜、黄瓜、丝瓜、菜瓜、苦瓜、冬瓜、茄子、大白菜、芹菜、莴笋、苋菜、茭白、洋葱、黄花菜、绿豆芽、海带、紫菜、黑木耳、芝麻、腐竹、菠菜、莲藕、土豆、胡萝卜、山芋、狗肉、鹿肉、羊肉、甲鱼肉、虾、鲤鱼、红豆、银耳、枸杞、茯苓、鲜茅根等。

忌吃食物

辣椒、咖喱、芥末、胡椒、白酒、黄酒、葡萄酒、咖啡、柑橘、橘汁、冰淇淋、油条、油饼、猪肥肉等。

调理食谱

核桃冰糖炖梨

原料　核桃仁30克，梨150克

调料　冰糖30克

做法　①将梨洗净，去皮，切块；核桃仁洗净。②将梨块、核桃仁放入煲中，加入适量清水，用小火煲30分钟。③下入冰糖调味即可。

健康指南　这道甜品有补肾固精、润肺定喘的功效。核桃对肾虚、尿频、咳嗽等症有很好的疗效。男性每天吃几个核桃，可以有效地预防前列腺癌的发生。梨有润肺、养肾的功效，尤其是干燥的气候最为伤肺，而肺气损伤又会引起胃气下降等问题，此时可以在饮食中加入梨。

[老年人 吃 什么？禁什么？]

韭菜绿豆芽

◎ 原料　韭菜100克，绿豆芽250克

◎ 调料　葱、生姜、盐、味精、香油各适量

◎ 做法　①将绿豆芽洗净，沥干；韭菜择洗干净，切段；葱、生姜洗净，切丝。②锅中加油烧热后下入葱丝、姜丝爆香，再放入绿豆芽煸炒几下。③下入韭菜段翻炒均匀，加盐、味精、香油调味即可。

健康指南　这道菜清淡适口，有滋阴壮阳之效。韭菜含有挥发油、硫化物、蛋白质、脂肪、糖类、维生素B_1、维生素C等，具有健胃、提神、止汗、补肾助阳、固精等功效。绿豆芽含有丰富的蛋白质、脂肪及B族维生素，是补充维生素C的佳蔬，可以起到补肾、利尿、壮阳等功效。

木耳上海青

◎ 原料　黑木耳100克，上海青200克

◎ 调料　盐3克，味精1克，醋6克，生抽、香油各适量

◎ 做法　①黑木耳洗净泡发，上海青择洗干净。②锅内注水烧沸，放入黑木耳、上海青烫熟后，捞起沥干，并装入盘中。③用盐、味精、醋、生抽、香油一起混合调成汤汁浇在上面即可。

健康指南　这道菜鲜脆爽口、营养丰富，有补肾的作用。黑木耳富含多种营养，对前列腺结石有良好的食疗功效。专家建议，患有前列腺结石的患者可多食用黑木耳。青菜富含多种维生素，其可以降低前列腺肥大的发生概率。

[老年人 吃 什么？禁什么？]

癌症

症状说明

癌症为由控制细胞生长增殖机制失常而引起的疾病。癌细胞在发展过程中，不但会对邻近的正常组织器官产生危害，还可使正常组织发生坏死、溃烂，使器官功能丧失。

宜吃食物

白菜、萝卜、百合、刀豆、土豆、豆芽、西红柿、茄子、芦笋、豆腐、黄瓜、苦瓜、生姜、苹果、杏、无花果、罗汉果、草莓、乌梅、枸杞、莲子、马蹄、菱角、橄榄、猕猴桃、红枣、山楂、核桃、甘蔗、香蕉、黑木耳、银耳、香菇、平菇、猴头菇、灵芝、鸡蛋、牛奶。

忌吃食物

咸肉、咸鱼、虾酱、咸蛋、咸菜、腊肠、火腿、烤牛肉、烤鸭、烤羊肉、烤鹅、烤乳猪、烤羊肉串、油煎饼、臭豆腐、油条、炸薯条、熏肉、熏肝、熏鱼、熏蛋、熏豆腐干、霉变米、霉变食物、隔夜熟青菜。

调理食谱

芙蓉南瓜

○ **原料** 南瓜110克，鸡蛋2个，胡萝卜10克

○ **调料** 盐少许

○ **做法** ①南瓜去皮去子，洗净，切滚刀块，放入滚水中烫后捞起；胡萝卜去皮洗净，切碎。②鸡蛋去壳，打散。将油放入锅中，开大火，将蛋液放入炒锅中迅速搅动，使其成蛋花状。③加入已烫熟的南瓜和胡萝卜末略拌炒后，加盐调味即可起锅。

健康指南 这道菜对预防癌症具有一定功效，并且富含微量元素钴、锌、铜和果胶等，能促进人体胰岛素的正常分泌。南瓜是预防癌症最有效的食物。由于所有的癌细胞都有自动摄取大量糖分的能力，而南瓜能消除致癌物质亚硝胺的突变作用，有防癌功效，并能帮助肝、肾功能的恢复，增强肝、肾细胞的再生能力。

图书在版编目（CIP）数据

老年人吃什么？禁什么？/《健康大讲堂》编委会
主编. --哈尔滨：黑龙江科学技术出版社，2013.8
（你吃对了吗）
ISBN 978-7-5388-7626-0

Ⅰ.①老… Ⅱ.①健… Ⅲ.①老年人－保健－食谱
Ⅳ.①TS972.163

中国版本图书馆CIP数据核字(2013)第176450号

老年人吃什么？禁什么？
LAONIANREN CHISHENME JINSHENME

主　　编	《健康大讲堂》编委会
责任编辑	闫海波　王　研
封面设计	景雪峰
出　　版	黑龙江科学技术出版社
	地址：哈尔滨市南岗区建设街41号　邮编：150001
	电话：(0451)53642106　传真：(0451)53642143
	网址：www.lkcbs.cn　　www.lkpub.cn
发　　行	全国新华书店
印　　刷	深圳市雅佳图印刷有限公司
开　　本	711mm×1016mm　1/16
印　　张	22
字　　数	250千字
版　　次	2013年10月第1版　2013年10月第1次印刷
书　　号	ISBN 978-7-5388-7626-0/R・2163
定　　价	39.80元

【版权所有，请勿翻印、转载】